中等职业教育“十三五”规划教材

数控车工工艺与技能训练

王颖博　龙　虎　主编

煤炭工业出版社

·北　京·

图书在版编目（CIP）数据

数控车工工艺与技能训练/王颖博，龙虎主编. --北京：煤炭工业出版社，2018

中等职业教育“十三五”规划教材

ISBN 978-7-5020-6785-4

Ⅰ.①数… Ⅱ.①王… ②龙… Ⅲ.①数控机床—车床—中等专业学校—教材 Ⅳ.①TG519.1

中国版本图书馆 CIP 数据核字(2018)第 162518 号

数控车工工艺与技能训练（中等职业教育“十三五”规划教材）

主　　编　王颖博　龙　虎
责任编辑　罗秀全　郭玉娟
责任校对　赵　盼
封面设计　于春颖
出版发行　煤炭工业出版社（北京市朝阳区芍药居 35 号　100029）
电　　话　010-84657898（总编室）　010-84657880（读者服务部）
网　　址　www.cciph.com.cn
印　　刷　北京玥实印刷有限公司
经　　销　全国新华书店
开　　本　787mm×1092mm $^{1}/_{16}$　**印张**　$18^{1}/_{2}$　**字数**　438 千字
版　　次　2018 年 11 月第 1 版　2018 年 11 月第 1 次印刷
社内编号　20180208　　　　**定价**　45.00 元

中等职业教育“十三五”规划教材
编 审 委 员 会

主　编： 王颖博　龙　虎

副主编： 刘智强　付海燕

参　编： 赵默涛　侯　健　辛德胜　任士明　贾丽刚

前　言

为贯彻落实《国务院关于加快发展现代职业教育的决定》（国发〔2014〕19号）、《教育部关于深化职业教育教学改革全面提高人才培养质量的若干意见》（教职成〔2015〕6号）等文件精神，进一步深化中等职业教育教学改革发展，全面提高技术技能人才培养质量，为社会和企业培养和造就一批“大国工匠”，中国煤炭教育协会决定组织编写出版突出技能型人才培养特色的中等职业教育“十三五”规划教材。为将教材打造为精品、经典教材，中国煤炭教育协会高度重视教材建设和编写工作，提出了坚持“科学严谨、改革创新、特点突出、适应发展”的指导思想，多次组织召开会议研究和部署教材建设及编写工作，并采取有力措施，落实了教材编什么、怎么编、谁来编等具体问题。

2015年以来，教材编审委员会、各有关院校和企业、煤炭工业出版社统一思想，巩固认识，精诚团结合作，主动承担责任，扎实稳步推进工作，严把教材编写质量关，取得教材编写重大成果，教材正陆续出版发行。这套教材主要适用于中等职业学校教学、企业职工培训，也适合具有初中以上文化程度的人员自学。

《数控车工工艺与技能训练》是这套教材中的一种，介绍了目前国内常用的FANUC 0i、SIEMENS 802D两种典型数控系统。从中职院校学生基础能力出发，遵循专业理论学习规律和技能形成特点，根据数控机床加工元素特征按照由简到难设计任务模块，使学生在任务的引领下学习数控机床编程与操作的理论和技能知识。其主要特点是：

（1）以技能训练为主线、相关知识为支撑，较好地处理理论教学与技能训练的关系，切实做到“适用、够用”的教学指导思想。

（2）形式上，通过任务描述、任务分析、相关知识、任务实施、任务评价、知识拓展、思考与练习等形式，引导学生明确各任务学习目标，学习与任务相关的知识与技能，适当拓展相关知识。

（3）内容上将目前广泛使用的FANUC 0i、SIEMENS 802D两种系统同时对比介绍，有利于学生理解、记忆，提高学习效率。

（4）本书配有教学PPT，供教学使用，可向煤炭工业出版社索取，联系电话010－84657836。

本书由王颖博、龙虎任主编，刘智强、付海燕任副主编，赵默涛、侯健、辛德胜、任士明、贾丽刚参与编写。具体的编写分工是：项目一和项目七的任务一、任务二由大同煤矿集团有限责任公司技师学院龙虎编写；项目二由河北省机电工程技师学院付海燕编写；项目三由河北省机电工程技师学院任士明编写；项目四、项目五、项目六的任务一、任务二、任务三由张家口煤矿机械制造技工学校王颖博编写；项目七的任务三由大同煤矿集团有限责任公司技师学院侯健、辛德胜编写；项目八由张家口煤矿机械制造技工学校刘智强编写；项目六的任务四、项目九由中煤张家口煤矿机械有限责任公司赵默涛编写。本书的编写，得到了中煤张家口煤矿机械有限责任公司郭云鹏的大力支持和帮助，在此一并表示感谢。

尽管我们做了努力，但本书肯定还存在不足，望读者提出宝贵修改建议和意见，以便作者在修订时改正。

中等职业教育“十三五”规划教材

编审委员会

2018年9月

目　次

项目一　数控车床基本操作

【知识目标】

1. 了解数控车床型号、种类、组成及加工特点。
2. 掌握机床坐标系、工件坐标系、坐标原点、编程原点的联系及区别。
3. 了解数控机床保养与维护。
4. 了解数控加工工艺基本特点、工艺过程、零件结构的工艺性分析。
5. 掌握切削用量、切削液的选用方法以及进给路线的确定方法。
6. 了解数控加工工艺文件的组成及格式。

【技能目标】

1. 掌握数控车床的操作规程以及典型零件加工方法的选择及加工路线的确定。
2. 熟练掌握 FANUC 和 SIEMENS 系统操作面板各按键的位置及功能。
3. 会打开数控车床六大界面并对数控程序进行合理处理。
4. 熟练掌握机床准备、试切法对刀、手动操作和自动加工等操作。

【情感目标】

1. 具有安全意识、合作意识和环保意识。
2. 技能训练过程中，认真遵守安全操作规程；认真学习，保质保量完成任务。
3. 了解数控，热爱数控，坚定职业信念。

任务一　数控车床认知

【任务描述】

数控车床是目前国内使用量最大、覆盖面最广的一种机床，约占机床总数的25%。因此，如何正确认识数控车床，并快速上手成为一个亟待解决的问题。本任务以 CK6163 型卧式数控车床（图 1－1）为例，从机床的型号、分类、结构以及坐标入手，使初学者尽快熟悉机床，为以后编程与操作打下坚实的基础。

图 1－1　CK6163 型卧式数控车床

【任务分析】

本任务首先介绍了数控车床的定义、型号标记；之后按机床主轴配置形式、机床功能讲述了数控车床的分类；通过介绍数控车床的组成和加工范围，使读者对数控车床有了一个初步认识；最后通过对数控车床坐标系、安全操作规程、保养和维护的讲解，进一步深化读者的认识。

【相关知识】

一、数控机床概述

数控机床是集机械、电气、液压、气动、微电子和信息等多项技术为一体的机电一体化产品，是机械制造设备中具有高精度、高效率、高自动化和高柔性化等优点的工作母机。

数控车床又称 CNC 机床，即计算机数字控制机床，是一种高精度、高效率的自动化机床。数控车床一般由数控系统、主传动系统、进给伺服系统、冷却润滑系统等组成。它具有广泛的加工工艺性能，可完成内外圆柱面、圆锥面、成形表面、螺纹和端面等的切削加工，并能进行车槽、钻孔、扩孔、铰孔等工作，还能加工一些复杂的回转面，如双曲面、抛物面等。

二、数控车床型号标记

数控车床的型号表示方法与普通车床基本相似，都是由字母和数字组成。CJK6140 型数控车床代码含义如下：

C　J　K　6　1　40

- 40 —— 床身上最大工件回转直径的1/10（400mm）
- 1 —— 卧式车床系
- 6 —— 落地及卧式车床组
- K —— 数控
- J —— 经济型
- C —— 车床

三、数控车床的分类

数控车床品种繁多，规格不一，可按如下方法进行分类。

（一）按机床主轴位置分类

1. 卧式数控车床

卧式数控车床（图 1－2）又分为数控水平导轨卧式车床和数控倾斜导轨卧式车床。其倾斜导轨结构可以使机床具有更大的刚性，并易于排除切屑。

2. 立式数控车床

立式数控车床（图 1－3）简称数控立车，其机床主轴竖直布置，一个直径很大的圆形工作台呈水平布置，用来装夹工件。这类车床主要用于加工径向尺寸大、轴向尺寸相对较小的大型复杂零件。

（二）按加工零件的基本类型分类

1. 卡盘式数控车床

这类车床没有尾座，适合车削盘类（含短轴类）零件。夹紧方式多为电动或液动控

图 1－2　ML－600S 型卧式数控车床

图 1－3　VNL1605 型立式数控车床

制，卡盘结构多具有可调卡爪或不淬火卡爪（即软卡爪）。

2. 顶尖式数控车床

这类车床配有普通尾座或数控尾座，适合车削较长的零件及直径不太大的盘类零件。

（三）其他分类方法

按数控系统的不同控制方式，数控车床可以分为直线控制数控车床、两主轴控制数控车床等；按特殊或专门工艺性能，可分为螺纹数控车床、活塞数控车床、曲轴数控车床等。

四、数控机床的组成

数控机床一般由机床本体、CNC 单元（或称 CNC 装置）、输入/输出设备、伺服单元、驱动装置（或称执行机构）、可编程控制器 PLC、测量反馈装置、电气控制装置及辅助装置组成，如图 1－4 所示。

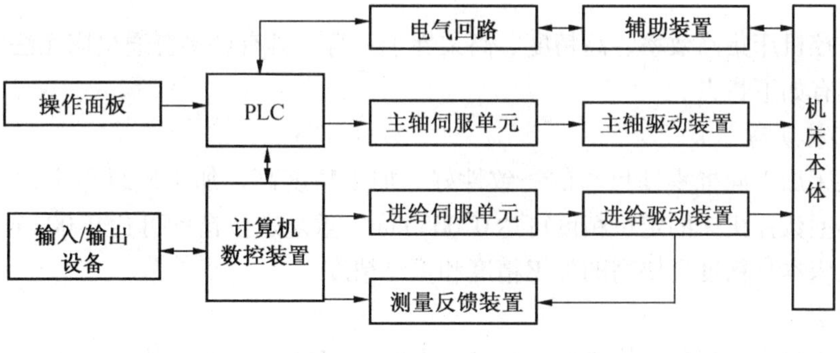

图 1－4　数控机床的组成框图

1. 机床本体

数控机床的机床本体与传统机床相似，由主轴传动装置、进给传动装置、床身、工作台以及辅助运动装置、液压气动系统、润滑系统、冷却装置等组成。

2. CNC 单元

CNC 单元是数控机床的核心，CNC 单元由信息的输入、处理和输出三部分组成。CNC 单元接收数字化信息，经过数控装置的控制软件和逻辑电路进行译码、插补、逻辑处理后，将各种指令信息输出给伺服系统，伺服系统驱动执行部件做进给运动。

3. 输入/输出设备

输入装置将各种加工信息传递给计算机的外部设备。在数控机床产生初期，输入装置为穿孔纸带（已淘汰），后发展成盒式磁带，再发展成键盘、磁盘等便携式硬件，极大地方便了信息输入工作，现通用 DNC 网络串行通信方式输入。

4. 伺服单元

伺服单元由驱动器、驱动电机组成，并与机床上的执行部件和机械传动部件组成数控机床的进给系统。它的作用是把来自数控装置的脉冲信号转换成机床移动部件的运动。

5. 驱动装置

驱动装置把经放大的指令信号变为机械运动，通过简单的机械连接部件驱动机床，使工作台精确定位或按规定的轨迹做严格的相对运动，最后加工出图纸所要求的零件。

6. 可编程控制器

可编程控制器是一种以微处理器为基础的通用型自动控制装置，专为在工业环境下应用而设计。PLC 已成为数控机床不可缺少的控制装置。CNC 和 PLC 协调配合，共同完成对数控机床的控制。

7. 测量反馈装置

测量反馈装置也称反馈元件，包括光栅、旋转编码器、激光测距仪、磁栅等。通常安装在机床的工作台或丝杠上，它把机床工作台的实际位移转变成电信号反馈给 CNC 装置，供 CNC 装置与指令值比较产生误差信号，以控制机床向消除该误差的方向移动。

五、数控机床加工特点

现代数控机床集高效率、高精度、高柔性于一身，具有许多普通机床无法实现的特殊功能。它具有如下特点。

1. 加工精度高

数控机床加工同批零件尺寸的一致性好，加工精度高，加工质量稳定，产品合格率高。中、小型数控机床的定位精度可达 0.005 mm，重复定位精度可达 0.002 mm，因此可以获得比机床本身精度还要高的加工精度和重复精度。

2. 生产效率高

数控机床具有良好的结构刚性，可进行大切削用量的强力切削，有效节省机动时间，还具有自动变速、自动换刀、自动交换工作和其他辅助操作自动化等功能，使辅助时间缩短，而且无须工序间的检测和测量，因此数控机床生产效率比一般普通机床高得多。

3. 自动化程度高

除了装卸零件、安装刀具、操作键盘、观察机床运行之外，直至加工完毕，其他的机床动作都是自动连续完成，这大大减轻了操作者的劳动强度，改善了劳动条件，减少了操作人员的人数，有利于现代化的生产管理。

4. 对加工对象的适应性强

当加工对象改变时，只要改变数控加工程序，就可改变加工工件的品种，这为复杂结构的单件、小批量生产以及试制新产品提供了极大的便利，特别是对那些普通机床很难甚至无法加工的精密复杂表面，数控机床也能实现自动加工。

5. 经济效益好

数控机床虽然价格昂贵，加工时分摊到每个工件上的设备折旧费较高，但在单件、小批量生产情况下，使用数控机床加工可节省划线工时，减少调整、加工和检验时间，节省直接生产费用和工艺装备费用。数控机床的加工精度稳定，减少了废品率，使生产成本进一步下降。

六、数控机床坐标系

在数控编程时，为了描述机床的运动，简化程序编制方法以及保证记录数据的互换性，数控机床的坐标系和运动方向均已标准化。

1. 机床坐标系

无论机床在实际加工中是工件运动还是刀具运动，在确定坐标系时，一般将工件看作是相对静止，而刀具产生运动。这一原则可以保证编程人员在不确定机床加工零件时是刀具移向工件、还是工件移向刀具的情况下，都可以根据图纸或数模进行手工或自动数控编程。为了确定机床的运动方向和移动距离，需要在机床上建立一个坐标系，这个坐标系就是机床坐标系（也叫标准坐标系）。数控机床上的标准坐标系采用右手笛卡儿坐标系，如图 1－5 所示。

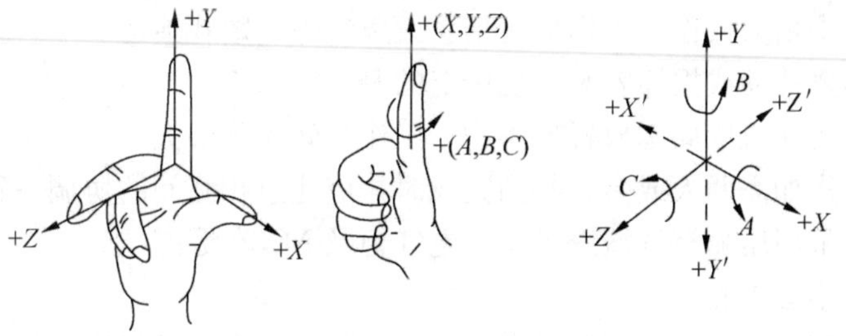

图 1－5 右手笛卡儿坐标系

数控车床的坐标系依然采用右手定则的笛卡儿坐标系，以径向为 X 轴方向，纵向为 Z 轴方向。由此，根据右手定则，Y 轴的正方向应该垂直指向地面，而编程中不涉及 Y 坐标，所以就没有标出 Y 方向，如图 1－6 所示。

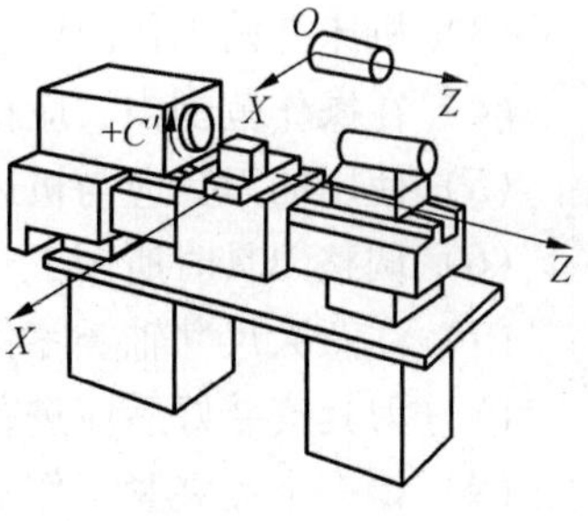

图 1－6 数控车床坐标系

2. 工件坐标系

数控车床加工时，工件通过卡盘夹持于机床坐标系下的任意位置。这样一来，用机床坐标系描述刀具轨迹就显得不大方便。为此，编程人员在编写零件加工程序时通常要选择一个工件坐标系，也称编程坐标系。工件坐标系坐标轴的意义必须与机床坐标系坐标轴相同，这样刀具轨迹就变为工件轮廓在工件坐标系下的坐标了。编程人员就不用考虑工件上各点在机床坐标系下的位置，从而大大简化了问题。

工件坐标系的原点也称编程原点，其位置由编程者自行确定。数控编程时，应首先确定工件坐标系和工件原点。工件原点的确定原则是简化编程计算，应尽可能将工件原点设在零件图的尺寸基准或工艺基准处。一般来说，数控车床的 X 向零点应取在工件的回转中心，即主轴轴线上；Z 向零点一般在工件的左端面或右端面，即工件原点一般应选在主轴中心线与工件右端面或左端面的交点处。

工件坐标系通过指令 G50 或 G92 建立。

指令：G50。

指令格式：G50　X_　Z_ 。

G50 指令后的参数（X_ ，Z_ ）值是刀具起点在工件坐标系中的坐标值。执行该指令后，系统内部即对（X_ ，Z_ ）进行记忆，相当于在系统内部建立了一个以工件原点为坐标原点的工件坐标系。G50 是一个非运动指令，只起预置寄存作用，一般作为第一条指令放在整个程序的前面。

七、数控机床安全操作规程

1. 安全操作基本注意事项

（1）工作时要穿好工作服、安全鞋，扎紧袖口，戴好工作帽及防护镜。不能穿过于宽松的衣服。注意：不允许戴手套、围巾操作机床，女员工头发应套入帽内。

（2）未经过培训以及车间主管确认的人员不得操作机床。

（3）注意集中精力操作，工作场所禁止大声喧哗、嬉戏追逐。

（4）注意不要移动或损坏安装在机床上的警告标示牌。

（5）注意不要在机床周围放置障碍物，工作空间应足够大。

（6）某项工作如需两人或多人共同完成时，应注意相互间的协调一致。

（7）不允许采用压缩空气清洗机床、电气柜及 NC 单元。

2. 工作前的准备工作

（1）开动机床前，要详细阅读机床的使用说明书，未熟悉机床操作前勿随意动机床。

（2）操作前必须熟知每个按钮的作用以及操作注意事项才能进行操作，不要盲目操作。

（3）机床开始工作前要进行预热，认真检查润滑系统工作是否正常。

（4）在操作范围内，应把刀具、工具、量具、材料等物品放在工作台上。

（5）使用的刀具应与机床允许的规格相符，有严重破损的刀具要及时更换。

（6）调整刀具时所用工具不要遗忘在机床内。

（7）注意大尺寸轴类零件的中心孔是否合适，中心孔如太小，工作中易发生危险。

（8）刀具安装好后应进行试切削。

（9）检查卡盘夹紧工作的状态。

（10）机床开动前必须关好机床防护门。

3. 工作过程中的安全注意事项

（1）禁止用手接触刀尖和铁屑，铁屑必须在机床停止运转后用铁钩子或毛刷来清理。

（2）禁止用手或其他任何方式接触正在旋转的主轴、工件或其他运动部位。

（3）禁止加工过程中测量工件、随意变速，更不能用棉布擦拭工件，也不能清扫机床。

（4）机床运转中，操作者不得离开岗位，发现异常现象立即停机检查。

（5）经常检查轴承温度，过高时应找有关人员进行检查。

（6）加工过程中不允许打开机床防护门。

（7）严格遵守岗位责任制，机床由专人使用，他人使用须经本人同意。

（8）操作员必须在完全清楚操作步骤时进行操作，遇到问题立即向主管询问。

（9）机床原点回零顺序：数控车床 +X，+Z；加工中心 +Z，+Y，+X。

（10）移动时先慢转手轮，观察机床移动方向无误后方可加快移动速度。

（11）运行新的零件程序或将程序输入机床后，须先进行图形模拟。

4. 程序运行注意事项

（1）对刀应准确无误，刀具补偿号应与程序调用刀具号符合。

（2）检查机床各功能按键的位置是否正确。

（3）光标要放在主程序程序号位置。

（4）加工第一个工件时，作按紧急停止按钮准备，如有紧急情况立即按下紧急停止按钮。

（5）加工过程中认真观察切削及冷却状况，并关闭防护门以免废屑、冷却液飞出。

（6）待机床完全停止、旋转运动部位停止后方可进行测量，以免发生人身事故。

（7）关机时，要等主轴停转 3 min 后方可关机。

（8）未经许可，禁止打开电器控制箱。

（9）修改程序的钥匙，在程序调整完后要立即拿掉，以免无意改动程序。

（10）切削液要定期更换，一般在 1 ~ 2 个月之间。

（11）机床若数天不使用，则每隔一天应对 NC 及显示器部分通电 1 ~ 2 h，去除潮气。

（12）手潮湿时勿触摸任何开关或按钮，手上有油污时禁止操控控制面板。

（13）机床出现故障时应立即切断电源，并立即报告现场主管人员。

5. 工作完成后的注意事项

（1）下班停机时做好“五关”，即关门、关窗、关电（灯）、关水（气）、关机（扇）。

（2）任何人在使用设备后都应把物品整理好，并做好设备清洁和日常设备维护工作。

（3）必须每天做好防火、防盗工作，检查门窗是否关好，相关设备和照明开关是否关好。

（4）必须打扫干净工作场地、清除切屑、擦拭干净机床，使机床与环境保持清洁状态。

（5）注意检查或更换机床导轨上磨损坏了的刮屑器。

（6）依次关掉机床操作面板上的 NC 电源和机床电气箱总电源。

八、数控机床维护与保养

数控机床常规维护与保养见表1-1。

表1-1 数控机床维护与保养一览表

序号	检查周期	检查部位	检查内容
1	每天	导轨润滑机构	油标、润滑泵，使用前手动打油润滑导轨
2	每天	导轨	清理切屑及脏物，滑动导轨有无划痕，滚动导轨润滑情况
3	每天	液压系统	油箱泵有无异常噪声，工作油面高度是否合适，压力表指示是否正常，有无泄漏
4	每天	主轴润滑油箱	油量、油质、温度、有无泄漏
5	每天	液压平衡系统	工作是否正常
6	每天	气源自动分水过滤器、自动干燥器	及时清理分水器中过滤出的水，检查压力
7	每天	电器箱散热、通风装置	冷却风扇工作是否正常，过滤器有无堵塞，及时清洗过滤器
8	每天	各种防护罩	有无松动、漏水，特别是导轨防护装置
9	每天	机床液压系统	液压泵有无噪声，压力表接头有无松动，油面是否正常
10	每周	空气过滤器	坚持每周清洗一次，保持无尘、通畅，发现损坏及时更换
11	每周	各电气柜过滤网	清洗黏附的尘土
12	半年	滚珠丝杠	清洗丝杠上的旧润滑脂，换新润滑脂
13	半年	液压油路	清洗各类阀、过滤器，清洗油箱底，换油
14	半年	主轴润滑箱	清洗过滤器、油箱，更换润滑油
15	半年	各轴导轨上镶条，压紧滚轮	按说明书要求调整松紧状态
16	一年	检查和更换电机炭刷	检查换向器表面，去除毛刺，吹净炭粉，磨损过多的炭刷及时更换
17	一年	冷却油泵过滤器	清洗冷却油池，更换过滤器
18	不定期	主轴电动机冷却风扇	除尘，清理异物
19	不定期	运屑器	清理切屑，检查是否卡住
20	不定期	电源	供电网络大修，停电后检查电源的相序、电压
21	不定期	电动机传动带	调整传动带的松紧程度
22	不定期	刀库	刀库定位情况，机械手相对主轴的位置
23	不定期	冷却液箱	随时检查液面高度，及时添加冷却液，太脏应及时更换

【任务实施】

我们从机床的型号、分类、结构和坐标入手，认识并熟悉图1-1所示的CK6163型卧式数控车床，为以后的学习打下基础。

一、CK6163型数控车床的型号代码含义

通过型号代码分析及对外形的观察，我们可以看出CK6163与CJK6140型数控车床基本相似，也是落地卧式数控机床，只是床身上最大工件回转直径变为630 mm。

二、CK6163 型数控车床的组成

CK6163 型数控车床的组成如图 1－7 所示。

图 1－7　CK6163 型数控车床的组成

三、CK6163 型数控车床的坐标

CK6163 型数控车床同大多数普通卧式前置刀架数控车床的坐标系一样，依然采用右手定则的笛卡儿坐标系，即以径向为 X 轴方向，指向操作者的方向为正方向；纵向为 Z 轴方向，远离工件的方向为正方向。

四、CK6163 型数控车床的安全操作规程以及维护与保养

熟记安全操作规程、数控机床维护与保养一览表，要求能够活学活用，熟练掌握。

【任务评价】

小组名称：＿＿＿＿＿＿＿＿＿＿　　　　学生姓名：＿＿＿＿＿＿

评价内容		分值	自我评价（30%）	小组评价（30%）	教师评价（40%）
1	数控机床型号	5			
2	数控机床分类	5			
3	数控机床组成	5			
4	数控机床加工特点	5			
5	数控机床坐标系	20			
6	数控机床安全操作规程	30			
7	数控机床维护与保养	15			
8	团结协作	5			
9	遵守纪律情况	5			
10	安全文明生产	5			
总评					

【思考与练习】

一、填空题

1. 数控机床一般由__________、__________、__________、__________、__________、__________、__________及__________组成。

2. 工件坐标系的原点也称__________，其位置由__________自行确定。

3. 数控机床维护与保养一览表中，每周需要进行的检查项目有__________和__________。

二、判断题

1. 数控车床的坐标系依然采用右手定则的笛卡儿坐标系，以径向为 X 轴方向，纵向为 Z 轴方向。(　　)

2. 滚珠丝杠和液压油路应当一年检验一次。(　　)

三、问答题

1. CKA6140 各个代号的含义是什么？

2. 数控车床的主要功能有哪些？数控车床按主轴位置如何分类？

3. 数控机床的加工特点有哪些？

4. 数控机床工作完成后的安全操作规程有哪些？

任务二　数控车床加工工艺

【任务描述】

在数控车床上加工零件，同普通车床上一样，应当在编制数控程序前制定合理的工艺路线。以图 1－8 所示的 45 号钢传动轴为样本，为毛坯尺寸为 $\phi65\ mm \times 130\ mm$ 的 45 号圆钢料制定加工工艺，并填写相应的工艺卡。

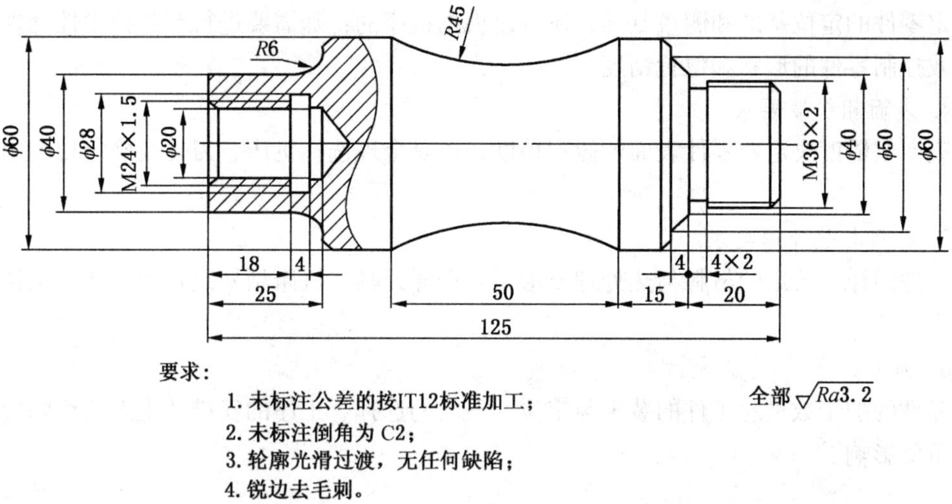

图1-8　传动轴

【任务分析】

观察并分析图纸，选择合适的机床、刀具、量具、夹具和切削液，计算切削用量，制定详细的工艺路线，填写相应的数控加工工艺卡、数控加工刀具卡和数控加工程序单。

该零件包括槽、螺纹、圆弧、内孔、内螺纹、键槽、圆柱，对多个直径尺寸和粗糙度没有严格要求。为此这些表面的加工顺序为：手动平右端面并对刀→车削右端外轮廓→车槽→车右端螺纹→工件掉头并车至总长→车削左端外轮廓→钻孔→车内槽→车孔→加工内螺纹。

通过学习本任务内容，能够计算编程尺寸，确定切削用量，制定合理的加工工艺，为后续更好地学习数控编程和操作打下坚实的基础。

【相关知识】

一、零件图样、结构、精度分析

分析零件图样是进行工艺分析的前提，它将直接影响零件加工程序的编制与加工。分析零件图样时主要应考虑以下几方面：

1. 构成零件轮廓的几何条件

由于设计等多方面原因，可能在零件图样上出现构成零件加工轮廓的数据不充分、尺寸模糊不清等缺陷，这样会增加编程难度，有时甚至无法编程。

2. 尺寸精度要求

分析零件图样尺寸的精度要求，以判断能否利用车削工艺达到，并确定控制尺寸精度的工艺方法。在利用数控机床车削零件时，通常对零件要求的尺寸取最大和最小极限尺寸的平均值作为编程依据。

3. 形状和位置精度要求

零件图样上给定的形状和位置公差是保证零件精度的重要依据。加工时，要按照其要求确定零件的定位基准和测量基准，还可以根据机床的特殊需要进行一些技术性处理，以便有效控制零件的形状和位置精度。

4. 表面粗糙度要求

表面粗糙度决定着零件表面的微观精度，也是合理选择机床、刀具及确定切削用量的依据。

5. 材料与热处理要求

零件图样上给定的材料与热处理要求，是选择刀具、机床型号以及确定切削用量的依据。

6. 加工数量

零件的加工数量对工件的装夹与定位、刀具的选择、工序的安排及走刀路线的确定等都有重要影响。

二、零件图形的数值计算及编程尺寸计算

1. 数值计算的概念

根据零件图样，按照已确定的加工路线和允许的编程误差，计算编程时所需要的资料，称为数控加工的数值计算。数值计算的内容包括计算零件轮廓的基点和节点坐标以及刀具中心运动轨迹的坐标。

2. 编程尺寸设定值确定的步骤

（1）精度高的尺寸的处理，将基本尺寸换算成平均尺寸。

（2）几何关系的处理，保持原重要的几何关系，如角度、相切等不变。

（3）精度低的尺寸的调整，通过修改一般尺寸保持零件原有几何关系，使之协调。

（4）节点坐标尺寸的计算，按调整后的尺寸计算有关未知节点的坐标尺寸。

（5）编程尺寸的修正，按调整后的尺寸编程并加工一组工件，测量关键尺寸的实际分散中心并求出常值系统性误差，再按此误差对程序尺寸进行调整并修改程序。

（6）难以直接计算的点，如曲线轨迹等，可以通过自动编程软件得到，或者通过绘图软件直接获取。

三、数控车削加工工艺步骤及原则

（一）加工零件的工艺性分析

（1）零件图上尺寸数据的给出，应符合程序编制方便的原则。

（2）零件各加工部位的结构工艺性应符合数控加工的特点。

（二）加工方法的选择与加工方案的确定

1. 加工方法的选择

加工方法的选择原则是：同时保证加工精度和表面粗糙度的要求。此外，还应考虑生产率和经济性的要求，以及现有生产设备等实际情况。

2. 确定加工方案的原则

零件上精度要求较高的表面，一般通过粗加工、半精加工和精加工逐步达到。对于这些表面，要根据质量要求、机床情况和毛坯条件来确定最终的加工方案。

（三）机床、刀具、夹具的选择和对刀点的确定

1. 机床的合理选用

数控机床通常最适合加工具有以下特点的零件：

（1）多品种、小批量生产的零件或新产品试制中的零件。

（2）轮廓形状复杂，或对加工精度要求较高的零件。

（3）用普通机床加工时需用昂贵工艺装备（工具、夹具和模具）的零件。

（4）需要多次改型的零件。

（5）价格昂贵，加工中不允许报废的关键零件。

（6）需要最短生产周期的急需零件。

2. 刀具的选择

数控加工的刀具材料，要求采用新型优质材料，一般尽可能选用硬质合金；精密加工时还可选择性能更好更耐磨的陶瓷、立方氮化硼和金刚石刀具，并应优选刀具参数。

3. 零件的定位方案与夹具的选择

（1）定位安装的基本原则。力求设计基准、工艺基准和编程计算基准统一。尽量减少装夹次数，尽可能在一次定位装夹后加工出全部待加工表面。避免采用占机人工调整加工方案，以便充分发挥数控机床的效能。

（2）选择夹具的基本原则。数控加工对夹具提出了两点要求：一是保证夹具的坐标方向与机床的坐标方向相对固定不变；二是协调零件和机床坐标系的尺寸关系。

4. 对刀点的确定

选择对刀点的原则是：

（1）选择的对刀点便与数学处理和简化程序编制。

（2）对刀点在机床上容易校准。

（3）加工过程中便于检查。

（4）引起的加工误差小。

（四）工序安排与工步的划分原则

改变生产对象的形状、尺寸、相对位置和性质等，使其成为成品或半成品的过程，称为工艺过程。工艺过程是生产过程中的主体。其中机械加工的过程称为机械加工工艺过程。机械加工工艺过程是由一个或若干个顺序排列的工序组成的，而工序又由安装、工位、工步和进给组成。一个或一组工人，在一个工作地对一个或同时对几个工件所连续完成的那一部分工艺过程称为工序。

1. 工序安排原则

零件是由多个表面构成的，这些表面有自己的精度要求，各表面之间也有相应的精度要求。为了达到零件的设计精度要求，加工顺序安排应遵循以下原则：

（1）先粗后精的原则。各表面的加工顺序按照粗加工、半精加工、精加工和光整加工的顺序进行，目的是逐步提高零件加工表面的精度和表面质量。

（2）基准面先加工原则。加工一开始，总是把用作精加工基准的表面先加工出来，因为定位基准的表面精确，装夹误差就小。所以任何零件的加工过程，总是先对定位基准面进行粗加工和半精加工，必要时还要进行精加工。

（3）先近后远原则。远近按加工部位相对对刀点的距离大小而言。加工时，离对刀点近的部位先加工，离对刀点远的位置后加工，以缩短刀具移动距离，提高加工效率。

（4）先内后外原则。对于精密套筒，其外圆与孔的同轴度要求较高，一般采用先孔后外圆的原则，即先以外圆作为定位基准加工孔，再以精度较高的孔作为定位基准加工外圆，这样可以保证外圆和孔之间具有较高的同轴度要求，而且使用的夹具结构也很简单。

（5）先主后次原则。零件的基准面、配合处以及精度要求较高的地方应当先加工，除了能尽早发现毛坯可能出现的缺陷，还能降低加工成本，提高成品率。

（6）减少换刀次数的原则。在数控加工中，应尽可能按刀具进入加工位置的顺序安排加工顺序。

2. 工步划分的原则

加工表面不变、切削刀具不变、进给量和切削速度基本保持不变的情况下所连续完成的那部分工序内容称为工步。工步的划分主要从加工精度和生产效率两方面来考虑。工步划分的原则是：

（1）同一表面按粗加工、半精加工、精加工依次完成，或全部加工表面按先粗加工后精加工分开进行。

（2）某些机床工作台的回转时间比换刀时间短，可以按使用刀具划分工步，以减少换刀次数，提高加工效率。

3. 切削用量的选择原则

切削用量的选择原则是：粗加工时，一般以提高生产率为主，但也应该考虑加工成本；半精加工和精加工时，一般应在保证加工质量的前提下兼顾切削效率和经济性。

（1）粗车切削用量的选择原则。首先考虑选择一个尽可能大的背吃刀量，其次选择一个较大的进给量，最后确定一个合适的切削速度，按照原则来选取。增大背吃刀量可使走刀次数减少，增大进给量有利于断屑。

（2）精车切削用量的选择原则。精车时应着重考虑如何保证加工质量，并在此基础上尽量提高生产率。因此精车时应选用较小（但不能太小）的背吃刀量和进给量，并选用较高的切削速度。

4. 工艺加工路线的确定原则

工艺加工路线的确定原则是：

（1）保证零件的加工精度和表面粗糙度。

（2）方便数值计算，减少编程工作量。

（3）缩短加工运行路线，减少空运行行程。

（五）编写数控加工程序，并填写相应的工艺卡

之后会有详细介绍，这里不再赘述。

四、数控车削加工刀具及夹具的确定

（一）车刀的选择

选择数控车削刀具通常要考虑数控机床的加工能力、工序内容及工件材料等因素。与普通车削相比，数控车削对刀具的要求更高，不仅要求精度高、刚度好、耐用度高，而且要求尺寸稳定、安装调整方便。

1. 常用车刀类型

1）焊接式车刀

焊接式车刀是将硬质合金刀片用焊接的方法固定在刀体上，形成一个整体。此类刀具结构简单，制造方便，刚性较好。但受焊接工艺影响，刀具的使用性能受到影响，另外刀杆不能重复使用，造成刀具材料的浪费。

2）机械夹固式可转位车刀

机械夹固式可转位车刀是已经实现机械加工标准化、系列化的车刀。

数控机床常用的机夹可转位车刀如图 1－9 所示，主要由刀杆、刀片、刀垫及夹紧元件组成。刀片每边都有切削刃，当某切削刃磨损钝化后，只需松开夹紧元件，将刀片转一个位置便可继续使用。这样减少了换刀时间且方便对刀，便于实现机械加工的标准化，数控车削加工时应尽量采用机夹刀和机夹刀片。

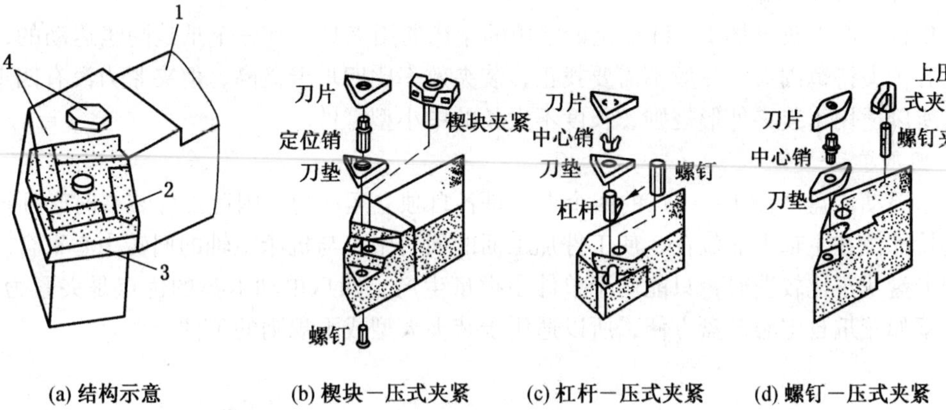

1—刀杆；2—刀片；3—刀垫；4—夹紧元件

图 1－9　机夹可转位车刀

2. 机夹可转位车刀的选用

1）刀片材质的选择

常见刀片材料有高速钢、硬质合金、涂层硬质合金、陶瓷、立方氮化硼和金刚石等，其中应用最多的是硬质合金和涂层硬质合金刀片。选择刀片材质主要依据被加工工件的材料、被加工表面的精度、表面质量要求、切削载荷的大小以及切削过程有无冲击和振动等。

2）刀片形状的选择

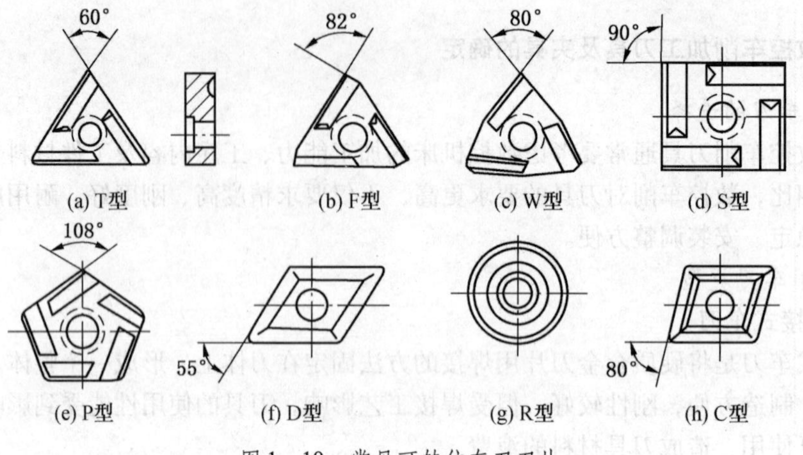

图 1－10　常见可转位车刀刀片

刀片形状主要依据被加工工件的表面形状、切削方法、刀具寿命和刀片的转位次数等因素选择。刀片是机夹可转位车刀的重要组成元件，刀片大致可分为三大类 17 种，图 1－10 所示为常见的可转位车刀刀片。

（二）车削加工工件装夹

数控车床有多种实用的夹具，下面介绍常见的车床夹具。

1. 三爪自定心卡盘

三爪自定心卡盘（图 1－11）是最常用的车床通用夹具，其三个爪是同步运动的，能自动定心，夹持范围大，一般不需要找正，装夹效率比四爪卡盘高，但夹紧力没有四爪卡盘大，所以适用于装夹外形规则、长度不太长的中小型零件。

2. 四爪单动卡盘

四爪单动卡盘（图 1－12）的四个卡爪是各自独立运动的，因此工件装夹时必须调整工件夹持部位在主轴上的位置，使工件加工面的回转中心与机床主轴的回转中心重合。四爪单动卡盘找正比较费时，只能用于单件小批量生产。四爪单动卡盘的优点是夹紧力大，但装夹不如三爪自定心卡盘方便，所以适用于装夹大型或不规则的工件。

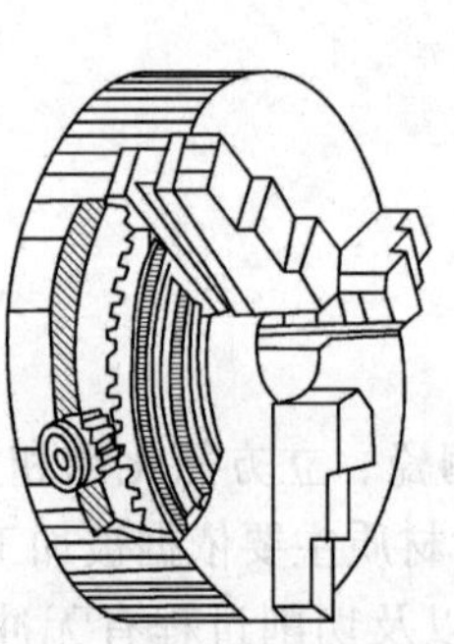

图 1－11　三爪自定心卡盘

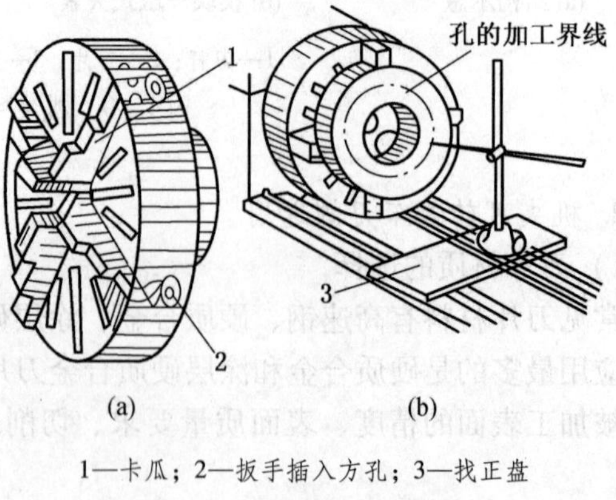

1—卡爪；2—扳手插入方孔；3—找正盘

图 1－12　四爪单动卡盘

3. 顶尖

1）两顶尖

对于长度较长或必须经过多次装夹才能加工的工件，如细长轴、长丝杠等的车削，其工序较多，为保证每次装夹时的装夹精度（如同轴度要求），可以用两顶尖装夹。两顶尖装夹工件方便，不需找正，装夹精度高。另外，利用两顶尖装夹定位还可以加工偏心工件。

2）一夹一顶

用两顶尖装夹工件，虽然定位精度高，但刚度较低，尤其是对粗大笨重的工件，装夹时稳定性不够，切削用量的选择受到限制。这时通常选用工件一端用卡盘夹持，另一端用后顶尖支撑，即用一夹一顶的方法装夹工件。这种装夹方法安全、可靠，能承受较大的轴向切削力，但对于相互位置精度要求较高的工件，调头车削时找正较困难。

4. 软爪

软爪是一种具有切削性能的夹爪。当成批加工某一工件时，为提高三爪自定心卡盘的定心精度，可以采用软爪结构。即用黄铜或软钢焊在三个软爪上，然后根据工件形状和直径把三个软爪的夹持部分直接在机床上车出来，即软爪是在使用前配合被加工工件特别制造的，如加工成圆弧面、圆锥面或螺纹等形式，可获得理想的夹持精度。

5. 花盘、弯板

当在非回转体零件上加工圆柱面时，由于车削效率较高，经常用花盘、弯板进行工件装夹。

五、切削用量的确定

切削用量包括切削速度、进给量和切削深度三要素。

数控编程时，编程人员必须确定每道工序的切削用量，并以指令的形式写入程序中，所以编程前必须确定合适的切削用量。

（一）背吃刀量的确定

在工艺系统刚性和机床功率允许的条件下，尽可能选取较大的背吃刀量，以减少进给次数。当零件的精度要求较高时，应考虑适当留出精车余量，其所留精车余量一般为0.1～0.5 mm。

（二）主轴转速的确定

1. 光车时的主轴转速

光车时的主轴转速应根据零件上被加工部位的直径，并按零件、刀具的材料及加工性质等条件所允许的切削速度来确定。切削速度除了计算和查表选取外，还可根据实践经验确定。需要注意的是交流变频调速数控机床低速输出力矩小，因而切削速度不能太低。

2. 车螺纹时的主轴转速

切削螺纹时，数控机床的主轴转速将受到螺纹螺距（或导程）的大小、驱动电动机的升降频率特性、螺纹插补运算速度等多种因素的影响，故对于不同的数控系统，推荐不同的主轴转速选择范围。

（三）进给量（或进给速度）的确定

1. 单向进给量计算

单向进给量包括纵向进给量和横向进给量，粗车时一般取 0.3 ~ 0.8 mm/r，精车时常取 0.1 ~ 0.3 mm/r，切断时常取 0.05 ~ 0.2 mm/r。

2. 合成进给速度计算

合成进给速度是指刀具作合成运动（斜线及圆弧插补等）时的进给速度，例如加工斜线及圆弧等轮廓零件时，刀具的进给速度由纵、横两个坐标轴同时运动的速度合成获得。由于计算合成进给速度的过程比较烦琐，所以除特别情况需要计算外，在编制数控加工程序时，一般凭实践经验或通过试切确定合成进给速度值。

六、工艺文件基础知识

编写数控加工专用技术文件是数控加工工艺设计的内容之一。这些专用技术文件既是数控加工、产品验收的依据，也是操作者遵守、执行的规程；有的则是加工程序的具体说明或附加说明，目的是让操作者更加明确程序的内容、定位装夹方式、各个加工部位所选用的刀具及其他问题。下面介绍几种常见数控加工专用技术文件。

1. 数控加工刀具卡

刀具卡是组装刀具和调整刀具的依据。它主要包括刀具号、刀具名称、刀柄型号、刀具的直径和长度等。它是调刀人员准备和调整刀具、机床操作人员输入刀补参数的主要依据。表 1－2 是数控机床加工刀具卡的一种格式。

表 1－2 数控加工刀具卡

<table>
<tr><td colspan="2">零件图号</td><td>零件名称</td><td>材料</td><td colspan="3" rowspan="2">数控加工刀具卡</td><td colspan="2">程序编号</td><td>车间</td><td>使用设备</td></tr>
<tr><td colspan="2"></td><td></td><td></td><td colspan="2"></td><td></td><td></td></tr>
<tr><td rowspan="3">刀具号</td><td rowspan="3">刀位号</td><td rowspan="3">刀具名称</td><td rowspan="3">刀具图号</td><td colspan="3">刀具</td><td colspan="2">刀补地址</td><td>换刀方式</td><td rowspan="3">加工部位</td></tr>
<tr><td colspan="2">规格</td><td>长度</td><td rowspan="2">直径</td><td rowspan="2">长度</td><td rowspan="2">自动手动</td></tr>
<tr><td>设定</td><td>补偿</td><td>设定</td></tr>
<tr><td>1</td><td></td><td></td><td></td><td></td><td></td><td></td><td></td><td></td><td></td><td></td></tr>
<tr><td>2</td><td></td><td></td><td></td><td></td><td></td><td></td><td></td><td></td><td></td><td></td></tr>
<tr><td>3</td><td></td><td></td><td></td><td></td><td></td><td></td><td></td><td></td><td></td><td></td></tr>
<tr><td>编制</td><td colspan="2"></td><td>审核</td><td colspan="3">批准</td><td colspan="2">共 页</td><td colspan="2">第 页</td></tr>
</table>

2. 数控加工程序单

数控加工程序单（表 1－3）是编程人员根据工艺分析情况，经过数值计算，按照数控机床的程序格式和指令代码编制的。它是记录数控加工工艺过程、工艺参数、位移数据的清单，以及手动数据输入、实现数控加工的主要依据，同时可帮助操作人员正确理解加工程序的内容。

表1-3　数控加工程序单

单位名称		零件名称		零件图号	
程序号	加工程序	程序说明			
1					
2					
3					

编制		审核		批准		年　月　日	共　页	第　页

3. 数控加工工艺文件综合卡

数控加工工艺文件综合卡（表1-4）集成了上述三类工艺文件，通常在学校实习工厂使用。

表1-4　数控加工工艺文件综合卡

单位		产品名称和代号	零件名称	零件图号
工序序号	程序编号	夹具名称	使用设备	车间

工序号	工序内容	加工面	刀具号	刀具规格	主轴转速/($r \cdot min^{-1}$)	进给速度/($mm \cdot r^{-1}$)	背吃刀量/mm
1							
2							
3							

编制		审核		批准		共　页	第　页

【任务实施】

加工图1-8所示45号钢传动轴，毛坯尺寸为ϕ65 mm×130 mm的45号圆钢料，制定加工工艺，并填写相应的工艺卡。

一、零件图工艺分析

1. 看图分析零件

该零件包括槽、螺纹、圆弧、内孔、内螺纹、键槽、圆柱，其多个直径尺寸和粗糙度没有严格要求。

2. 确定装夹方案

为了确保加工精度，应当尽量减少装夹次数，避免多次装夹定位产生的误差。因此我们制定了以下装夹方案：先装夹左端面，对右端轮廓进行加工至尺寸；调头，用软卡盘或者垫铜片装夹右端面，先加工左端内孔至尺寸，再加工左端外轮廓至尺寸。

3. 拟订工艺过程

该轴的加工工艺过程中，在考虑主要表面加工的同时，还要考虑次要表面的加工和热处理要求，要求不高的外圆在精车时就可加工到规定尺寸，槽、倒角和螺纹应在精车后加工，键槽在精车后进行划线和车削，调质处理安排在粗车之后，调质后一定要修研中心孔，以消除热处理变形和氧化皮，磨削之前还要修研中心孔以提高定位精度。

4. 确定工艺方案

表面的加工顺序为：手动平右端面并对刀→车削右端外轮廓→车槽→车右端螺纹→工件掉头并车至总长→车削左端外轮廓→钻孔→车内槽→车孔→加工内螺纹。

二、切削顺序

1. 根据零件图样制定工艺方案

备料→热处理（正火）→手动平右端面并对刀→粗车右端外轮廓→精车右端外轮廓→切槽→车外螺纹→工件掉头并检验→平端面至总长→粗车左端外轮廓→精车左端外轮廓→用麻花钻钻孔→加工内槽→粗车内孔→精车内孔→车内螺纹→检验。

2. 加工方案分析

以上方案是合理的，是经过仔细考虑零件加工的技术要求、装夹次数、加工先后顺序以及可能采取的加工手段之后而设计的，符合先粗后精的原则，集中体现了工序集中的原则。由于零件的加工精度要求较高，减少装夹次数能够减少装夹误差，大大提高了加工精度。

三、机床选择

结合零件图分析，该零件构成复杂，以致加工工序复杂。数控机床适合加工复杂零件，易于保证加工精度，可实现软件精度补偿，加工效率高、周期短。结合实际情况，采用数控车床进行加工，数控车床 CAK6140VA 采用 FANUC 系统。

四、刀具选择

数控加工常见工艺如图 1－13 所示。

数控加工时对刀具提出了很高的要求，不仅要求刚性好、精度高，而且要求尺寸稳定、耐用度高、断屑和排屑性能好，同时要求安装调整方便。根据图纸和工艺方案，考虑工厂实际情况，可选刀具如下：1 号刀为麻花钻，用来钻孔；2 号刀选择 90°外圆车刀、材料为硬质合金，用来车削端面、外圆及圆弧；3 号刀结合零件槽宽选用 4 mm 内外切槽刀；4 号刀为 60°外螺纹车刀；5 号刀为 60°内螺纹车刀；6 号刀为镗刀，用于内孔加工。

五、夹具选择

根据该零件形状规则、加工特点及加工精度较高，选择三爪自定心卡盘。因为三爪自定心卡盘是常用的机床通用夹具，可以自定中心，夹持范围大，装夹工件的效率高，适用于装夹中小型以外圆定位的零件。

六、量具选择

检验是测量和监控主轴加工质量的一个重要环节。除工序间检验外，在全部工序完成

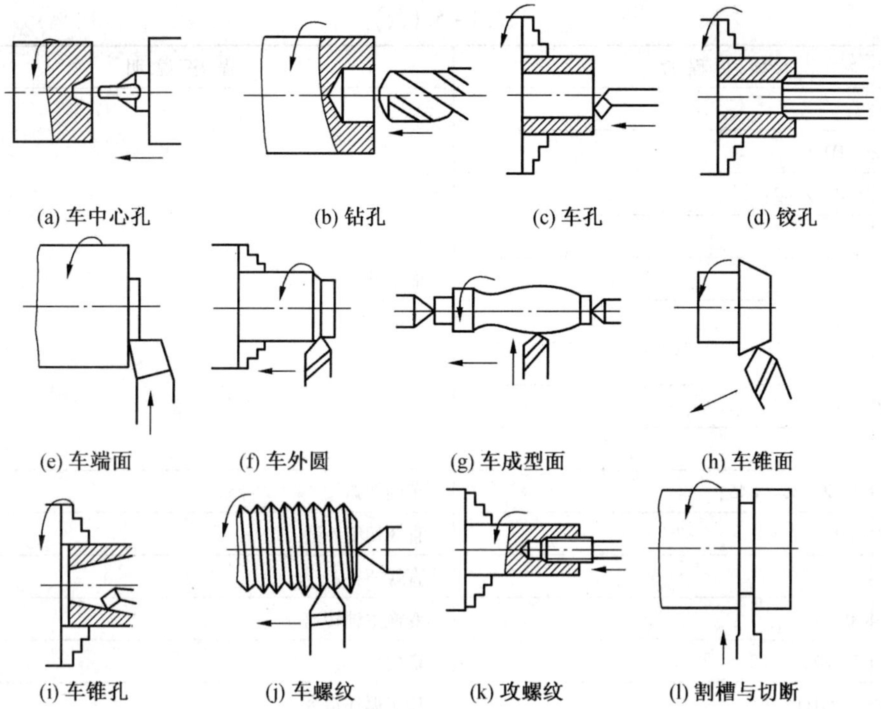

图 1－13　数控加工常见工艺

之后，应对主轴的尺寸精度、形状精度、位置精度和表面粗糙度进行全面检查，以便确定主轴是否达到各项技术要求。还可以通过检验各项技术是否达到要求，来及时发现各道工序中存在的问题，以便及时纠正，监督工艺过程正常进行。

本次工件加工过程中采用的量具有游标卡尺、千分尺、螺纹环规、内孔千分尺。

七、工艺卡编制

1. 数控加工程序单

表 1－5 为工件右端外轮廓数控加工程序单，表 1－6 为工件左端外轮廓数控加工程序单。

表 1－5　工件右端外轮廓数控加工程序单

加工程序	程序说明
O0001;	加工工件右端外轮廓
M03　S500　T0101;	主轴正转、换外圆车刀
G00　X67　Z2;	刀具快速定位到点
G71　U2　R1;	粗加工每刀进刀量和退刀量
G71　P50　Q160　U0.5　W0　F0.2;	粗加工循环加工指令

表1-5（续）

加工程序	程序说明
G00 X32；	加工外圆
G01 Z0 F0.1；	
G01 X35.8 Z-2；	
Z-20；	
X40；	
X50 Z-24；	
X56；	
X60 Z-26；	
Z-35；	
G02 X60 Z-85 R45；	车削圆弧
G01 Z-105；	直线切削外圆
X65；	直线插补
M03 S800；	变换主轴转速
G00 X67 Z2；	定位
G70 P50 Q160；	精车循环指令
G00 X100 Z100；	返回换刀点
T0303；	换切槽刀
M03 S300；	切换转速
G00 X38 Z-20；	快速定位
G01 X32 F0.08；	切槽
G01 X38；	退刀
G00 X100 Z100；	返回换刀点
T0404；	换外螺纹车刀
M03 S300；	切换转速
G00 X38 Z2；	快速定位
G92 X35.1 Z-17 F2；	螺纹循环切削
X34.5；	
X34；	
X33.6；	
X33.4；	
G00 X100；	X向退刀
Z100；	返回换刀点
M05；	主轴停止
M30；	程序停止并返回

表 1-6　工件左端外轮廓数控加工程序单

加工程序	程序说明
O0002;	加工工件左端外轮廓
M03　S500　T0101;	主轴正转、换外圆车刀
G94　X0　Z0　F0.2;	端面循环车削至总长
G00　X67　Z2;	快速定位
G71　U2　R1;	粗车进刀量
G71　P70　Q140　U0.5　W0　F0.3;	粗车循环指令
G00　X40　Z2;	快速定位
G01　Z-19　F0.1;	直线插补
G02　X52　Z-25　R6;	车圆弧
G01　X56;	直线插补
G01　X60　Z-27;	倒角
G00　X100;	快速定位
Z200;	返回换刀点
M00;	程序暂停
M03　S800;	调换转速
G70　P70　Q120;	精加工循环
G00　X100　Z200;	返回换刀点
M05;	主轴停止
M30;	程序停止并返回

2. 数控加工刀具卡

表 1-7 为工件右端外轮廓数控加工刀具卡，表 1-8 为工件左端内孔数控加工刀具卡。

表 1-7　工件右端外轮廓数控加工刀具卡

零件图号		零件名称	材料	数控加工刀具卡	程序编号		车间	使用设备
JXTM01-001		传动轴	45 号钢		O0001		数车	CAK6140
刀具号	刀位号	刀具名称	刀具图号	刀具	刀补地址		换刀方式	加工部位
				规格	直径	长度	自动手动	
1	T01	外圆车刀		90°外圆车刀	D1	H1	自动	车外圆
2	T03	切槽刀		4 mm（刀宽）	D3	H3	自动	切外槽
3	T04	外螺纹车刀		60°外螺纹车刀	D4	H4	自动	车外螺纹
编制		审核		批准		共　页		第　页

表1-8 工件左端内孔数控加工刀具卡

零件图号		零件名称	材料	数控加工刀具卡	程序编号		车间	使用设备
JXTM01 - 001		传动轴	45号钢		O0003		数车	CAK6140
刀具号	刀位号	刀具名称	刀具图号	刀具	刀补地址		换刀方式	加工部位
				规格	直径	长度	自动手动	
1	T01	麻花钻		ϕ20mm	D1	H1	自动	钻孔
2	T02	内切槽刀		4 mm（刀宽）	D2	H2	自动	切内槽
3	T03	内孔车刀		93°硬质合金	D3	H3	自动	车内孔
4	T04	内螺纹车刀		60°内螺纹车刀	D4	H4	自动	车内螺纹
编制		审核		批准		共　页		第　页

3. 数控加工工艺卡

表1-9为数控加工工艺卡。

表1-9 数控加工工艺卡

单位			产品名称和代号		零件名称	零件图号	
			轴类零件		传动轴	JXTM01 - 001	
工序序号	程序编号		夹具名称		使用设备	车间	
	O0001、O0002、O0003		三爪卡盘		CAK6140	数车	
工序号	工序内容	加工面	刀具号	刀具规格	主轴转速/（$r \cdot min^{-1}$）	进给速度/（$mm \cdot r^{-1}$）	背吃刀量/mm
1	备料						
2	热处理（正火）						
3	手动平右端面并对刀	右端面	T01	90°外圆车刀	500	0.2	1
4	粗车右端外轮廓	右轮廓	T01	90°外圆车刀	500	0.2	2
5	精车右端外轮廓	右轮廓	T01	90°外圆车刀	800	0.1	0.5
6	切槽	外槽	T03	4 mm 外切槽刀	300	0.08	4
7	车外螺纹	外螺纹	T04	60°外螺纹车刀	300	2	
8	工件掉头并检验						
9	平端面至总长	左端面	T01	90°外圆车刀	500	0.2	1
10	粗车左端外轮廓	左轮廓	T01	90°外圆车刀	500	0.2	2
11	精车左端外轮廓	左轮廓	T01	90°外圆车刀	800	0.1	0.5
12	用麻花钻钻孔	内孔	T01	ϕ20mm 麻花钻	300	0.05	25
13	加工内槽	内槽	T02	4 mm 内切槽刀	300	0.08	8
14	粗车内孔	内孔	T03	93°硬质合金	500	0.2	1.5
15	精车内孔	内孔	T03	93°硬质合金	800	0.05	0.5
16	车内螺纹	内螺纹	T04	60°内螺纹车刀	300	1.5	
17	检验						
编制		审核		批准		共　页	第　页

【任务评价】

小组名称：________________　　　　学生姓名：__________

评价内容		分值	自我评价（30%）	小组评价（30%）	教师评价（40%）
1	零件工艺分析到位	5			
2	切削顺序合理	10			
3	切削用量选择正确	10			
4	机床选择合理	5			
5	刀具选择正确合理	10			
6	夹具选择正确合理	5			
7	切削液选择合理	5			
8	量具选择合适	5			
9	工艺卡编制到位	30			
10	团结协作	5			
11	遵守纪律情况	5			
12	安全文明生产	5			
总评					

【思考与练习】

一、填空题

1. 数值计算的内容包括__________坐标以及__________的坐标。

2. 选择切削用量的原则是：粗加工时，一般以__________为主，但也应该考虑__________；半精加工和精加工时，一般应在__________的前提下兼顾__________。

3. 数控车刀按车刀前端外形一般分为三类，即__________、__________和__________。

4. 切削液有__________、__________、__________和__________四大作用。

5. 切削用量包括__________、__________和__________三要素。

二、判断题

1. 三爪自定心卡盘适用于装夹外形规则、长度不太长的中小型零件。(　　)

2. 精车时应着重考虑如何保证加工质量，并在此基础上尽量提高生产率。(　　)

三、简答题

1. 观察分析图 1－14 所示轴类零件，试选择合适的机床、刀具、量具、夹具和切削液，计算切削用量，制定详细的工艺路线，填写相应的数控加工工艺卡、数控加工刀具卡和数控加工程序单。

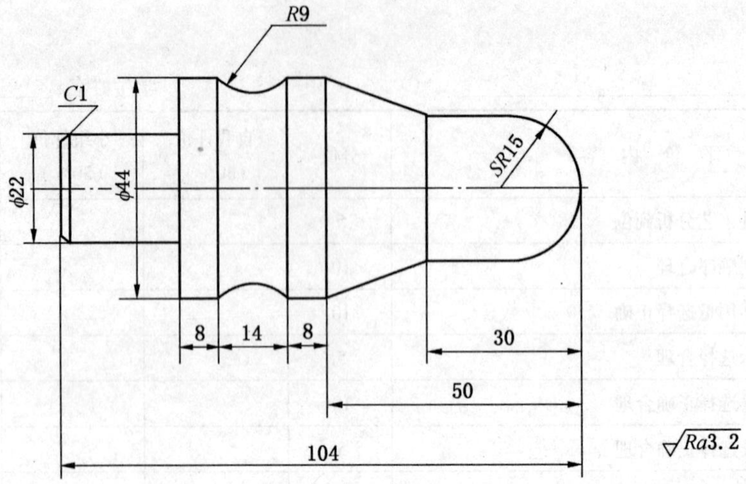

图1-14 轴类零件

2. 分析零件图样主要考虑哪几个方面？

3. 写出编程尺寸设定值确定的步骤。

4. 确定加工方案的原则是什么？

5. 选择对刀点的原则是什么？

6. 写出数控车削加工工艺步骤。

7. 切削液的选用原则是什么？

任务三　FANUC 系统操作面板及基本操作

【任务描述】

零件由毛坯加工为成品的过程中，除编制加工工艺、编写加工程序外，最关键的就是数控操作。数控机床的基本操作步骤如下：开机→回参考点→加工程序的输入调用→程序的编辑→程序的检查与调试→工件的安装与找正→对刀→启动坐标轴进行连续加工→检验→关机。

【任务分析】

本任务以 FANUC 0i 为例，介绍 FANUC 系统的操作，首先介绍 FANUC 0i 系统的标准面板，之后对 MDI 面板及其按键进行说明，同时对控制面板及其按键也进行了说明。只有熟悉程序、坐标、刀补、故障、图形等界面，可以对程序进行输入、管理、处理、保存，学会开关机床并返回参考点、手动操作、用试切法进行对刀、输入刀补、进行运行轨迹检查等操作，最后才能通过自动或者单段运行加工出合格产品。

【相关知识】

虽然数控车床的类型和数控系统的种类很多，各生产厂家设计的操作面板也不尽相同，但操作面板中各种旋钮、按钮和键盘上键的基本功能与使用方法基本相同。本任务以 FANUC 0i 系统为例（图 1－15），介绍常见数控车床的操作。

为便于读者阅读，本书中将数控机床面板上的按钮分为三部分：

（1）MDI 面板按键。这类按键位于显示屏幕右侧，只要系统型号相同，其功能键的含义及位置也相同。

（2）控制面板按钮。这类按钮（旋钮、按键）为厂家自定义的功能键，位于面板

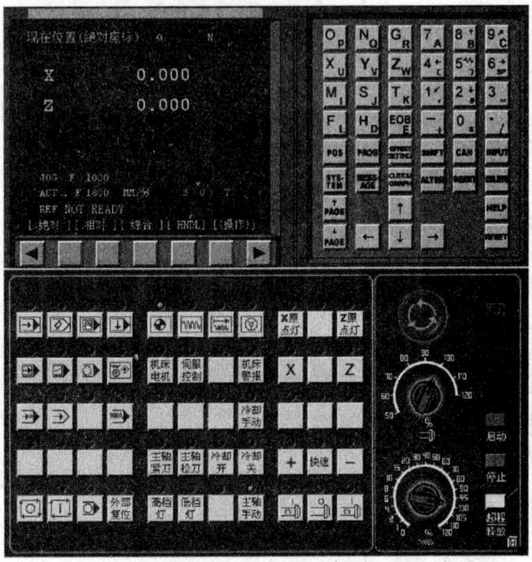

图 1－15　FANUC 0i 机床标准面板

总图下方。

（3）CRT 显示器下的软键。这类按键位于液晶屏下方，每一个界面对应的软键作用各不相同，根据提示来指定，这里不作介绍。

一、MDI 面板及其按键功能介绍

图 1－16 所示为 FANUC 0i 系统的 MDI 面板（右半部分）和 CRT 界面（左半部分）。MDI 面板用于程序编辑、参数输入等功能。MDI 面板上各键的功能见表 1－10。

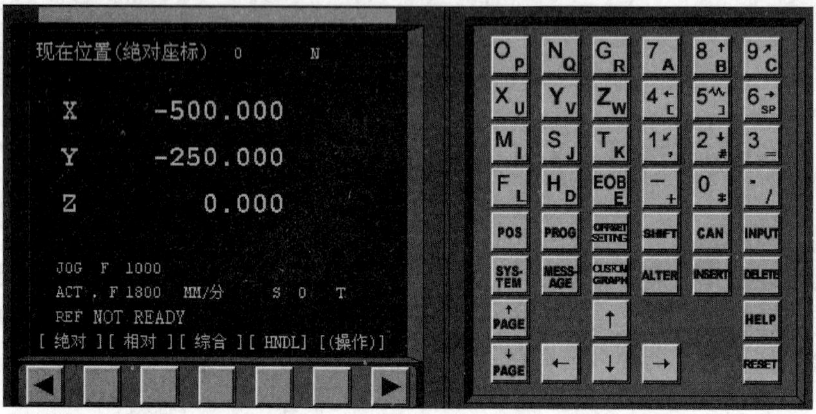

图 1－16　FANUC 0i 系统的 MDI 面板和 CRT 界面

表 1－10　MDI 面板按键功能

按键	功能简介
	软键 PAGE 实现左侧 CRT 中显示内容的向上翻页；软键 PAGE 实现左侧 CRT 显示内容的向下翻页
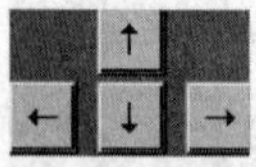	移动 CRT 中的光标位置。软键 ↑ 实现光标向上移动；软键 ↓ 实现光标向下移动；软键 ← 实现光标向左移动；软键 → 实现光标向右移动
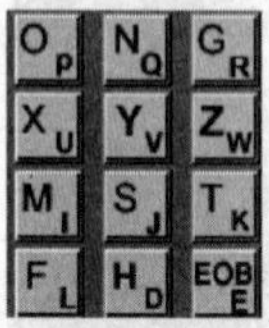	实现字符输入，点击 SHIFT 键后再点击字符键，将输入右下角的字符。例如：点击软键 O P 将在 CRT 的光标所在位置处输入“O”字符，点击软键 SHIFT 后再点击 O P 将在光标所在位置处输入“P”字符；软键中的“EOB”将输入“;”号表示换行结束
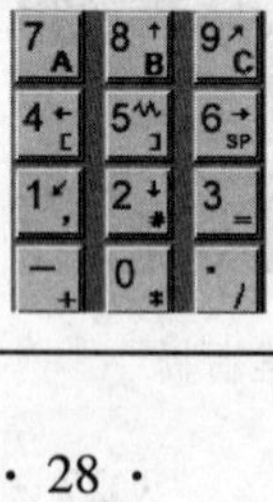	实现字符输入。例如：点击软键 5 将在光标所在位置处输入“5”字符，点击软键 SHIFT 后再点击 5 将在光标所在位置处输入“]”

表 1-10（续）

按键	功 能 简 介
POS	在 CRT 中显示坐标值
PROG	CRT 将进入程序编辑和显示界面
OFFSET SETTING	CRT 将进入参数补偿显示界面
SYS-TEM	本软件不支持
MESS-AGE	本软件不支持
CUSTOM GRAPH	在自动运行状态下将数控显示切换至轨迹模式
SHIFT	输入字符切换键
CAN	删除单个字符
INPUT	将数据域中的数据输入指定区域
ALTER	字符替换
INSERT	将输入域中的内容输入指定区域
DELETE	删除一段字符
HELP	本软件不支持
RESET	机床复位

二、控制面板及其按键功能介绍

图 1-17 所示为 FANUC 0i 系统的控制面板。机床控制面板集中了系统所有按钮（故可称为按钮站），这些按钮用于直接控制机床的动作或加工过程，如启动、暂停零件程序的运行、手动进给坐标轴、调整进给速度等。控制面板上各键的功能见表 1-11。

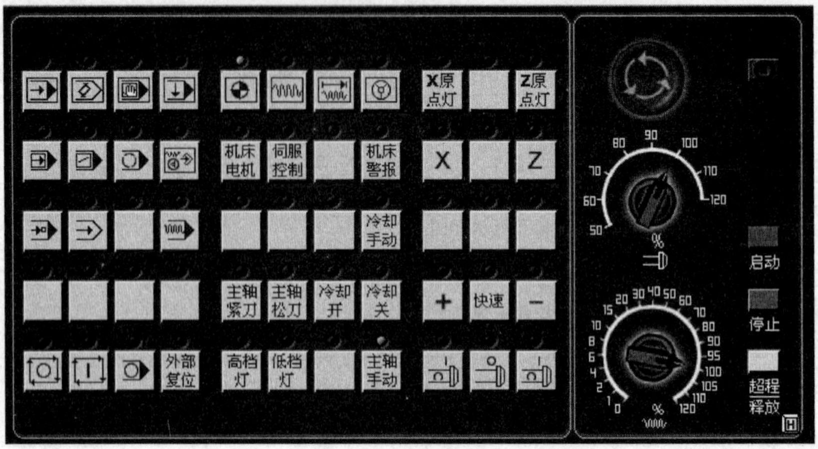

图 1－17　FANUC 0i 系统的控制面板

表 1－11　控制面板按键功能

按钮	名称	功 能 简 介
	自动运行	此按钮被按下后，系统进入自动加工模式
	编辑	此按钮被按下后，系统进入程序编辑状态，用于直接通过操作面板输入数控程序和编辑程序
	MDI	此按钮被按下后，系统进入 MDI 模式，手动输入并执行指令
	远程执行	此按钮被按下后，系统进入远程执行模式即 DNC 模式，输入输出资料
	单段	此按钮被按下后，运行程序时每次执行一条数控指令
	单段忽略	此按钮被按下后，数控程序中的注释符号“/”有效
	选择性停止	此按钮被按下后，“M01”代码有效
	机械锁定	锁定机床
	试运行	机床进入空运行状态
	进给保持	程序运行暂停，在程序运行过程中按下此按钮运行暂停，按“循环启动”按钮恢复运行
	循环启动	程序运行开始；系统处于“自动运行”或“MDI”位置时按下有效，其余模式下使用无效

表1-11（续）

按钮	名称	功能简介
	循环停止	程序运行停止，在数控程序运行中按下此按钮程序停止运行
	回原点	机床处于回零模式；机床必须首先执行回零操作，然后才可以运行
	手动	机床处于手动模式，可以手动连续移动
	手动脉冲	机床处于手轮控制模式
	手动脉冲	机床处于手轮控制模式
X	X 轴选择	在手动状态下，按下该按钮则机床移动 X 轴
Z	Z 轴选择	在手动状态下，按下该按钮则机床移动 Z 轴
+	正方向移动	手动状态下，点击该按钮系统将向所选轴正向移动。回零状态时，点击该按钮将所选轴回零
-	负方向移动	手动状态下，点击该按钮系统将向所选轴负向移动
快速	快速	按下该按钮，机床处于手动快速状态
	主轴倍率选择	将光标移至此旋钮上后，通过点击鼠标左键或右键调节主轴旋转倍率
	进给倍率	调节主轴运行时的进给速度倍率
	急停	按下急停按钮，机床移动立即停止，并且所有的输出如主轴的转动等都会关闭
	超程释放	系统超程释放
	主轴控制	从左至右分别为正转、停止、反转
	手轮显示	按下此按钮，则可以显示手轮面板
	手轮面板	点击按钮将显示手轮面板

表 1－11（续）

按钮	名称	功　能　简　介
	手轮轴选择	手轮模式下将光标移至此旋钮上后，通过点击鼠标左键或右键选择进给轴
	手轮进给倍率	手轮模式下将光标移至此旋钮上后，通过点击鼠标左键或右键调节手轮步长。X1、X10、X100 分别代表移动量为 0.001 mm、0.01 mm、0.1 mm
	手轮	将光标移至此旋钮上后，通过点击鼠标左键或右键转动手轮
	启动	启动控制系统
	关闭	关闭控制系统

【任务实施】

一、机床常用界面

（一）机床位置界面

点击 POS 进入坐标位置界面。点击菜单软键［绝对］、［相对］、［综合］，CRT 界面将对应相对坐标。

（二）程序管理界面

点击 POS 进入程序管理界面，点击菜单软键［LIB］，将列出系统中所有的程序。

（三）刀具补偿界面

机床的刀具补偿包括刀具的磨损量补偿参数和形状补偿参数，两者之和构成车刀偏置量补偿参数。

1. 输入磨损量补偿参数

刀具使用一段时间后磨损，会使产品尺寸产生误差，因此需要对刀具设定磨损量补偿。在 MDI 键盘上点击 OFFSET SETTING 键，进入磨损量补偿参数设定界面。用方位键 ↑ ↓ 选择所需的番号，并用 ← → 确定所需补偿的值。点击数字键，输入补偿值到输入域。按菜单软键［输入］或按 INPUT，参数输入指定区域。按 CAN 键逐字删除输入域中的字符。

2. 输入形状补偿参数

在 MDI 键盘上点击 OFFSET SETTING 键，进入形状补偿参数设定界面。用方位键 ↑ ↓ 选择所需的番号，并用 ↑ ↓ 确定所需补偿的值。点击数字键，输入补偿值到输入域。按菜单软键［输入］或按 INPUT，参数输入指定区域。按 CAN 键逐字删除输入域中的字符。输入刀尖半径和方位号，分别把光标移到 R 和 T，按数字键输入半径或方位号，按菜单软键［输入］。

二、数控程序处理

（一）导入数控程序

数控程序可以通过记事本或写字板等编辑软件输入并另存为所有格式文件，后缀为 ＊. CNC 格式，也可以直接用 FANUC 0i 系统的 MDI 键盘输入。点击操作面板上的编辑键，编辑状态指示灯变亮，此时已进入编辑状态。点击 MDI 键盘上的，CRT 界面转入编辑页面。再按菜单软键［操作］，在出现的下级子菜单中按软键，按菜单软键［READ］，转入程序编辑界面，点击 MDI 键盘上的数字/字母键，输入“Ox”（x 为任意不超过四位的数字），按软键［EXEC］；点击菜单“机床/DNC 传送”，在弹出的对话框中选择所需的 NC 程序，按“打开”确认，则数控程序被导入并显示在 CRT 界面上。

（二）数控程序管理

1. 显示数控程序目录

经过导入数控程序操作后，点击操作面板上的编辑键，编辑状态指示灯变亮，此时已进入编辑状态。点击 MDI 键盘上的，CRT 界面转入编辑页面。按菜单软键［LIB］，经过 DNC 传送的数控程序名列表显示在 CRT 界面上。

2. 选择一个数控程序

经过导入数控程序操作后，点击 MDI 键盘上的，CRT 界面转入编辑页面。利用 MDI 键盘输入“Ox”（x 为数控程序目录中显示的程序号），按键开始搜索，搜索到后“Ox”显示在屏幕首行程序号位置，NC 程序将显示在屏幕上。

3. 删除一个数控程序

点击操作面板上的编辑键，编辑状态指示灯变亮，此时已进入编辑状态。利用 MDI 键盘输入“Ox”（x 为要删除的数控程序在目录中显示的程序号），按键，程序即被删除。

4. 新建一个 NC 程序

点击操作面板上的编辑键，编辑状态指示灯变亮，此时已进入编辑状态。点击 MDI 键盘上的，CRT 界面转入编辑页面。利用 MDI 键盘输入“Ox”（x 为程序号，但不能与已有程序号重复），按键，CRT 界面上将显示一个空程序，可以通过 MDI 键盘开始程序输入。输入一段代码后，按键则数据输入域中的内容将显示在 CRT 界面上，用回车换行键结束一行的输入后换行。

5. 删除全部数控程序

点击操作面板上的编辑键，编辑状态指示灯变亮，此时已进入编辑状态。点击 MDI 键盘上的，CRT 界面转入编辑页面。利用 MDI 键盘输入“O～9999”，按键，全部数控程序即被删除。

（三）数控程序编辑

点击操作面板上的编辑键，编辑状态指示灯变亮，此时已进入编辑状态。点击

（12）输入工件坐标系原点的距离（注意距离有正负号）。

（13）按菜单软键［测量］，自动计算出坐标值填入。

五、手动操作

1. 手动连续方式

点击操作面板上的“手动”按钮，使其指示灯亮，机床进入手动模式，分别点击、键，选择移动的坐标轴；分别点击、键，控制机床的移动方向；点击键，控制主轴的转动和停止。刀具切削零件时，主轴需转动。加工过程中刀具与零件发生非正常碰撞后（非正常碰撞包括车刀的刀柄与零件发生碰撞，铣刀与夹具发生碰撞等），系统弹出警告对话框，同时主轴自动停止转动，调整到适当位置，继续加工时需再次点击按钮，使主轴重新转动。

2. 手动脉冲方式

对刀时需精确调节机床，手动连续方式很难满足要求，因此需要用手动脉冲方式调节机床。点击操作面板上的“手动脉冲”按钮或，使指示灯变亮。旋转“手轮轴选择”旋钮，选择相应的方向；调整“手轮进给倍率”旋钮，选择合适的进给脉冲当量。摇动手轮，精确控制机床的移动。

六、自动加工

（一）自动连续方式

1. 程序启动

检查机床是否回零，若未回零，先将机床回零。导入数控程序或自行编写一段程序。点击操作面板上的“自动运行”按钮，使其指示灯变亮。点击操作面板上的“循环启动”按钮，程序开始执行。

2. 中断运行

数控程序在运行过程中可根据需要暂停、急停和重新运行。数控程序在运行时，按“进给保持”按钮，程序停止执行；再点击“循环启动”按钮，程序从暂停位置开始执行。数控程序在运行时，按下“急停”按钮，数控程序中断运行；继续运行时，先将急停按钮松开，再按“循环启动”按钮，余下的数控程序从中断行开始作为一个独立的程序执行。

（二）自动单段方式

检查机床是否回零；若未回零，先将机床回零。再导入数控程序或自行编写一段程序。点击操作面板上的“自动运行”按钮，使其指示灯变亮。点击操作面板上的“单段”按钮。点击操作面板上的“循环启动”按钮，程序开始执行。

自动单段方式执行每一行程序均需点击一次“循环启动”按钮。可以通过“主轴倍率选择”旋钮和“进给倍率”旋钮来调节主轴旋转速度和移动速度。按键可将程序重置。

（三）检查运行轨迹

NC 程序导入后，可检查运行轨迹，从而验证输入的程序是否正确。点击操作面板上的“自动运行”按钮，使其指示灯变亮，转入自动加工模式，点击 MDI 键盘上的按钮，点击数字/字母键，输入“Ox”（x 为需要检查运行轨迹的数控程序号），按开始搜索，找到后，程序显示在 CRT 界面上。点击按钮，进入检查运行轨迹模式，点击操作面板上的“循环启动”按钮，即可观察数控程序的运行轨迹，此时也可通过“视图”菜单中的动态旋转、动态放缩、动态平移等方式对三维运行轨迹进行全方位的动态观察。

【任务评价】

小组名称：________________　　　　学生姓名：__________

评　价　内　容		分值	自我评价（30%）	小组评价（30%）	教师评价（40%）
1	熟记面板按键位置及功能	10			
2	熟练打开数控机床常用界面	5			
3	数控程序处理到位	10			
4	MDI 模式运用场合	5			
5	机床准备工作	5			
6	试切法对刀准确快速	20			
7	手动操作熟练	10			
8	会自动加工与检查运行轨迹	20			
9	团结协作	5			
10	遵守纪律情况	5			
11	安全文明生产	5			
总　评					

【思考与练习】

一、填空题

1. MDI 面板用于__________、__________等功能。

2. 机床控制面板集中了系统所有按钮，这些按钮用于直接控制机床的动作或加工过程，如__________、暂停__________、__________、__________等。

3. 按钮的名称是__________，按钮的名称是__________，按钮的名称是__________。

表 1－12（续）

按钮	名称	功　能　简　介
	回零方式	机床回零；机床必须首先执行回零操作，然后才可以运行
	自动方式	进入自动加工模式
	单段	当此按钮被按下时，运行程序时每次执行一条数控指令
	手动数据输入（MDA）	单程序段执行模式
	主轴正转	按下此按钮，主轴开始正转
	主轴停止	按下此按钮，主轴停止转动
	主轴反转	按下此按钮，主轴开始反转
	快速	在手动方式下，按下此按钮后，再按下移动按钮则可以快速移动机床
+Z -Z +Y -Y +X -X	移动	手动模式下，点击使刀架向相应的方向移动
	复位	按下此键，复位 CNC 系统，包括取消报警、主轴故障复位、中途退出自动操作循环和输入、输出过程等
	循环保持	程序运行暂停，在程序运行过程中按下此按钮运行暂停，按恢复运行
	运行开始	程序运行开始
	主轴倍率修调	将光标移至此旋钮上后，通过点击鼠标左键或右键来调节主轴倍率
	进给倍率修调	调节数控程序自动运行时的进给速度倍率，调节范围为 0～120%。置光标于旋钮上，点击鼠标左键，旋钮逆时针转动；点击鼠标右键，旋钮顺时针转动
	报警应答键	
	通道转换键	
	信息键	

表1-12（续）

按钮	名称	功能简介
	上档键	对键上的两种功能进行转换。用了上档键，当按下字符键时，该键上行的字符（除了光标键）就被输出
	空格键	
	删除键（退格键）	自右向左删除字符
	删除键	自左向右删除字符
	取消键	
	制表键	
	回车/输入键	1. 接受一个编辑值。2. 打开、关闭一个文件目录。3. 打开文件
	翻页键	
	加工操作区域键	按此键，进入机床操作区域
	程序操作区域键	
	参数操作区域键	按此键，进入参数操作区域
	程序管理操作区域键	按此键，进入程序管理操作区域
	报警/系统操作区域键	
	选择转换键	一般用于单选、多选框

【任务实施】

一、机床准备

（一）激活机床

检查急停按钮是否松开，若未松开，将急停按钮松开。

（二）机床回参考点

1. 进入回参考点模式

系统启动后，机床将自动处于回参考点模式。在其他模式下，依次点击按钮和

（2）如果需要修改控制参数，则按下控制面板上的自动方式键，若 CRT 当前界面为加工操作区，则系统显示参数设定界面，否则仅在左上角显示当前操作模式（自动）而界面不变。

（3）软键“程序顺序”可以切换段的 7 行和 3 行显示。

（4）软键“程序控制”可设置程序运行的控制选项，按软键 返回 返回前一界面。

（二）刀具参数管理

1. 建立新刀具

若当前不是在参数操作区，按系统面板上的“参数操作区域键” OFF 切换到参数区。按软键“刀具表”切换到刀具表界面，点击软键“新刀具”切换到新刀具界面，如图 1－21 所示。

点击软键“车削刀具”“钻削”将弹出图 1－22 所示的新刀具对话框。在对话框中输入要创建的刀具数据的刀具号；确认，则创建对应刀具，按中断，返回新刀具界面，不创建任何刀具；点击“返回”软键可以退回到刀具表界面。

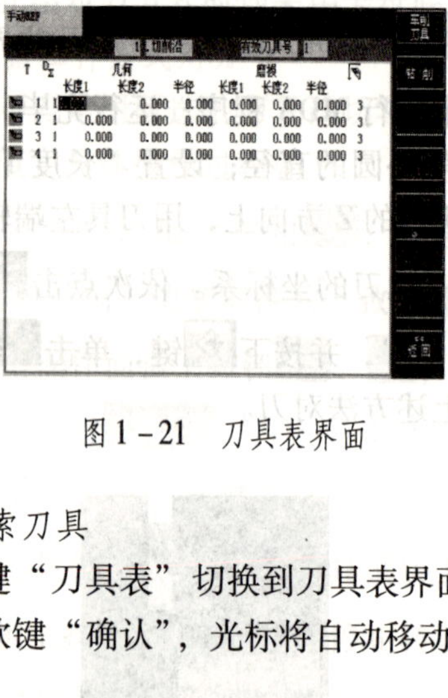

图 1－21　刀具表界面

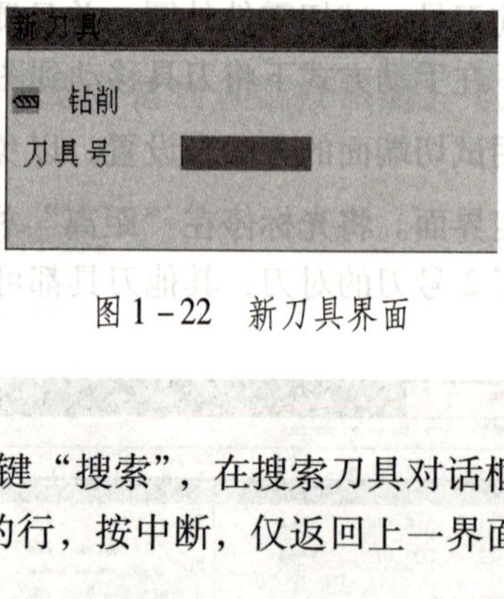

图 1－22　新刀具界面

2. 搜索刀具

按软键“刀具表”切换到刀具表界面；按软键“搜索”，在搜索刀具对话框中输入刀具号；按软键“确认”，光标将自动移动到相应的行，按中断，仅返回上一界面，不做任何事情。

3. 手动编辑刀具数据

按软键“刀具表”切换到刀具表界面，用系统面板上的方向键（、、、）将光标定位到修改的数据，若刀具数据多于一页，可用翻页键“”“”翻页；输入数值，按“”确认，或移动光标，数据将自动保存；可重复输入数据。

4. 删除刀具数据

按软键“删除刀具”，系统弹出删除刀具对话框，如果按“确认”软键，对话框被关闭，并且对应刀具及所有刀沿数据将被删除；如果按“中断”软键，则仅关闭对话框。

四、数控程序处理

数控程序可以通过记事本或写字板等编辑软件输入并保存为文本格式文件，也可直接用 SIEMENS 802D 系统内部的编辑器直接输入程序。

1. 新建一个数控程序

（1）在系统面板上按下 PM，进入程序管理界面。

（2）输入程序名，若没有扩展名，自动添加“. MPF”为扩展名，而子程序扩展名“. SPF”需随文件名一起输入。

（3）按“确认”键，生成新程序文件，并进入编辑界面。

（4）若按软键“中断”，将关闭此对话框并进入程序管理主界面。

2. 删除程序

（1）进入程序管理主界面的“程序”界面。

（2）按光标键选择要删除的程序。

（3）按软键“删除”，系统出现删除对话框。

3. 重命名程序

（1）进入程序管理主界面的“程序”界面。

（2）按光标键选择要重命名的程序。

（3）按软键“重命名”，系统出现重命名对话框。输入新的程序名，若没有扩展名，自动添加“. MPF”为扩展名，而子程序扩展名“. SPF”需随文件名一起输入。

（4）按“确认”键，源文件名更改为新的文件名并返回程序管理界面。

4. 编辑程序

（1）在程序管理主界面选中一个程序，按软键“打开”或按“INPUT”，进入编辑主界面，编辑程序为选中的程序。在其他主界面按下系统面板的键，也可进入编辑主界面，其中程序为以前载入的程序。

（2）输入程序，程序立即被存储。

（3）按软键“执行”选择当前编辑程序为运行程序。

（4）按下软键“标记程序段”，开始标记程序段；按“复制”“删除”或输入新的字符时将取消标记。

（5）按下软键“复制程序段”，将当前选中的一段程序拷贝到剪切板。

（6）按软键“粘贴程序段”，当前剪切板上的文本粘贴到当前光标位置。

（7）按软键“删除程序段”可以删除当前选择的程序段。

（8）按软键“重编号”将重新编排行号。

5. 搜索程序

（1）切换到程序编辑界面，参考编辑程序。

（2）按软键“搜索”，系统弹出搜索文本对话框。

（3）按“确认”键后若找到了要搜索的字符串或行号，将光标停到此字符串前面或对应行行首。

【任务评价】

小组名称：________________　　　　学生姓名：__________

评价内容		分值	自我评价（30%）	小组评价（30%）	教师评价（40%）
1	熟记面板按键位置及功能	15			
2	机床准备步骤正确	10			
3	单把与多把刀对刀正确快速	20			
4	设定机床参数正确合理	10			
5	数控程序处理熟练到位	10			
6	插入固定循环合理恰当	20			
7	团结协作	5			
8	遵守纪律情况	5			
9	安全文明生产	5			
总评					

【思考与练习】

一、填空题

1. 按键名称为__________，按键名称为__________，按键名称为__________，按键名称为__________，按键名称为__________。

2. 数控程序一般按工件坐标系编程，对刀过程就是建立__________与__________之间对应关系的过程。常见的是将工件__________设为工件坐标系原点。

3. SIEMENS 802D 系统提供了两种对刀方法：用__________对刀和__________对刀。

二、判断题

1. 是紧急停止按钮，其作用是按下急停按钮，机床移动立即停止，并且所有的输出如主轴的转动等都会关闭。（　　）

2. FANUC 是 MDI 模式，与之相对应的 SIEMENS 则是 MDA 模式。（　　）

三、问答题

1. 如何用测量工件方式对刀？

2. 如何用长度偏移法对刀？

3. 多把刀对刀的注意事项是什么？

4. SIEMENS 802D 如何新建一个程序？

5. SIEMENS 802D 怎么编辑程序？

项目二 轴类零件加工

【知识目标】

1. 了解编程规则。
2. 了解数控加工程序的格式与组成。
3. 掌握指令 G00、G01、G90、G94 的格式及用法。
4. 掌握 G71、G73、G70 的运动轨迹及用法。
5. 掌握 SIEMENS 802D 数控系统 CYCLE95 指令格式及用法。
6. 掌握槽加工指令的应用方法。
7. 掌握子程序的编制方法。

【技能目标】

1. 巩固数控机床的操作方法。
2. 熟练掌握数控程序的输入与编辑。
3. 学习工件装夹方法、刀具及切削用量的选择。
4. 能在数控机床上完成轴类零件的加工。
5. 掌握轴类零件程序的编制方法。
6. 掌握轴类零件的加工工艺编制方法。

【情感目标】

1. 具有安全意识、合作意识和环保意识。
2. 技能训练的操作过程中，认真遵守安全操作规程。
3. 认真学习，严肃工作，保质保量完成任务。

任务一 简单阶台轴加工

【任务描述】

轴类零件是数控车削加工中典型类型之一，图 2－1 所示为阶台轴的零件图和实体图。该零件毛坯尺寸为 ϕ43 mm×75 mm，材料为 45 号钢，生产类型为单件或小批量生产，无热处理工艺要求。下面以该圆柱零件为例，试正确设定工件坐标系，制定加工工艺方案，选择合理的刀具和切削工艺参数，正确编制数控加工程序并完成零件的加工。

【任务分析】

该零件的外圆精度要求不高，表面粗糙度全部为 *Ra*3.2，外圆端面加工较为简单，注意保证精度要求即可。该零件可以用 G01 或 G90 指令加工外圆。用 G01 指令编程时会使程序段增加，编程烦琐，如果采用固定循环指令 G90 编程可使程序简短。如果用的是 SIEMENS 802D 系统，则用毛坯切削循环指令 CYCLE95 编程。通过学习本任务内容，可掌

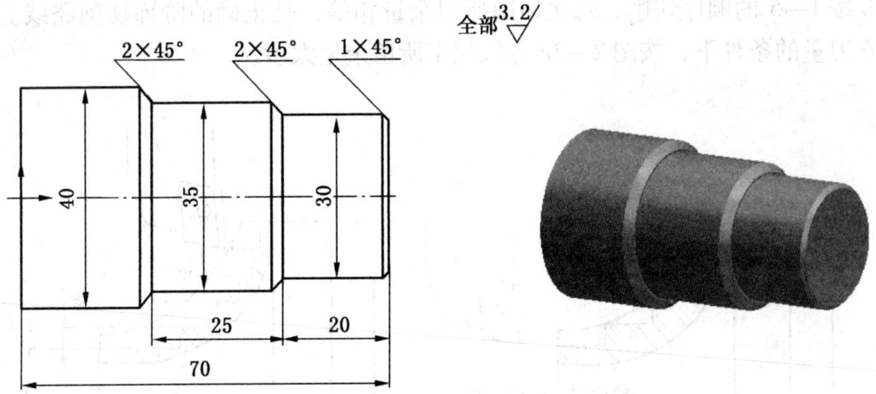

图2-1 简单阶台轴

握阶台轴零件的数控加工工艺知识，常用指令（G00、G01、G90、CYCLE95）功能、格式、注意事项及零件加工与质量分析。

【相关知识】

一、轴类零件的工艺分析

（一）轴类零件功用及结构特点

1. 功用

支撑零件、传递扭矩、机床主轴要求回转精度。

2. 结构特点

旋转体零件、长径比大于1，有同轴心的圆柱面、圆锥面、内孔螺纹、键槽，形状上分光轴、阶梯轴、空心轴、曲轴四类。

（二）轴类零件的材料毛坯

轴类零件的材质通常是中碳钢（45号）、中碳合金钢（40Cr）。高速重载的轴类零件用低碳合金钢经渗碳淬火处理。重要的轴用38CrMoAIA氮化钢。

（三）轴类零件技术要求

1. 直径精度

通常为IT6~IT9级精度，特别精度为IT5级精度。

2. 几何精度

一般用圆度、圆柱度表示。几何形状误差应限制在直径公差范围内（2/3）。

3. 相互位置精度

配合轴颈对于支撑轴颈的同轴度，端面对于轴心线的垂直度。

4. 表面粗糙度

表面粗糙度 *Ra* 值根据精度等级决定。支撑轴颈 *Ra* 为0.8~0.2，配合轴颈 *Ra* 为3.2~0.8。

（四）进给路线的确定

1. 对大余量毛坯进行阶梯切削时的加工路线

图2-2所示为车削大余量工件的两种加工路线，图2-2a是错误的阶梯切削路线，

图 2－2b 按 1→5 的顺序切削，每次切削所留余量相等，是正确的阶梯切削路线。因为在同样背吃刀量的条件下，按图 2－2a 方式加工所留余量太多。

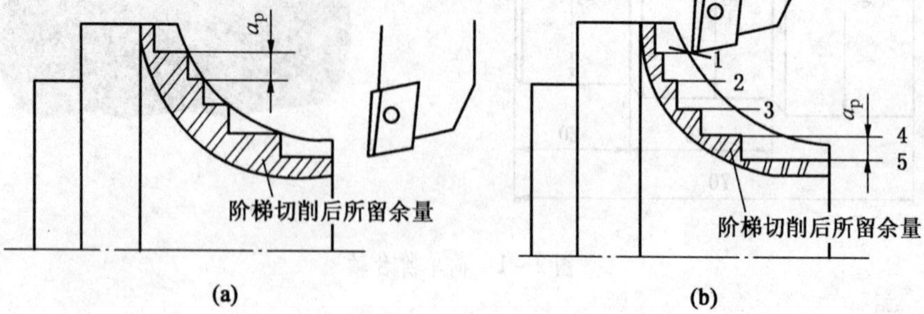

图 2－2　车削大余量毛坯的阶梯路线

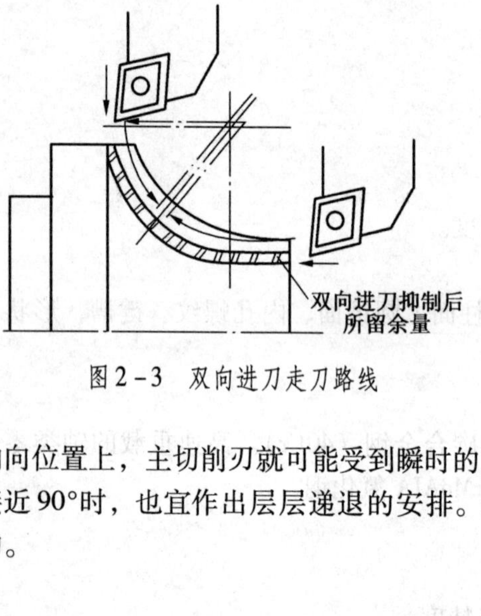

图 2－3　双向进刀走刀路线

根据数控加工的特点，还可以放弃常用的阶梯车削法，改用依次从轴向和径向进刀、顺工件毛坯轮廓走刀的路线（图 2－3）。

2. 分层切削时刀具的终止位置

当某表面的余量较多需分层多次走刀切削时，从第二刀开始就要注意防止走刀到终点时切削深度猛增。如图 2－4 所示，设以 90°主偏角刀分层车削外圆，合理的安排应是每一刀的切削终点依次提前一小段距离 e（例如可取 e = 0.05 mm）。如果 e = 0，则每一刀都终止在同一轴向位置上，主切削刃就可能受到瞬时的重负荷冲击。当刀具的主偏角大于 90°，但仍然接近 90°时，也宜作出层层递退的安排。经验表明，这对延长粗加工刀具的寿命是有利的。

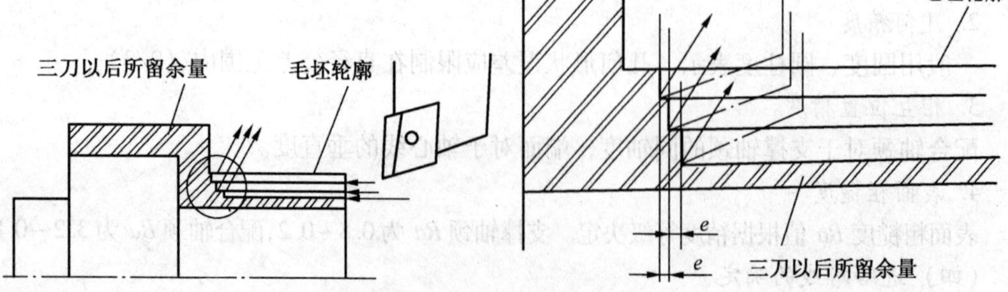

图 2－4　分层切削时刀具的终止位置

3. 确定最短的切削进给路线

切削进给路线短，可有效提高生产效率，降低刀具损耗等。在安排粗加工或半精加工的切削进给路线时，应同时兼顾被加工零件的刚性及加工的工艺性等要求，不要顾此失彼。

图 2－5 所示为粗车工件时几种不同切削进给路线的安排示例。其中图 2－5a 表示利用数控系统具有的封闭式复合循环功能而控制车刀沿工件轮廓走刀的路线，图 2－5b 为利用程序循环功能安排的“三角形”走刀路线，图 2－5c 为利用矩形循环功能安排的“矩形”走刀路线。

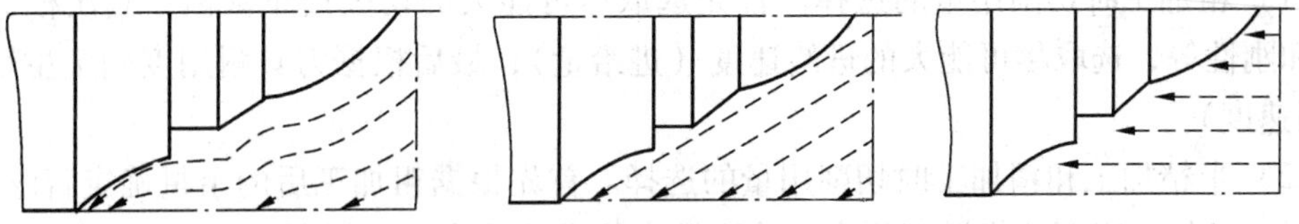

(a) 沿工件轮廓走刀　(b) “三角形”走刀　(c) “矩形”走刀

图 2－5　走刀路线示例

对以上三种切削进给路线，经分析和判断可知矩形循环进给路线的走刀长度总和最短。因此，在同等条件下，其切削所需时间（不含空行程）最短，刀具损耗小。另外，矩形循环加工的程序段格式较简单，因此这种进给路线在制定加工方案时应用较多。

二、加工轴类零件刀具及切削用量的合理选择

（一）刀具的选用

为了减少换刀时间和方便对刀，便于实现机械加工标准化，数控车削加工轴类零件时采用外圆车刀并尽量采用机夹刀和机夹刀片。

1. 刀片材质的选择

车刀刀片的材料主要有高速钢、硬质合金、涂层硬质合金、陶瓷、立方氮化硼和金刚石等。其中应用最多的是硬质合金和涂层硬质合金刀片。选择刀片材质，主要依据被加工工件的材料、被加工表面的精度、表面质量要求、切削载荷的大小以及切削过程中有无冲击和振动等。

2. 刀片形状的选择

刀片形状主要依据被加工工件的表面形状、切削方法、刀具寿命和刀片的转位次数等因素选择。常用的刀片形状有三角形、正方形、菱形及圆形等。

3. 刀尖圆弧半径的选择

刀尖圆弧半径的大小直接影响刀尖的强度和被加工零件的表面粗糙度。刀尖圆弧半径增大，则可增加刀刃的强度并使刀具前后刀面磨损减少，还可使表面粗糙度值减小，但会使切削力增大且易产生振动，切削性能变坏。一般在要求刀刃强度高的大直径零件粗车加工中选用较大的刀尖圆弧半径；而在细长轴类零件精车加工或机床刚度较差时，可选用较

小的刀尖圆弧半径。

（二）切削用量的合理选择

选择切削用量时，在保证加工质量和刀具耐用度的前提下，充分发挥机床性能和刀具切削性能，使切削效率最高，加工成本最低。

切削用量的大小应根据加工方法合理选择，并在编程时将切削用量数值编入程序中。

切削用量的选择原则是：粗加工时，一般以提高生产率为主，兼顾经济性和加工成本；半精加工和精加工时，应在保证加工质量的前提下兼顾切削效率、经济性和加工成本。

粗、精加工时切削用量的选择如下：

（1）粗加工时切削用量的选择。首先选取尽可能大的切削用量数值；其次根据机床动力和刚性等，选取尽可能大的进给速度（进给量）；最后根据刀具耐用度确定主轴转速（切削速度）。

（2）半精加工和精加工时切削用量的选择。首先根据粗加工后的余量确定背吃刀量；其次根据已加工表面的粗糙度要求，选取较小的进给速度（进给量）；最后在保证刀具耐用度的前提下，尽可能选取较高的主轴转速（切削速度）。

1. 主轴转速的确定

主轴转速应根据被加工表面的直径和允许的切削速度经计算确定，其中切削速度可通过计算或查表选取，也可按实践经验确定，主轴转速的计算公式是

$$n=\frac{1000v_c}{\pi d}$$

式中 v_c——切削速度，m/min；

d——被加工表面直径，mm。

2. 进给速度的确定

进给速度指单位时间内刀具沿进给方向移动的距离（mm/min）。在数控机床编程中，多用进给量（mm/r）。

进给速度主要根据零件的表面粗糙度、加工精度要求、刀具及工件材料等因素，参考切削用量手册选取。

进给速度的选择原则是：

（1）在满足工件加工质量要求前提下，可选择较高的进给速度。

（2）当切断、车削深孔及精车时，宜选择较低的进给速度。

（3）当刀具空行程时，可以选择尽量高的进给速度。

（4）进给速度还应与主轴转速、背吃刀量相适应。

3. 背吃刀量的确定

背吃刀量是工件已加工表面和待加工表面之间的垂直距离。在机床、工件和刀具刚度允许的情况下根据加工余量确定。加工时，应尽可能取大的背吃刀量，以减少走刀次数，提高生产率。当零件的精度要求较高时，则应考虑适当留出精车余量。

分层切削余量，各次的余量按递减原则确定。

半精加工余量取 0.5 ~1 mm，精加工余量取 0.2 ~0.5 mm。

三、程序的结构及功能代码

（一）程序的结构

一个完整的程序由程序名、程序内容和程序结束三部分组成。

1. 程序名

FANUC 系统的程序名由英文字母 O 和 1 ~ 4 位数字组成。

SIEMENS 系统的程序名由文件名和文件扩展名组成。文件名由字母或字母 + 数字组成。文件扩展名有两种，即“. MPF”和“. SPF”，其中“. MPF”表示主程序，“. SPF”表示子程序。文件名的命名规则如下：

（1）以字母、数字或下划线来命名文件名，字符间不能有分隔符，且最多不能超过 16 个字符。另外，程序名开始的两个符号必须是字母，如 WELLE532。该命名规则同时适用主程序和子程序文件名的命名，如省略其后缀，则默认为“. MPF”。

（2）以地址“L”加数字来命名程序名，L 后的值可有 7 位，且 L 后的每个零都有具体意义，不能省略，如 L123 不同于 L00123。该命名规则也同时适用主程序和子程序文件名的命名，如省略其后缀，则默认为“. SPF”。

2. 程序内容

程序内容是由若干个程序段组成的。每个程序段一般占一行。

3. 程序结束

程序结束可以用 M02 或 M30 指令。一般要求单列一段。

加工程序的一般格式举例：

O2000；程序名

N10　G54　G00　X10. 0　Y20. 0　M03　S1000；程序内容

N20　G01　X60. 0　Y30. 0　F100　T02　M08；

N30　X80. 0；

……

N200　M30；程序结束

（二）程序段组成

零件的加工程序由程序段组成，而每个程序段又是由程序段号、若干数据字及程序段结束符号组成的。

1. 程序段号

程序段号又称顺序号，由地址 N 及其后的数字组成。需要说明的是，程序段号中数字的大小并不表示加工或控制的顺序，只是作为程序段的识别标记。程序段的主要作用是程序编辑时的程序段检索或宏程序中的无条件转移。因此，在编程时数字大小的排列可以不连续，也可颠倒，甚至可以部分或全部省略。习惯上为便于程序检索，又便于插入新的程序段，手工编程员常常按顺序并以 5 的倍数编程。

2. 数据字

数据字又称程序字或功能字，它由一组排列有序的字符组成。每一个数据字表示一种功能指令，如 G00、Z－50. 0、M03 等。程序中常用的数据字有：准备功能字（G 指令），辅助功能字（M 指令），尺寸功能字（X、Y、Z、A、B、C、I、J、K…），进给功能字（F 指令），主轴转速功能字（S 指令），刀具功能字（T 指令）。此外，还包括刀具补偿号指定（如 D、H）及固定循环参数指定（如 P、Q、R）等。

3. 程序段结束符号

程序段结束符号在程序段上常用分号“;”或“＊”，视机床而定，甚至可以省略不写。程序输入时，在数控系统的 MDI 键盘上有一按键用于程序段的结束，该键可能是 EOB，也可能是 LF 或其他字符，与具体数控系统有关。

四、FANUC 系统功能代码

（一）准备功能

准备功能又称 G 功能、G 指令或 G 代码，是用字符 G 和后面的两位数字来表示的，它用来规定刀具和工件的相对运动轨迹、机床坐标系、坐标平面、刀具补偿、坐标偏置等多种加工操作，其功能见表 2－1。

表2－1 准备功能

代码	组别	功能	代码	组别	功能
G00	01	快速点定位	▲G54	14	选择工件坐标系 1
▲G01		直线插补（切削进给）	G55		选择工件坐标系 2
G02		顺时针方向圆弧插补	G56		选择工件坐标系 3
G03		逆时针方向插补	G57		选择工件坐标系 4
G04	00	暂停	G58		选择工件坐标系 5
G10		可编程数据输入（补偿值设定）	G59		选择工件坐标系 6
G11		可编程数据输入方式取消	G65	00	宏程序调用
▲G18	16	Z、X 平面选择	G66	12	宏程序模态调用
G20	06	英制输入（英寸）	▲G67		宏程序模态调用取消
G21		米制输入（mm）	G70	00	精车循环
▲G22	09	存储行程限位有效（检查接通）	G71		外径/内径粗车循环
G23		存储行程限位无效（检查断开）	G72		端面粗车循环
G27	00	返回参考点检查	G73		轮廓粗车循环
G28		自动返回参考点	G74		端面钻孔循环
G30		返回第 2、第 3 和第 4 参考点	G75		外径/内径切槽循环
G31		跳转功能	G76		螺纹切削复合循环
G32	01	单行程螺纹切削	G90	01	外径/内径车削循环
G34		变螺距螺纹切削	G92		螺纹车削循环
▲G40	07	刀尖半径补偿取消	G94		端面车削循环
G41		刀尖半径左补偿	G96	02	恒表面切削速度控制
G42		刀尖半径右补偿	▲G97		恒表面切削速度控制取消
G50	00	坐标系设定或最大主轴速度设定	G98	05	每分钟进给
G50.3		工件坐标系预置	▲G99		每转进给
G52	00	局部坐标系设定			
G53		机床坐标系设定			

G 代码分为模态代码和非模态代码。所谓模态代码是指某一 G 指令一经指定就一直有效，直到后边程序段中使用同组 G 指令才能取代它。而非模态代码只在指定它的程序段中有效，下一段程序需要时必须重新指定。

表 2 - 1 中，“00” 组 G 代码是非模态代码，其他各组代码均为模态代码。同组中，有▲标记的 G 指令是在电源接通时或按下复位键时就立即生效的 G 指令。同一个程序段中，可以指定不同组的 G 指令并有效。当一个程序段中指定了两个或两个以上属于同组的 G 指令时，则只有最后一个被指定的 G 指令有效。

（二）辅助功能

辅助功能也称 M 功能、M 指令或 M 代码。M 指令是控制机床在加工时做一些辅助动作的指令，如主轴的正、反转，切削液的开、停，工件的夹紧、松开，程序结束等。常用的 M 指令由地址 M 和其后的两位数字组成，从 M00 ~ M99 共 100 种。FANUC 0i 系统常用的 M 指令见表 2 - 2。

表 2 - 2　辅　助　功　能

代码	功　能	代码	功　能
M00	程序停止	M08	切削液开
M01	计划停止	M09	切削液关
M02	程序结束	M30	纸带结束
M03	主轴正转（顺时针方向）	M98	子程序调用
M04	主轴反转（逆时针方向）	M99	子程序结束
M05	主轴停止		

说明：通常一个程序段中只能指定一个 M 指令。但通过对机床相关参数进行设定后，可以在一个程序段最多指定 3 个 M 指令。

（三）主轴功能、刀具功能、进给功能

1. 主轴功能 S

S 功能由地址码 S 和后面的若干数字组成。

2. 刀具功能 T

T 功能又称刀具功能，用来指定加工中所使用的刀具。刀具功能由地址码 T 和后面的四位数字组成，其中前两位为选择的刀具号，后两位为选择的刀具偏置号。每一刀具加工结束后必须取消其刀偏偏置值，即将后两位数设为“00”，取消刀具偏置值。

3. 进给功能 F

F 功能表示进给速度，它由地址码 F 和后面若干位数字构成。

（1）每分钟进给 G98。数控系统在执行了 G98 指令后，便认定 F 所指的进给速度单位为 mm/min，如 F200 即进给速度是 200 mm/min。

（2）每转进给 G99。数控系统在执行了 G99 指令后，便认定 F 所指的进给速度单位为 mm/r，如 F0.2 即进给速度是 0.2 mm/r。

五、FANUC 系统编程规则

1. 小数点编程

数控编程时，数字单位以公制为例分为两种：一种以毫米（mm）为单位，另一种以脉冲当量即机床的最小输入为单位。现在大多数机床常用的脉冲当量为 0.001 mm。

对于数字的输入，有些系统可省略小数点，有些系统则可以通过系统参数来设定是否可以省略小数点，而大部分系统小数点不可省略。对于不可省略小数点编程的系统，当使用小数点进行编程时，数字以毫米（mm）（英制为英寸，角度为度）为输入单位；而当不用小数点编程时，则以机床的最小输入单位作为输入单位。在应用小数点编程时，数据后边可以写“.0”，如 X30.0；也可以直接写“.”，如 X30.。

2. 米制、英制编程

坐标功能字是使用米制还是英制，多数系统用准备功能字来选择。FANUC 系统采用 G21/G20 来进行米制、英制的切换，其中 G21 表示米制，G20 表示英制。

3. 绝对值编程与增量值编程

X 轴和 Z 轴移动量的指令方法有绝对指令和增量指令两种。

（1）绝对值编程。绝对值编程是根据预先设定的编程原点计算出绝对值坐标尺寸（各轴移动到终点的坐标值）进行编程的一种方法。用地址 X、Z 进行编程（X 为直径值）。

（2）增量值编程。增量值编程是用相对于前一个位置的坐标值（各轴的位移量）直接编程的方法。U、W 的正负由行程方向确定。

（3）混合编程。混合编程是指绝对值编程与增量值编程混合起来进行编程的方法。编程时也必须先设定编程原点。

编程举例：如图 2－6 所示，采用上述三种不同方法编程时程序如下：

①绝对值编程：

```
……
N04  G01  X30.0  Z0  F60;
N05  X40.0  Z-25.0;
N06  X60.0  Z-40.0;
……
```

②增量值编程：

```
……
N05  G01  U10.  W-25.  F60;
N06  U20.  W-15.0;
……
```

③混合编程

```
……
N05  G01  U10.  W-25.  F60;
N06  X60.  W-15.0;
……
```

4. 直径编程和半径编程

编制轴类工件的加工程序时，因其截面为圆形，所以尺寸有直径指定和半径指定两种方法，采用哪种方法要由系统的参数来决定。采用直径编程时称为直径编程法，采用半径编程时称为半径编程法。

在车削加工的数控程序中，X 轴的坐标值取零件图样上的直径值，如图 2－7 所示：图中 A 点的坐标值为（30，80），B 点的坐标值为（40，60）。采用直径尺寸编程与零件图样中的尺寸标注一致，这样可避免尺寸换算过程中可能造成的错误，给编程带来很大方便。

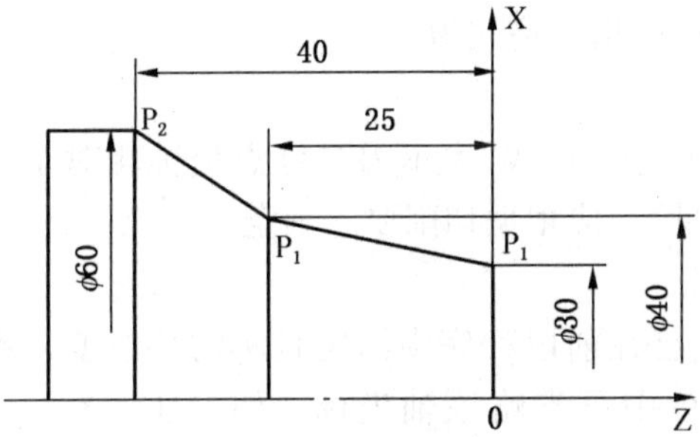

图 2－6 编程示例图

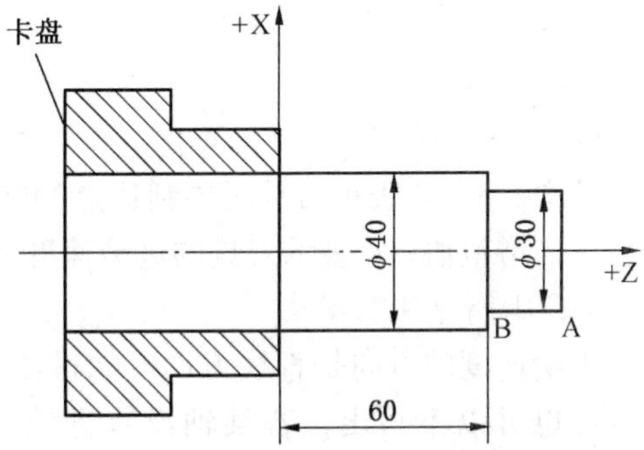

图 2－7 直径编程示例

六、常用的编程指令

（一）快速定位指令 G00

1. G00 指令功能

G00 指令使刀具以点定位控制方式从刀具所在点快速运动到下一个目标位置。它只是快速定位，而无运动轨迹要求，且无切削加工过程。

2. G00 指令格式

G00 指令格式为

G00 X（U）____ Z（W）____；

其中，X、Z 代表刀具所要到达点的绝对坐标值；U、W 代表刀具终点坐标相对于起点坐标的增量值。

在一个程序段中，绝对坐标指令和增量坐标指令也可混用，如 G00 X ____ W ____ 或 G00 U ____ Z ____。当在某一轴上相对位置不变时，可以省略该轴的坐标值，如 G00 X ____或 G00 Z ____。

3. G00 指令注意事项

（1）该指令只能用于快速定位，不能用于切削加工。

（2）G00 指令的移动速度是机床厂设定的空行程速度，与程序中的进给速度无关。

（3）该指令由于无运动轨迹要求，因此刀具移动轨迹不是标准的直线插补轨迹。

G00 指令示例：如图 2－8 所示，要实现从起点 A 快速移动到目标点 C。其绝对值编

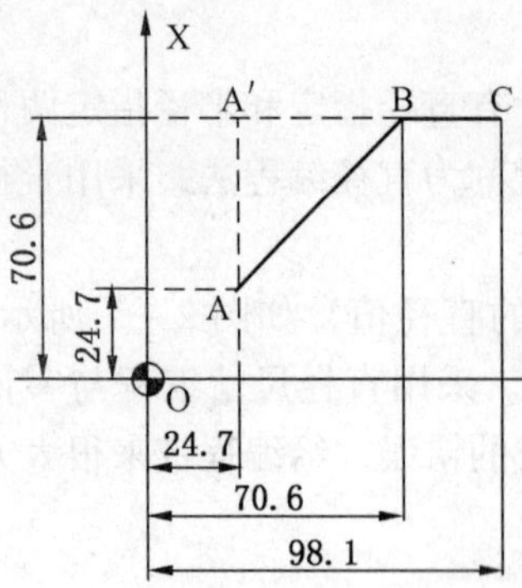

图2-8　G00编程

程方式为

G00　X141.2　Z98.1；

其增量值编程方式为

G00　U91.8　W73.4；

（二）直线插补指令G01

1. G01指令功能

G01指令是直线运动命令，规定刀具在两坐标间以插补联动方式按指定的进给速度F做任意的直线运动。

2. G01指令格式

G01指令格式为

G01　X（U）____　Z（W）____　F____；

其中，X、Z表示刀具所要到达点的绝对坐标值；U、W表示刀具终点坐标相对于起点坐标的增量值；F表示刀具的进给速度（进给量），应根据切削要求确定。

3. G01指令注意事项

进给速度的方向是直线方向。如进给速度F已在前段程序中给定且不需要改变，本段程序也可以不写出；若某轴没有进给，则指令中可省略该轴坐标，如G01　X____ F____（刀具沿X坐标轴运动）或G01　Z____　F____（刀具沿Z坐标轴运动）。

（三）G90指令

1. G90指令功能

单一固定循环指令，可以利用此指令进行外圆面加工。

2. G90指令格式

G90指令格式为

G90　X（U）____ Z（W）____ F____；

其中，X、Z表示刀具所要到达点的绝对坐标值；U、W表示刀具终点坐标相对于起点坐标的增量值；F表示刀具的进给速度（进给量），应根据切削要求确定。

3. G90指令循环路径

该指令的意义是在刀具起点与指定的终点间形成一个封闭的矩形。刀具从起点先按X方向进给走一个矩形循环，其中第一步和最后一步为G00动作方式，中间两步为G01动作方式，指令中的F字只对中间两步作用。如图2-9所示，按刀具进给方向，第一刀为G00动作方式；第二刀切削工件外圆；第三刀切削工件端面；第四刀按G00动作方式快速退刀回到起点。图中①、④表示刀具快速运动，②、③表示刀具按指定的工作进给速度运动。X、Z为圆柱面切削终点C在工件坐标系中的绝对坐标值；U、W为圆柱面切削终点相对于循环起点的增量坐标值。在增量值编程中，U、W后面的数值符号取决于轨迹①和②的方向，当刀具运动方向与坐标方向相同时，U、W的符号为“+”（可以省略），反之U、W的符号为“-”。

（四）G94指令

1. G94指令功能

G94 指令主要用于加工盘类零件，其车削特点是利用刀具的端面切削刃作为主切削刃。

2. G94 指令格式

G94 指令格式为

G94　X（U）____ Z（W）____ F ____；

其中，X、Z 表示刀具所要到达点的绝对坐标值；U、W 表示刀具终点坐标相对于起点坐标的增量值；F 表示刀具的进给速度（进给量），应根据切削要求确定。

3. G94 指令循环路径

G94 指令循环路径是先沿 Z 方向快速走刀，再车削端面，退刀光整外圆，再快速退刀回到起点。如图 2－10 所示，图中 R 表示刀具快速运动，F 表示刀具按指定的工作进给速度运动。X、Z 为圆柱面切削终点在工件坐标系中的绝对坐标值；U、W 为圆柱面切削终点相对于循环起点的增量坐标值。

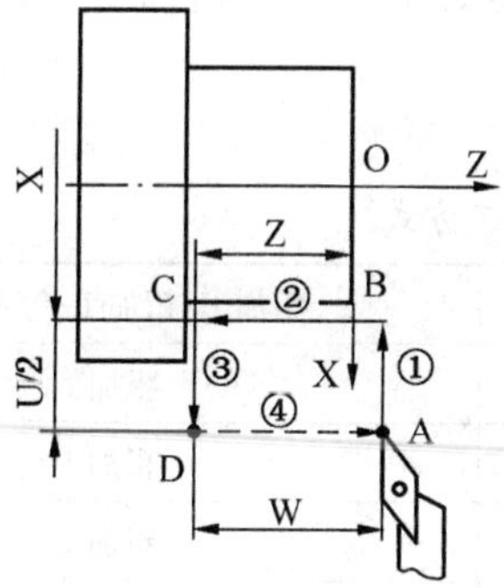

图 2－9　G90 指令循环路径

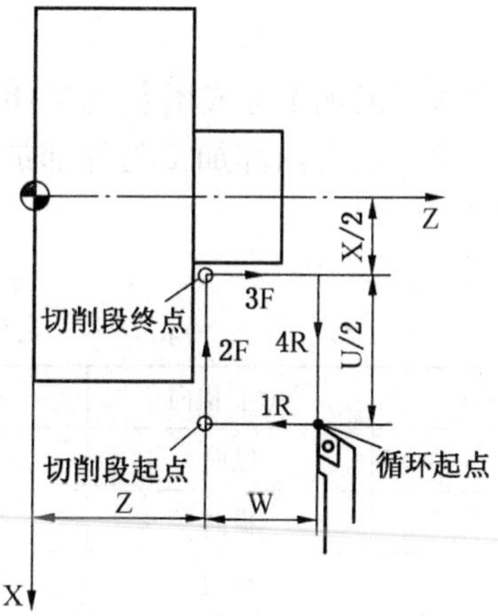

图 2－10　G94 指令循环路径

（五）SIMENS 802D 系统毛坯切削循环

1. 指令格式

CYCLE95（NPP，MID，FALZ，FALX，FAL，FF1，FF2，FF3，VAR1，DT，DAM，VRT）；

2. 参数说明

SIMENS 802D 系统的 CYCLE95 指令参数见表 2－3。

表 2－3　SIMENS 802D 系统的 CYCLE95 指令参数

参数	功能、含义及规定
NPP	轮廓子程序名称
MID	最大粗加工背吃刀量，无符号输入

表2-3（续）

参数	功能、含义及规定
FALZ	Z向的精加工余量，无符号输入
FALX	X向的精加工余量，无符号输入，半径量
FAL	沿轮廓方向的精加工余量
FF1	非退刀槽加工的进给速度
FF2	进入凹凸切削时的进给速度
FF3	精加工时的进给速度
VARI	加工类型：用数值1~12表示
DT	粗加工时，用于断屑的停顿时间
DAM	因断屑而中断粗加工时所经过的路径长度
VRT	粗加工时，从轮廓退刀的距离，X向为半径，无符号输入

3. 加工方式与切削动作

毛坯切削循环的加工方式用参数VARI表示，分成三类共12种：第一类为纵向加工与横向加工，第二类为内部加工与外部加工，第三类为粗加工、精加工与综合加工。这12种方式见表2-4。

表2-4　毛坯切削循环加工方式

数值（VARI）	纵向/横向	外部/内部	粗加工/精加工/综合加工
1	纵向	外部	粗加工
2	横向	外部	粗加工
3	纵向	内部	粗加工
4	横向	内部	粗加工
5	纵向	外部	精加工
6	横向	外部	精加工
7	纵向	内部	精加工
8	横向	内部	精加工
9	纵向	外部	综合加工
10	横向	外部	综合加工
11	纵向	内部	综合加工
12	横向	内部	综合加工

1）纵向加工

纵向加工是指沿X轴方向切深进给，而沿Z轴方向切削进给的一种加工方式，刀具的切削动作顺序如下：

(1) 刀具以 G00 方式定位至循环起点。

(2) 以 G01 方式沿 X 方向根据系统计算出的参数 MID 值进给至此点。

(3) 以 G01 方式按参数 FF1 指定的进给速度进给至粗加工交点。

(4) 以 G01/G02/G03 方式按参数 FF1 指定的进给速度沿“轮廓＋精加工余量”粗加工到最后一点。

(5) 以 G00 方式退刀至循环起点，完成第一刀切削加工循环。

(6) 重复以上过程，完成切削循环，如图 2－11 所示。

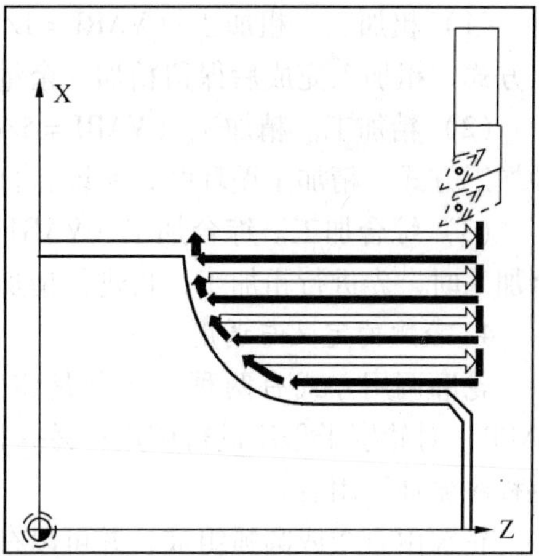

图 2－11 纵向加工切削动作顺序

2）横向加工

横向加工是指沿 Z 轴方向切深进给，而沿 X 轴方向切削进给的一种加工方式。

横向加工的切削动作与纵向加工切削动作相似，不同之处在于纵向加工是沿 X 轴方向进行多刀循环切削，而横向加工是沿 Z 轴方向进行多刀循环切削。其进给路线为：进刀→X 向切削→沿工件轮廓切削→退刀重复以上动作。

3）纵向加工方式中的内部与外部加工

纵向加工方式中，当毛坯切削循环刀具的切深方向为－X 方向时，该加工方式为纵向外部加工方式（VARI＝1/5/9）；反之，当毛坯切削循环刀具的切深方向为＋X 方向时，该加工方式为纵向内部加工方式（VARI＝3/7/11），如图 2－12a 所示。

4）横向加工方式中的内部与外部加工

横向加工方式中，当毛坯切削循环刀具的切深方向为－Z 方向时，该加工方式为横向外部加工方式（VARI＝2/6/10）；反之，当毛坯切削循环刀具的切深方向为＋Z 方向时，该加工方式为纵向内部加工方式（VARI＝4/8/12），如图 2－12b 所示。

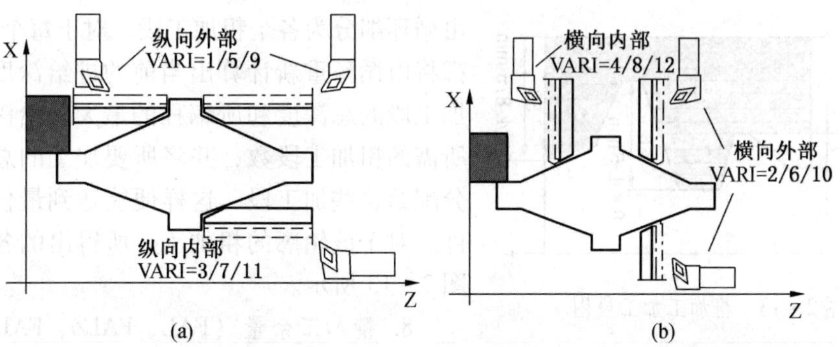

图 2－12 内部与外部加工

5）粗加工、精加工和综合加工

（1）粗加工。粗加工（VARI = 1/2/3/4）是指采用分层切削方式切除余量的一种加工方式，粗加工完成后保留精加工余量。

（2）精加工。精加工（VARI = 5/6/7/8）是指刀具沿轮廓轨迹一次性进行加工的一种加工方式。精加工循环时，系统将自动启用刀尖圆弧半径补偿功能。

（3）综合加工。综合加工（VARI = 9/10/11/12）是粗加工和精加工的合成。执行综合加工时，先进行粗加工，再进行精加工。

4. 轮廓的定义与调用

轮廓调用方式有两种：一种是将工件轮廓编写在子程序中，在主程序中通过参数“NPP”对轮廓子程序进行调用；另一种是以“ANFANG：ENDE”表示的轮廓，直接跟在主程序循环调用后。

轮廓由直线或圆弧组成，并可以在其中使用圆角（RND）和倒角（CHA）指令。

轮廓必须含有三个具有两个进给轴的加工平面内的运动程序段。

定义轮廓的第一个程序段必须含有 G00、G01、G02、G03 指令中的一个。

轮廓子程序中不能含有刀尖圆弧半径补偿指令。

5. 轮廓的切削步骤

SIEMENS 802D 系统的毛坯切削循环不仅能加工单调递增或单调递减的轮廓，还可以加工内凹的轮廓及超过 1/4 圆的圆弧。

6. 循环起点的确定

循环起点的坐标值根据工件加工轮廓、精加工余量、退刀量等因素由系统自动计算。

刀具定位及退刀至循环起点的方式有两种：粗加工时，刀具两轴同时返回循环起点；精加工时，刀具分别返回循环起点，且先返回刀具切削进刀轴。

7. 粗加工进刀深度（MID）

在参数 MID 下设定粗加工过程中的最大进给深度。

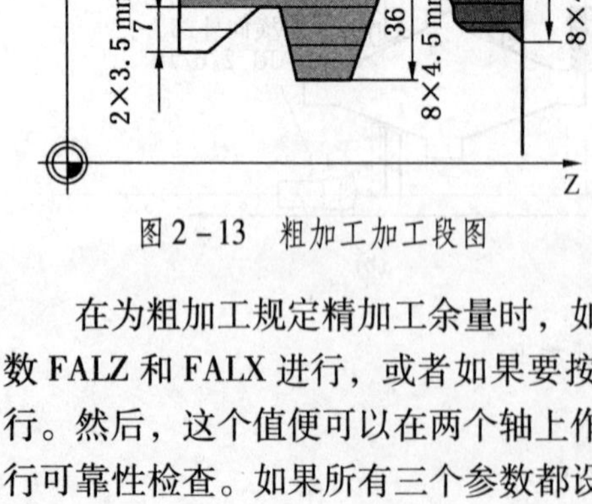

图 2 - 13　粗加工加工段图

循环将在进行粗加工时，自行计算当前的进给深度。

在粗加工过程中，当轮廓带有底切段时，将由循环细分为各个粗加工段。对于每个粗加工段，都将由循环重新计算出当前的进给深度。根据粗加工段的总深度和所编程的最大进给深度，确定所需的粗加工段数，并将所要加工的总深度平均分配给这些加工段，这样便能达到最佳的切削条件。对于该轮廓的粗加工，所得出的各加工段如图 2 - 13 所示。

8. 精加工余量（FAL、FALZ、FALX）

在为粗加工规定精加工余量时，如果要对各轴规定不同的精加工余量，便可以通过参数 FALZ 和 FALX 进行，或者如果要按照轮廓确定精加工余量，便可以通过参数 FAL 进行。然后，这个值便可以在两个轴上作为精加工余量进行计算。对于已编程的值，将不进行可靠性检查。如果所有三个参数都设定有相应的值，便可以由循环对所有这些精加工余量进行计算。但是，有必要确定一种精加工余量的定义方式。

粗加工总是将进行到该精加工余量为止。此时，在每次与轴平行的粗加工过程后，所产生的余角会立即沿平行于轮廓的方向被切削掉，从而使粗加工结束后不需要再进行余角切削。如果未对精加工余量进行编程，则在粗加工时将一直切削到最终轮廓为止。

FF1、FF2 和 FF3（进给率）对于不同的加工段，可以如图 2－14 所示，规定不同的进给率。

9. DT 和 DAM（停留时间和行程长度）

利用这两个参数，中断各个粗加工段的行程，以完成断屑。这些参数仅在粗加工时有意义。在参数 DAM 中，将设定进行断屑前的最大行程。在 DT 中，还可以编入一段停留时间（单位秒），可在每一个切削中断点处执行。如果规定没有切削中断的行程（DAM = 0），便会产生没有停留时间的不中断粗加工段，如图 2－15 所示。

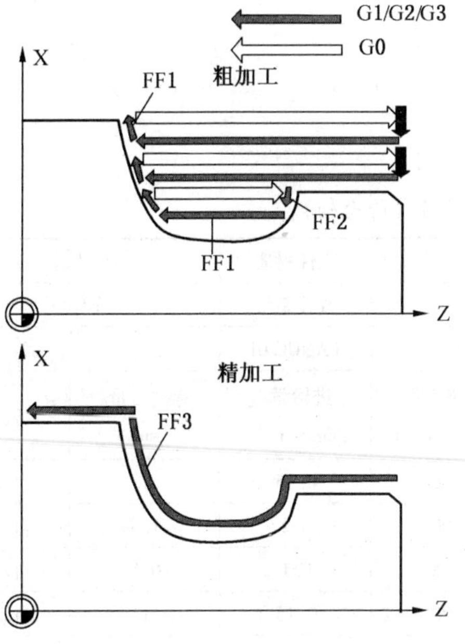

图 2－14 精加工加工段图

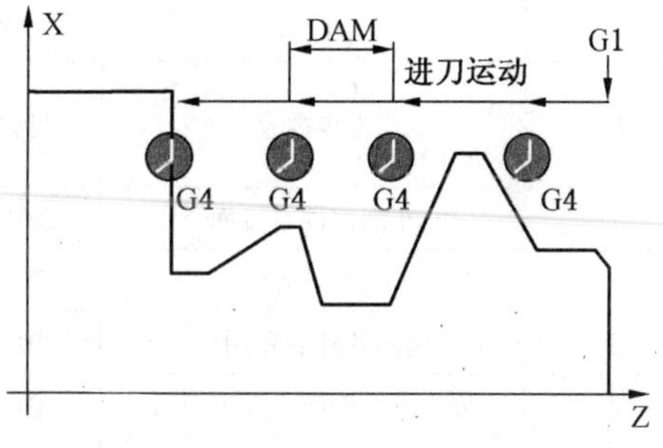

图 2－15 被中断平行于轴的切削

10. _VRT（退刀行程）

在参数_ VRT 下，可以编入粗加工时在两根轴上的退刀量。

当_ VRT =0 时（参数未编程），将退刀 1 mm。

【任务实施】

一、加工工艺与程序设计

1. 零件装夹

工件伸出较短，使用普通三爪自定心卡盘装夹。

2. 选择刀具

根据图样要求，可选择可转位 90°外圆车刀，材质为 YT15。制定刀具卡片，见表 2－5。

表2-5 数控加工刀具卡片（阶台轴）

产品名称或代号：			零件名称：阶台轴			零件图号：
序号	刀具号	刀具规格及名称	材质	数量	加工表面	备注
1	T01	90°外圆车刀	YT15	1	粗精车外圆、端面及倒角等	R0.2
编制：			审核：			

3. 确定加工工艺

以工件右端面轴心处为零件编程坐标原点，工艺路线安排如下：

（1）车削零件右端面。

（2）粗车各外圆，留精车余量0.5 mm。

（3）精车各外圆和倒角至尺寸要求。

（4）工件调头，车左端面，保证总长尺寸。

（5）粗精车 ϕ40 mm 外圆。

4. 制定加工工艺卡片

数控加工工艺卡片见表2-6。

表2-6 数控加工工艺卡片（阶台轴）

零件名称	阶台轴	零件图号		工件材质	45号钢	
工序号	程序编号	夹具名称		数控系统	车间	
1	O1234	三爪自定心卡盘		FANUC 0i		
工步号	工步内容	刀具号	主轴转速/（$r \cdot min^{-1}$）	进给量/（$mm \cdot r^{-1}$）	背吃刀量/mm	备注
1	车削零件右端面	T01	800	0.15	1	自动
2	粗车各外圆	T01	800	0.2	1.5	自动
3	精车各外圆和倒角	T01	1200	0.1	0.5	自动
4	掉头车左端面，保证总长	T01	800	0.15	1	自动
5	粗车 ϕ40 mm 外圆	T01	800	0.15	1	自动
6	精车 ϕ40 mm 外圆	T01	1200	0.1	0.5	自动

5. 程序设计

下面用FANUC 0i系统的三个不同指令和SIEMENS 802D系统的CYLCE95指令分别编写本任务的加工程序，见表2-7至表2-9。

表2-7 用G01指令加工阶台轴程序

加工程序	程序说明
O1234；	程序名
M03 S800 T0101；	主轴正转，转速为800 r/min，选择1号刀1号刀补

表2-7（续）

加工程序	程序说明
G00 X44.0 Z2.0；	刀具快速接近工件
Z0；	Z向进刀
G01 X-1.0 F0.15；	车右端面
G00 Z2.0；	Z向退刀
X40.0；	X向退刀
G01 Z-45.0 F0.2；	粗车 ϕ30 mm、ϕ35 mm外圆，留精加工余量1 mm
X44.0；	
G00 Z2.0；	
X37.0；	
G01 Z-45.0；	
X44.0；	
G00 Z2.0；	
X36.0；	
G01 Z-45.0；	
X44.0；	
G00 Z2.0；	
X33.0；	
G01 Z-20.0；	
X44.0；	
G00 Z2.0；	
X31.0；	
G01 Z-20.0；	
X44.0；	
G00 Z2.0；	
M03 S1200；	主轴正转，精车转速为1200 r/min
G00 X26.0；	X向进刀
G01 X30.0 Z-1.0 F0.1；	倒角
Z-20.0；	精车 ϕ30 mm外圆至尺寸
X31.0；	精车 ϕ35 mm的右端面
X35.0 Z-22.0；	倒角
Z-45.0；	精车 ϕ35 mm外圆至尺寸
X36.0；	精车 ϕ40 mm的右端面
X42.0 Z-49.0；	倒角
G00 X100.0 Z100.0；	车刀远离工件
M05；	主轴停止

表 2-7（续）

加工程序	程序说明
M00；	程序暂停，测量，工件调头
M03　S800　T0101；	主轴正转，转速为 800 r/min
G00　X44.0　Z2.0；	刀具快速接近工件
Z0；	Z 向进刀
G01　X-1.0　F0.15；	车左端面
G00　Z2.0；	Z 向退刀
X41.0；	X 向退刀
G01　Z-25.0；	粗车 ϕ40 mm 外圆，留余量 1mm
X44.0；	
G00　Z2.0；	
M03　S1200；	主轴正转，精车转速为 1200 r/min
X40.0；	精车 ϕ40 mm 外圆至尺寸
G01　Z-25.0　F0.1；	
X44.0；	
G00　X100.0　Z100.0；	退刀
M05；	主轴停止
M30；	程序结束，光标返回程序开始处

表 2-8　用 G90、G94 切削循环指令加工阶台轴程序

加工程序	程序说明
O1234；	程序名
M03　S800　T0101；	主轴正转，转速为 800 r/min，选择 1 号刀 1 号刀补
G00　X44.0　Z2.0；	刀具快速移动到循环起点
G94　X-1.0　Z1.0　F0.15；	G94 切削循环车削工件右端面
Z0；	
G90　X40.0　Z-45.0　F0.15；	粗车 ϕ30 mm、ϕ35 mm 外圆，留精加工余量 1 mm
X37.0；	
X36.0；	
X33.0　Z-20.0；	
X31.0；	
M03　S1200；	主轴正转，精车转速为 1200 r/min
G00　X26.0；	X 向进刀
G01　X30.0　Z-1.0　F0.1；	倒角
Z-20.0；	精车 ϕ30 mm 外圆至尺寸
X31.0；	精车 ϕ35 mm 的右端面

表2-8（续）

加工程序	程序说明
X35.0　Z-22.0;	倒角
Z-45.0;	精车 ϕ35 mm 外圆至尺寸
X36.0;	精车 ϕ40 mm 的右端面
X42.0　Z-49.0;	倒角
G00　X100.0　Z100.0;	车刀远离工件
M05;	主轴停止
M00;	程序暂停，测量，工件调头
M03　S800　T0101;	主轴正转，转速为 800 r/min
G00　X44.0　Z2.0;	刀具快速移动到循环起点
G94　X-1.0　Z1.0　F0.15;	G94 切削循环车削工件左端面
Z0;	
G90　X41.0　Z-25.0　F0.15;	G90 粗车 ϕ40 mm 外圆，留余量 1 mm
M03　S1200;	主轴正转，精车转速为 1200 r/min
X40.0　F0.1;	G90 精车 ϕ40 mm 外圆至尺寸
G00　X100.0　Z100.0;	退刀
M05;	主轴停止
M30;	程序结束，光标返回程序开始处

表2-9　用 SIEMENS 802D 系统 CYCLE95 指令加工阶台轴程序

加工程序	程序说明
SKC201.MPF	程序名
G40　G95　G97　G21	设置初始化
T01D1　S800　M03　F0.2	主轴正转，转速为 800 r/min，选择 1 号刀 1 号刀补
G00　X44.0　Z2.0	刀具快速接近工件
Z0	Z 向进刀
G01　X-1.0　F0.15	车右端面
G00　Z2.0	Z 向退刀
X44.0	X 向退刀并定位于循环起点
CYCLE95（“BB201”，1.5，0.05，0.5，，0.2，0.1，0.1，9，，，0.5）	调用毛坯外圆循环，设置加工参数，子程序见表 2-10
G00　X100.0　Z100.0	
M05	主轴停止
M00	程序暂停，测量，工件调头
M03　S800　T0101	主轴正转，转速为 800 r/min
G00　X44.0　Z2.0	刀具快速接近工件

表 2-9（续）

加 工 程 序	程 序 说 明
Z0	Z 向进刀
G01 X-1.0 F0.15	车左端面
G00 Z2.0	Z 向退刀
X41.0	X 向退刀
G01 Z-25.0	
X44.0	粗车 ϕ40 mm 外圆，留余量 1 mm
G00 Z2.0	
M03 S1200	主轴正转，精车转速为 1200 r/min
X40.0	
G01 Z-25.0 F0.1	精车 ϕ40 mm 外圆至尺寸
X44.0	
G00 X100.0 Z100.0	退刀
M05	主轴停止
M30	程序结束，光标返回程序开始处

表 2-10 用 SIEMENS 802D 系统 CYCLE95 指令加工阶台轴右端轮廓子程序

加 工 程 序	程 序 说 明
BB201. SPF	子程序名
G00 X28.0	X 向进刀
G01 Z0	Z 向进刀
X30.0 Z-1.0	倒角
Z-20.0	加工 ϕ30 mm 外圆
X31.0	加工 ϕ35 mm 右端面
X35.0 Z-22.0	倒角
Z-45.0	加工 ϕ35 mm 外圆
X36.0	加工 ϕ40 mm 右端面
X40.0 Z-47.0	加工 ϕ40 mm 外圆
X44.0	X 向退刀
M17	子程序结束

二、阶台轴的加工

（一）工件与刀具的安装

工件装夹在自定心卡盘上，采用三爪持（或一夹一顶），装夹要牢固。车刀安装时不宜伸出过长，刀尖高度应与机床中心等高。

（二）对刀并输入刀补值

用车刀分别试车工件外圆和端面，测量后输入对应的刀补值，对刀结束。

（三）数控加工与精度控制

1. 加工

首件加工应单段运行，通过机床控制面板上的“倍率选择”按钮修正加工参数，然后自动运行加工。当程序暂停时，可以检测加工尺寸，以保证精度要求。

2. 精度控制

加工过程中，各尺寸精度都要保证在公差范围之内，如出现误差可采用刀补修正法进行修正。

（四）零件检测

（1）修整工件，去毛刺等。

（2）尺寸精度检测：用游标卡尺测量零件外径尺寸、总长及 20 mm 尺寸，用深度游标卡尺测量阶台尺寸。

（3）表面质量检测：用粗糙度样板对比检测零件加工表面质量。

【任务评价】

小组名称：________________　　　　学生姓名：__________

评价内容		分值	自我评价（30%）	小组评价（30%）	教师评价（40%）
1	外圆尺寸	20			
2	长度尺寸	10			
3	倒角尺寸	10			
4	表面粗糙度	10			
5	程序正确、完整	6			
6	程序格式规范	3			
7	工艺合理	5			
8	程序参数选择合理	5			
9	指令选用合理	5			
10	零件装夹合理	3			
11	刀具选择及安装正确	3			
12	对刀及坐标系设定正确	3			
13	机床面板操作正确	4			
14	意外情况处理合理	3			
15	团结协作	5			
16	遵守纪律情况	5			
17	安全文明生产	5			
总评					

知识拓展

轴类零件加工产生弯曲变形的原因及消除方法

轴类零件加工产生弯曲变形的原因有：

(1) 坯料自重和本身弯曲。

(2) 工件装夹刚度不够或后顶尖顶得过紧。

(3) 工件内部应力大。

(4) 刀具几何参数和切削用量选择不当，造成切削力过大。

(5) 切削时产生热变形。

(6) 由于轴的重量和切削力的作用，细长轴容易出现“腰鼓形”“竹节形”现象。

排除误差的措施是：

(1) 工件毛坯应经过校直和热处理，细长轴在车削前毛坯要进行校直，粗车时应将工件毛坯一次进给车圆，否则会影响跟刀架的使用；精车前校验弯曲程度，否则会使车削困难。

(2) 工件装夹时夹紧力要适当，在加工长轴时，适当放松后顶尖的顶力或使用弹性活动顶尖，可以有效补偿工件热变形伸长。车细长轴宜采用三爪跟刀架和弹性收缩回转顶尖进行反向车削。顶尖与工件接触压力的大小，以顶尖跟随工件旋转再稍加一点力即可。压力过大容易使工件弯曲变形，过小则在开始吃刀时容易引起振动。

(3) 适当消除应力，装夹时防止预加应力，使工件产生变形。人工时效最好放在粗加工之后，精加工之前。对于精度要求较高的轴类零件，在粗加工和半精加工过程中要经过多次去除内应力退火处理。

(4) 合理选择刀具几何参数，并保持刀刃锋利，可减少进给次数，适当加大前角，减小切削力，降低车削产生的振动。

(5) 注意散热与冷却。在加工过程中供给充足的冷却液，不仅可以减少工件因温度升高引起的热变形伸长，还可以防止跟刀架支承拉毛工件，提高刀具使用寿命和工件加工质量。

(6) 防止“腰鼓形”产生，应在加工中随时调整两支撑爪，使支撑爪两圆弧面的中心与机床主轴旋转轴心重合。在使用卡爪前将卡爪预先磨成略比工件半径大一点的圆弧，以增加接触面积，减少磨损。适当加大主偏角，使车刀锋利以减少车削时的径向力。当车削中出现轻度“竹节形”时可调节上侧支撑块的压紧力，也可调节中溜板手柄，改变背吃刀量，减少机床床鞍和中溜板的间隙，使跟刀架支撑块与工件保持良好接触。

【思考与练习】

一、填空题

1. 数控系统常用的功能有____________、____________和____________三种，这些功能是编制加工程序的基础。

2. 一个完整的程序由____________、____________和____________三部分组成。

3. 根据加工需要，进给功能分为____________进给和____________两种，其单位分别用____________和____________表示。

4. 主轴正转用指令__________表示，主轴反转用指令__________表示，主轴停止用指令__________表示。

5. 快速定位指令为__________，直线插补指令为__________，直线插补指令中必须含有__________指令。

6. 单一固定循环指令“G90 X（U）____ Z（W）____ F ____”的走刀轨迹可以分为__________、__________、__________和__________四步。

二、选择题

1. 下列指令中，属于辅助功能指令的是（　　）。

A. G02　　B. T01　　C. S500　　D. M30

2. 下列指令中，属于非模态指令的是（　　）。

A. G01　　B. G02　　C. G03　　D. G04

3. SIEMENS 系统规定增量尺寸方式的指令是（　　）。

A. G90　　B. G91　　C. G92

三、问答题

1. G01 指令和 G00 指令的区别是什么？

2. 确定走刀路线的原则是什么？

任务二　外圆锥面加工

【任务描述】

本任务加工图 2 - 16 所示的带外圆锥面的零件，该零件毛坯尺寸为 ϕ74 mm × 75 mm，材料为 45 号钢，生产类型为单件或小批量生产，无热处理工艺要求。下面以该零件为例，试正确设定工件坐标系，制定加工工艺方案，选择合理的刀具和切削工艺参数，正确编制数控加工程序并完成零件的加工。

【任务分析】

该零件的外圆精度要求不高，表面粗糙度全部为 *Ra*3.2，外圆端面加工较为简单，注意保证精度要求即可。该零件可以用 G01 或 G90 指令加工外圆。用 G01 指令编程时，圆锥面的编程计算比较烦琐，所以不建议采用。采用固定循环指令 G90 编程可使程序简短。如果用的是 SIEMENS 802D 系统，则用毛坯切削循环指令 CYCLE95 编程。通过学习本任务内容，可掌握外圆锥面零件的数控加工工艺知识，常用指令（G90、CYCLE95）功能、格式、注意事项及零件加工与质量分析。

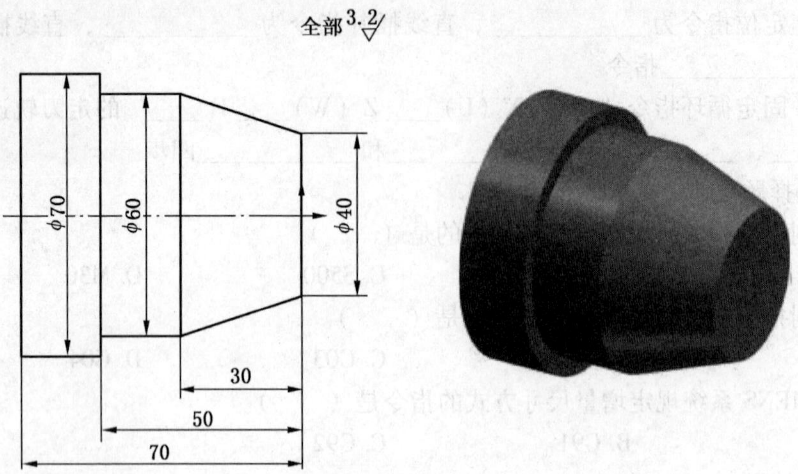

图 2－16　圆锥零件

【相关知识】

一、锥面的标注及尺寸计算

（一）圆锥尺寸标注形式

圆锥尺寸标注形式如图 2－17 所示。

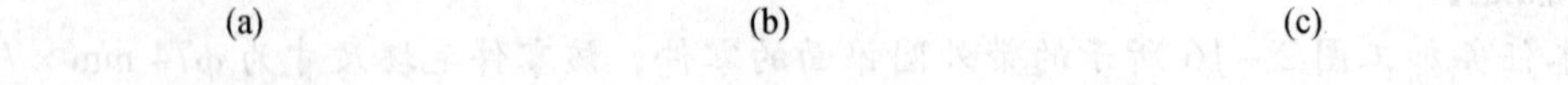

图 2－17　圆锥尺寸标注形式

（二）车圆锥的加工路线分析

加工路线的确定首先必须保证被加工零件的尺寸精度和表面质量，其次考虑数值计算简单、走刀路线尽量短、效率较高等其他因素。

数控机床上车外圆锥，假设圆锥大径为 D，小径为 d，锥长为 L，车圆锥的加工路线如图 2－18 所示。

1. 阶梯切削路线

按图 2－18a 所示的阶梯切削路线，二刀粗车，最后一刀精车；二刀粗车时要精确计

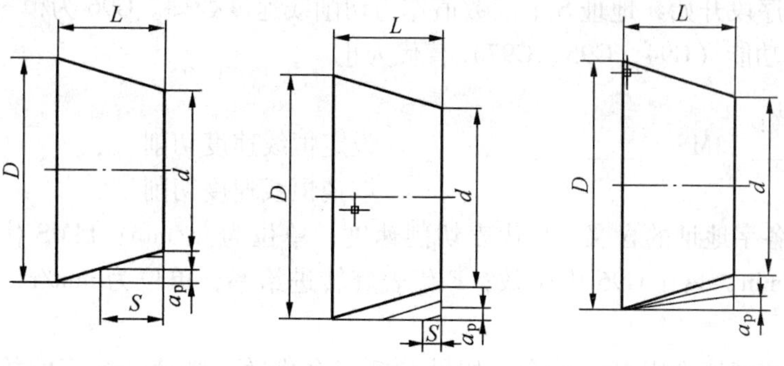

图2-18　车圆锥的加工路线

算终刀距 S，可由相似三角形得

$$\frac{\frac{D-d}{2}}{L}=\frac{\left(\frac{D-d}{2}\right)-a_p}{S}$$

$$S=\frac{L\left(\frac{D-d}{2}-a_p\right)}{\frac{D-d}{2}}$$

此种加工路线，粗车时刀具背吃刀量相同，但精车时背吃刀量不同；同时刀具切削运动的路线最短。

2. 相似斜线切削路线

按图2-18b所示的相似斜线切削路线，也需计算粗车时终刀距 S，同样由相似三角形可得

$$\frac{\frac{D-d}{2}}{L}=\frac{a_p}{S}$$

$$S=\frac{L\times a_p}{\frac{D-d}{2}}$$

按此种加工路线，刀具切削运动的距离较短。

3. 斜线切削路线

按图2-18c所示的斜线切削路线，只需确定每次背吃刀量 a_p，而不需计算终刀距，编程方便。但在每次切削中背吃刀量是变化的，且刀具切削运动的路线较长。

二、恒线速度切削

在主轴为受控主轴的前提下，可通过G96设定恒线速度加工功能。G96功能生效后，主轴转速随当前加工工件直径（横向坐标轴）的变化而变化，从而始终保证刀具切削点处执行的切削线速度 S 为编程设定的常数，即主轴速度×直径=常数。

从 G96 程序段开始，地址 S 下的数值作为切削线速度处理。G96 为模态有效，直到被同组的其他 G 功能（G94、G95、G97）替代为止。

编程格式：

G96　S ____ LIMS = ____ F ____;　　　　设定恒线速度切削

G97;　　　　　　　　　　　　　　　　取消恒线速度切削

G96 段中各字地址的含义：S 代表切削速度，单位为 m/min；LIMS 代表主轴转速上限，单位为 r/min，只在 G96 中生效；F 代表旋转进给率，单位为 mm/r，与在 G95 中相同。

取消恒线速度切削用 G97 指令。如果 G97 指令生效，则地址 S 下的数值又恢复为 r/min。如果没有重新写地址 S，则主轴以原来 G96 功能生效时的转速旋转。G96 功能也可以用 G94 或 G95 指令（同一 G 功能组）取消。在这种情况下，如果没有写入新的地址 S，则主轴按在此之前最后编程的主轴转速旋转。

用恒线速度控制加工端面、锥面和圆弧时，容易获得内外一致的表面粗糙度，但由于 X 坐标值不断变化，当刀具逐渐移近工件旋转中心时，主轴转速就会越来越高，工件就有可能从卡盘中飞出。为了防止这种事故，有时不得不限制主轴的最高转速，可以用 G50 S 指令来达到此目的。

三、刀尖圆弧半径补偿

1. 理想刀具和实际刀具

理想刀具是具有理想刀尖的刀具。但实际使用的刀具，在切削加工中为了提高刀尖强度，降低加工表面粗糙度，通常在车刀刀尖处制有一圆弧过渡刃。一般不重磨刀片刀尖处均呈圆弧过渡，且有一定的半径值。即使是专门刃磨的“尖刀”，其实际状态还是有一定的圆弧倒角，不可能绝对是尖角。因此，实际上真正的刀尖是不存在的，这里所说的刀尖只是一“假想刀尖”，如图 2－19 所示。

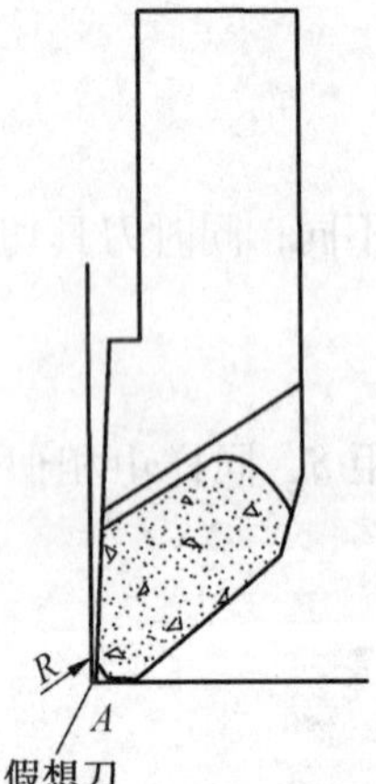

图 2－19　假想刀尖

2. 刀具半径补偿意义

数控程序是针对刀具上的某一点即刀位点，按工件轮廓尺寸编制的。车刀的刀位点一般为理想状态下的假想刀尖点或刀尖圆弧圆心点。但实际加工中的车刀，由于工艺或其他要求，刀尖往往不是一理想点，而是一段圆弧。当加工与坐标轴平行的圆柱面和端面轮廓时，刀尖圆弧并不影响其尺寸和形状，但当加工锥面、圆弧等非坐标方向轮廓时，由于刀具切削点在刀尖圆弧上变动，刀尖圆弧将引起尺寸和形状误差，造成少切或多切。这种由于刀尖不是一理想点而是一段圆弧造成的加工误差，可用刀尖圆弧半径补偿功能来消除，如图 2－20 所示。

3. 刀具半径补偿类型

（1）刀具半径左补偿。从垂直于加工平面坐标轴的正方向朝负方向看过去，沿刀具运动方向（假设工件不动）看，刀具位于工件左侧的补偿为刀具半径左补偿，用 G41 指令表示。

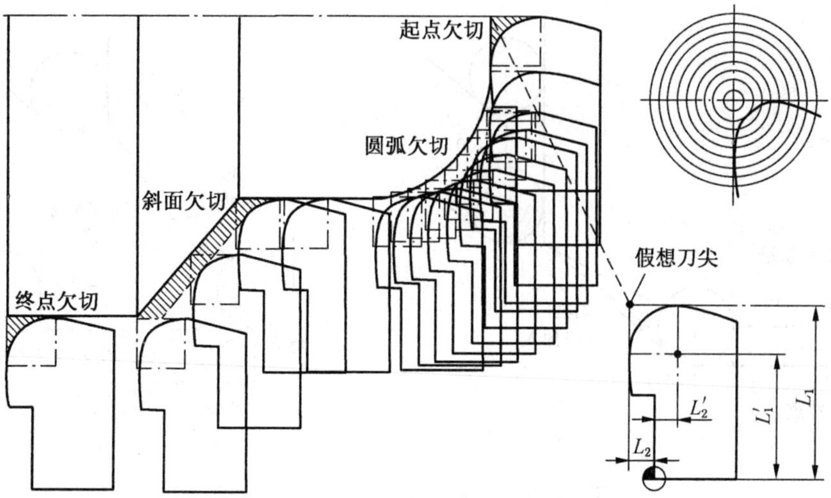

图 2－20　刀具半径补偿意义

（2）刀具半径右补偿。从垂直于加工平面坐标轴的正方向向负方向看过去，沿刀具运动方向（假设工件不动）看，刀具位于工件右侧的补偿为刀具半径右补偿，用 G42 指令表示。

4. 刀具半径补偿指令格式

$$\begin{Bmatrix} G40 \\ G41 \\ G42 \end{Bmatrix}\begin{Bmatrix} G00 \\ G01 \end{Bmatrix}X\_\_\_\ Z\_\_\_\ F\_\_\_;$$

5. 刀具半径补偿的执行过程

（1）刀具半径补偿的建立。刀具补偿的建立使刀具中心从与编程轨迹重合过渡到与编程轨迹偏离一个刀尖圆弧半径。刀补程序段内必须有 G00 或 G01 功能才有效，偏移量补偿必须在一个程序段的执行过程中完成，并且不能省略，如图 2－21a 所示。

（2）刀具半径补偿的执行。执行含 G41、G42 指令的程序段后，刀具中心始终与编程轨迹相距一个偏移量。G41、G42 指令不能重复规定使用，即在前面使用了 G41 或 G42 指令之后，不能再直接使用 G42 或 G41 指令。若想使用，则必须先用 G40 指令解除原补偿状态后，再使用 G42 或 G41，否则补偿就不正常了。

（3）刀具半径补偿的取消。在 G41、G42 指令的程序段后面，加入 G40 程序段即是刀具半径补偿的取消。如图 2－21b 表示取消刀具半径补偿的过程。刀具半径补偿取消 G40 程序段执行前，刀尖圆弧中心停留在前一程序段终点的垂直位置上，G40 程序段是刀具由终点退出的动作。

6. 车刀理论刀尖方向号

数控机床采用刀尖圆弧半径补偿进行加工时，如果刀具的刀尖形状和切削时所处的位置不同，刀具的补偿量与补偿方向也不同。因此假想刀尖的方位必须同偏置值一起提前设定。车刀假想刀尖的方向是从刀尖 R 中心看理论刀尖的方向，由刀具切削时的方向决定。系统用 T 表示假想刀尖的方向号，假想刀尖的方向与 T 代码之间的关系，如图 2－22 所

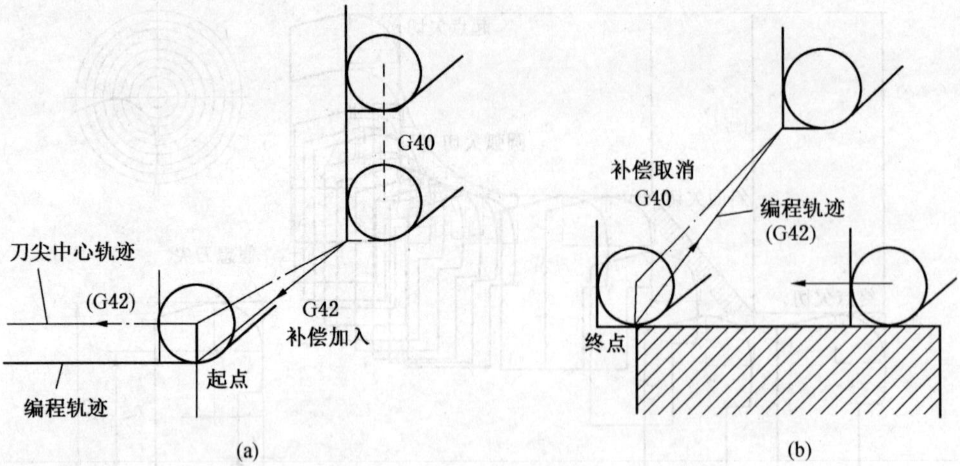

图2-21　刀具半径补偿的建立与取消

示。其中“·”代表刀具刀位点 A，“+”代表刀尖圆弧圆心 O。图 2-23 表示数控机床常用刀具的假想刀尖位置。

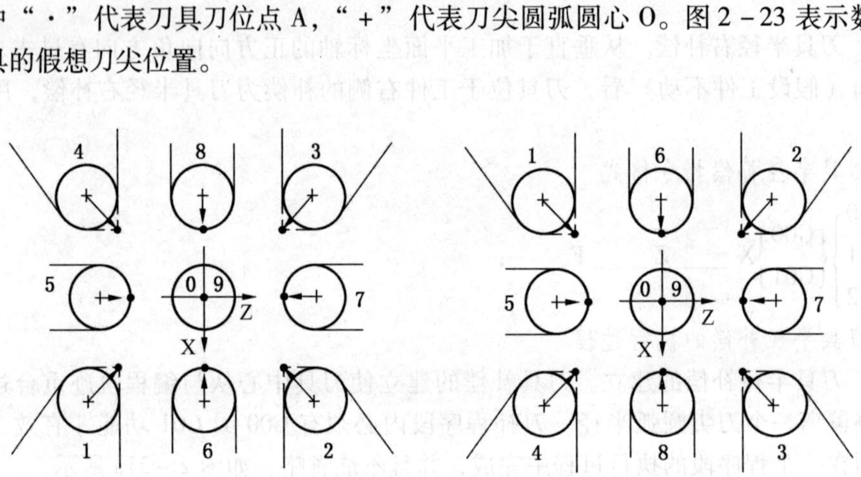

图2-22　车刀理论刀尖方向与编号

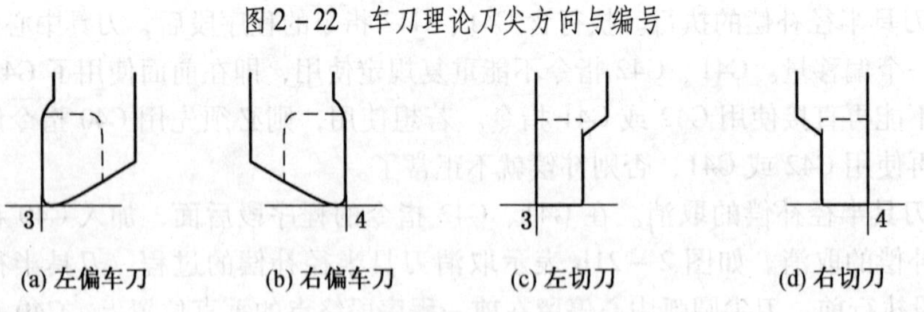

图2-23　数控机床常用刀具的假想刀尖位置

四、G90、G94 指令加工圆锥

（一）G90 指令

1. G90 指令功能

外圆车削循环加工圆锥面。

2. G90 指令格式

G90 指令格式为

G90 X(U)____Z（W）____R____F____;

其中，X、Z 代表刀具所要到达点的绝对坐标值；U、W 代表刀具终点坐标相对于起点坐标的增量值；F 为刀具的进给速度（进给量），应根据切削要求确定。R 代表被加工锥面的大、小端直径差的 1/2，即表示单边测量锥度差值；对外车削，锥度左大右小，R 值为负，反之为正；对内孔车削，锥度左小右大，R 值为正，反之为负。

3. G90 指令循环路径

该指令的意义是在刀具起点与指定的终点间形成一个封闭图形。刀具从起点先按 X 方向进给走一个循环，其中第一步和最后一步为 G00 动作方式，中间两步为 G01 动作方式，指令中的 F 字只对中间两步作用。如图 2－24 所示，按刀具进给方向，第一刀为 G00 动作方式；第二刀切削工件外圆锥面；第三刀切削工件端面；第四刀按 G00 方式快速退刀回到起点。

图 2－24 中 R 表示刀具快速运动，F 表示刀具按指定的工作进给速度运动。

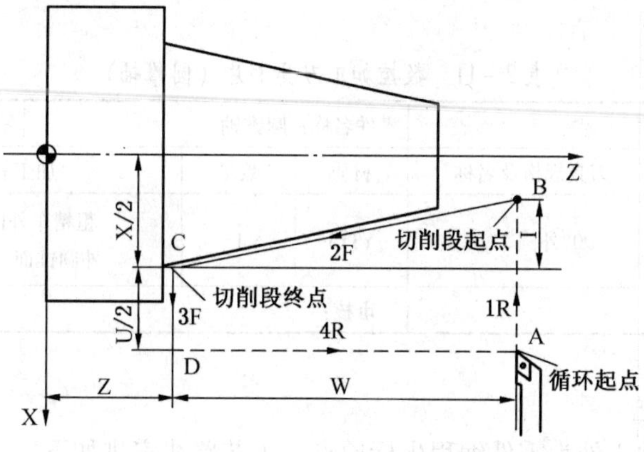

图 2－24 G90 指令循环路径

（二）G94 指令

1. G94 指令功能

端面车削循环加工圆锥面。

2. G94 指令格式

G94 指令格式为

G94 X(U)____ Z (W)____ R ____ F ____;

其中，X、Z代表刀具所要到达点的绝对坐标值；U、W代表刀具终点坐标相对于起点坐标的增量值；F为刀具的进给速度（进给量），应根据切削要求确定。R表示圆台高度，圆台直径左大右小，R为负值；圆台直径左小右大，则R为正值。

3. G94 指令注意事项

与G90指令加工锥度轴的意义有所区别，G94指令是在工件的端面上形成斜面，而G90指令是在工件的外圆上形成锥度。

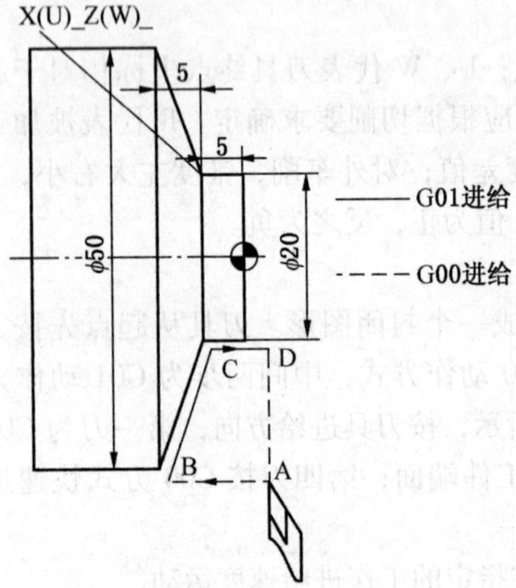

图2-25 G94 指令循环路径

4. G94 指令循环路径

G94指令循环路径如图2-25所示，刀具从循环起点A开始按A→B→C→D→A进行循环，最后又回到循环起点。

【任务实施】

一、加工工艺与程序设计

1. 零件装夹

工件伸出较短，使用普通三爪自定心卡盘装夹。

2. 选择刀具

根据图样要求，可选择可转位90°外圆车刀，材质为YT15。制定刀具卡片，见表2-11。

表2-11 数控加工刀具卡片（圆锥轴）

产品名称或代号：			零件名称：圆锥轴			零件图号：
序号	刀具号	刀具规格及名称	材质	数量	加工表面	备注
1	T01	90°外圆车刀	YT15	1	粗精车外圆柱面、外圆锥面、端面等	R0.2
编制：			审核：			

3. 确定加工工艺

以工件右端面轴心处为零件编程坐标原点，工艺路线安排如下：

（1）车削零件左端面。

（2）粗车 $\phi70$ mm 外圆，留精车余量0.5 mm。

（3）精车 $\phi70$ mm 外圆。

（4）工件调头，车右端面，保证总长尺寸。

（5）粗车外圆锥面和 $\phi60$ mm 外圆柱面。

（6）精车外圆锥面和 $\phi60$ mm 外圆柱面。

4. 制定加工工艺卡片

数控加工工艺卡片见表2-12。

表 2－12 数控加工工艺卡片（圆锥轴）

零件名称	圆锥轴	零件图号		工件材质	45 号钢	
工序号	程序编号	夹具名称		数控系统	车间	
1	O1235	三爪自定心卡盘		FANUC 0i		
工步号	工步内容	刀具号	主轴转速/（$r \cdot min^{-1}$）	进给量/（$mm \cdot r^{-1}$）	背吃刀量/mm	备注
1	车削零件左端面	T01	800	0.15	1	自动
2	粗车 ϕ70 mm 外圆	T01	800	0.2	1.5	自动
3	精车 ϕ70 mm 外圆	T01	1200	0.1	0.5	自动
4	掉头车右端面，保证总长	T01	800	0.15	1	自动
5	粗车外圆锥面和 ϕ60 mm 外圆柱面	T01	800	0.15	1	自动
6	精车外圆锥面和 ϕ60 mm 外圆柱面	T01	1200	0.1	0.5	自动

5. 程序设计

下面用 FANUC 0i 系统的 G90、G94 指令和 SIEMENS 802D 系统的 CYLCE95 指令分别编写本任务的加工程序，见表 2－13 至表 2－15。

表 2－13 用 G90、G94 切削循环指令加工圆锥轴程序

加工程序	程序说明
O1235；	程序名
M03 S800 T0101；	主轴正转，转速为 800 r/min，选择 1 号刀 1 号刀补
G00 X76.0 Z2.0；	刀具快速移动到循环起点
G94 X－1.0 Z1.0 F0.15；	G94 切削循环车削工件左端面
Z0；	
G90 X71.0 Z－30.0 F0.2；	粗车 ϕ70 mm 外圆，留精加工余量 1mm
X70.0 S1200 F0.1；	精车 ϕ70 mm 外圆
G00 X100.0 Z100.0；	退刀
M05；	主轴停止
M00；	程序暂停，测量，工件调头
M03 S800；	主轴正转，转速为 800 r/min
G00 X76.0 Z2.0；	刀具快速移动到循环起点
G94 X－1.0 Z1.0 F0.15；	G94 切削循环车削工件右端面
Z0；	
G90 X71.0 Z－50.0 F0.15	G90 粗车 ϕ60 mm 外圆
X67.0；	
X64.0；	
X61.0；	

表2-13（续）

加工程序	程序说明
G90 X58.0 Z-30.0 R-10.0 F0.15;	G90 粗车外圆锥面
X55.0.0;	
X52.0;	
X51.0;	
G00 X40.0 Z2.0 S1200;	精车外圆锥面和 ϕ60 mm 外圆柱面
G01 Z0 F0.1;	
X60.0 Z-30.0;	
Z-50.0;	
X72.0;	
G00 X100.0 Z100.0;	退刀
M05;	主轴停止
M30;	程序结束，光标返回程序开始处

表2-14 用 SIEMENS 802D 系统 CYCLE95 指令加工圆锥轴程序

加工程序	程序说明
SKC202.MPF	程序名
G40 G95 G97 G21	设置初始化
T01D1 S800 M03 F0.2	主轴正转，转速为 800 r/min，选择 1 号刀 1 号刀补
G00 X76.0 Z2.0	刀具快速接近工件
Z0	Z 向进刀
G01 X-1.0 F0.15	车左端面
G00 Z2.0	Z 向退刀
X71.0	X 向退刀并定位于粗车外圆位置
G01 Z-30.0 F0.15	粗车 ϕ70 mm 外圆
X76.0	X 向退刀
G00 Z2.0	Z 向退刀
X70.0	X 向进刀
G01 Z-30.0 F0.1 S1200	精车 ϕ70 mm 外圆
X76.0	X 向退刀
G00 Z2.0	Z 向退刀
M05	主轴停止
M00	程序暂停，测量，工件调头
M03 S800	主轴正转，转速为 800 r/min
G00 X76.0 Z2.0	刀具快速接近工件

表 2-14（续）

加工程序	程序说明
Z0	Z 向进刀
G01 X-1.0 F0.15	车右端面
G00 Z2.0	Z 向退刀
X72.0	X 向退刀并定位于循环起点
CYCLE95（“BB202”，1.5，0.05，0.5，，0.2，0.1，0.1，9，，，0.5）	调用毛坯外圆循环，设置加工参数，子程序见表 2-15
G00 X100.0 Z100.0	退刀
M05	主轴停止
M30	程序结束，光标返回程序开始处

表 2-15 用 SIEMENS 802D 系统 CYCLE95 指令加工圆锥轴右端轮廓子程序

加工程序	程序说明
BB202.SPF	子程序名
G00 X40.0	X 向进刀
G01 Z0	Z 向进刀
X60.0 Z-30.0	加工外圆锥面
Z-50.0	加工 ϕ60 mm 外圆
X72.0	X 向退刀
M17	子程序结束

二、圆锥轴的加工

（一）工件与刀具的安装

工件装夹在自定心卡盘上，采用三爪持（或一夹一顶），装夹要牢固。车刀安装时不宜伸出过长，刀尖高度应与机床中心等高。

（二）对刀并输入刀补值

用车刀分别试车工件外圆和端面，测量后输入对应的刀补值，对刀结束。

（三）数控加工与精度控制

1. 加工

首件加工应单段运行，通过机床控制面板上的“倍率选择”按钮修正加工参数，然后自动运行加工。当程序暂停时，可以检测加工尺寸，以保证精度要求。

2. 精度控制

加工过程中，各尺寸精度都要保证在公差范围之内，如出现误差可采用刀补修正法进行修正。

（四）零件检测

（1）修整工件，去毛刺等。

（2）尺寸精度检测：用游标卡尺测量零件总长及 50 mm 尺寸，用外径千分尺测量 ϕ70 mm、ϕ60 mm 外圆尺寸。

（3）表面质量检测：用粗糙度样板对比检测零件加工表面质量。

【任务评价】

小组名称：________　　　　学生姓名：________

评价内容		分值	自我评价（30%）	小组评价（30%）	教师评价（40%）
1	外圆尺寸	20			
2	长度尺寸	10			
3	圆锥尺寸	10			
4	表面粗糙度	10			
5	程序正确、完整	6			
6	程序格式规范	3			
7	工艺合理	5			
8	程序参数选择合理	5			
9	指令选用合理	5			
10	零件装夹合理	3			
11	刀具选择及安装正确	3			
12	对刀及坐标系设定正确	3			
13	机床面板操作正确	4			
14	意外情况处理合理	3			
15	团结协作	5			
16	遵守纪律情况	5			
17	安全文明生产	5			
总评					

知识拓展

圆锥尺寸的检测

一、用卡钳和千分尺检测

圆锥精度要求较低及加工中粗测圆锥尺寸时，可以使用卡钳和千分尺测量。测量时必须注意使卡钳脚或千分尺测量杆与工件的轴线垂直，测量位置必须在锥体的最大端处或最小端处。

二、用圆锥套规检测

根据工件的直径尺寸和公差，圆锥套规上小端处开有轴向距离的缺口（图 2－26），表示通端与止端。检测时，锥体的小端平面在缺口之间，说明小端直径尺寸合格，如图

2－26a 所示；若锥体未能进入缺口，说明小端直径大了，如图 2－26b 所示；若锥体小端平面超过了止端，说明其小端直径小了，如图 2－26c 所示。

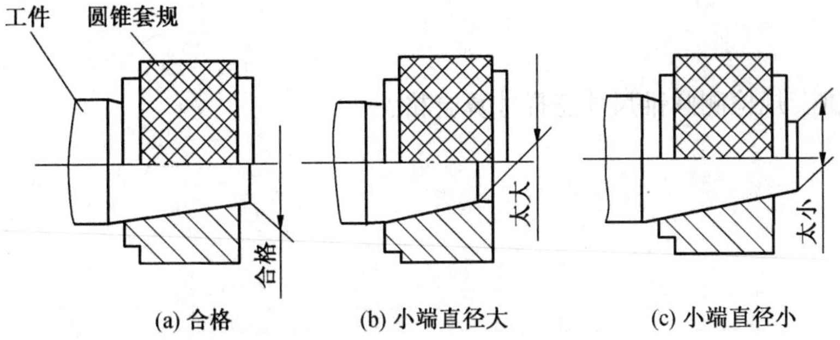

图 2－26　用圆锥套规检测外圆锥尺寸

用圆锥套规检测外圆锥时，要求工件和套规表面清洁，工件外圆锥表面粗糙度值 Ra 小于 3.2 μm 且无毛刺。检测时，首先在工件表面顺圆锥素线薄而均匀地涂上周向均等的三条显示剂（印油、红丹粉、机油的调和物等）；然后手握套规轻轻地套在工件上，稍加轴向推力，并将套规转动半圈；最后取下套规，观察工件表面显示剂擦去的情况。若三条显示剂全长擦痕均匀，表面圆锥接触良好，说明锥度正确；若小端擦着，大端未擦去，说明圆锥角小了；若大端擦着，小端未擦去，说明圆锥角大了。

【思考与练习】

一、填空题

1. 加工圆锥的进给路线有____________、____________、____________。

2. 车削圆锥面时，当刀尖装得高于工件中心时，会产生____________误差。

3. 指令“G90　X ____ Z ____ R ____ F ____”中 R 值的大小为圆锥面切削____________的半径差。

二、判断题

1. 圆锥精度要求较低及加工中粗测圆锥尺寸时，可以使用卡钳和千分尺测量。(　　)

2. G50 指令不能限制主轴的最高转速。(　　)

3. G41 表示刀具半径右补偿，G42 表示刀具半径左补偿。(　　)

4. 恒线速控制的原理是当工件的直径越大，主轴速度越慢。(　　)

5. G96　S100 表示切削速度是 100 m/min。(　　)

三、问答题

1. 为什么要进行刀尖圆弧半径补偿?

2. 锥度检验的方法有哪几种？

3. 用圆锥套规检测圆锥尺寸怎样才算合格？

任务三　多阶台轴加工

【任务描述】

本任务加工图 2－27 所示的多阶台轴，该零件毛坯尺寸为 ϕ140 mm × 150 mm，材料为 45 号钢，生产类型为单件或小批量生产，无热处理工艺要求。下面以该零件为例，试正确设定工件坐标系，制定加工工艺方案，选择合理的刀具和切削工艺参数，正确编制数控加工程序并完成零件的加工。

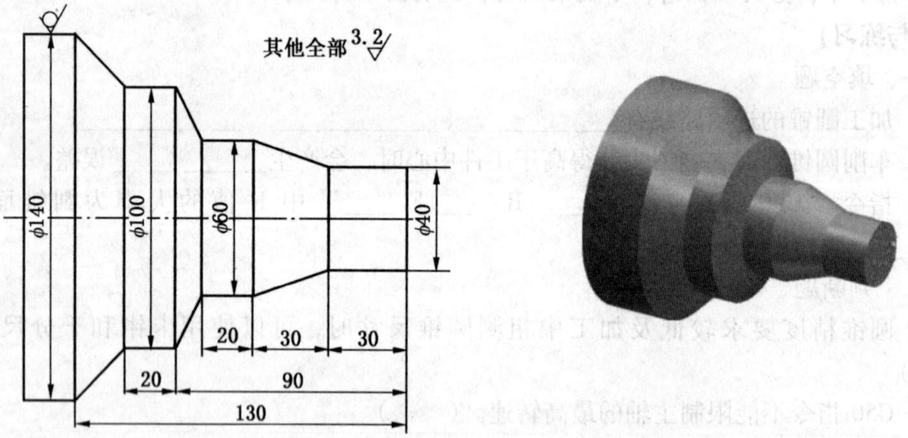

图 2－27　多阶台轴

【任务分析】

该零件 ϕ140 mm 的外圆不用车削加工，其余的外圆精度要求不高，表面粗糙度全部为 *Ra*3.2，外圆端面加工较为简单，注意保证精度要求即可。该零件如用 G01 或 G90 指令加工，编程、计算比较烦琐，所以采用 G71 粗车复合固定循环指令，用该指令编程可使程序简短。如果用的是 SIEMENS 802D 系统，则用毛坯切削循环指令 CYCLE95 编程。通过学习本任务内容，可掌握多阶台轴零件的数控加工工艺知识，常用指令（G71、

CYCLE95）功能、格式、注意事项及零件加工与质量分析。

【相关知识】

一、G71 指令

1. G71 指令功能

G71 为外径粗车循环指令。该指令适用于圆柱毛坯料外径的粗车和圆筒毛坯料内径的粗车。

2. G71 指令格式

G00（G01） Xα Zβ；

G71 U（Δd） R（Δe）；

G71 P（Ns） Q（Nf） U（Δu） W（Δw） F（f） S（s） T（t）；

指令格式中，α、β 代表粗车循环起点的坐标值。α、β 值的确定：粗车外径时，α 值应比毛坯直径稍大 1～2 mm，β 值应离毛坯右端面 2～3 mm；粗镗内孔时，α 值应比筒料内径稍小，β 值应离毛坯右端面 2～3 mm。

U（Δd）代表径向背吃刀量（径向切削深度），半径值，单位为 mm。R（Δe）代表径向退刀量，半径值，单位为 mm。P（Ns）代表精车加工程序第一个程序段的顺序号。Q（Nf）代表精车加工程序最后一个程序段的顺序号。U（Δu）代表 X 轴方向（外径）精加工余量（直径设定）。W（Δw）代表 Z 轴方向（端面）精加工余量。

粗车时 F、S、T 仅在 G71 程序段中设定有效，在精车加工程序段设定无效。

3. G71 指令循环路径

外径粗车循环 G71 的进给路线如图 2－28 所示。图中 A 点是粗车循环的起点，AC 在 X 方向的投影长度为径向精车余量 u/2，在 Z 方向的投影长度为轴向精车余量 W。E 是径向退刀量，R 表示快速进给，F 表示切削进给。

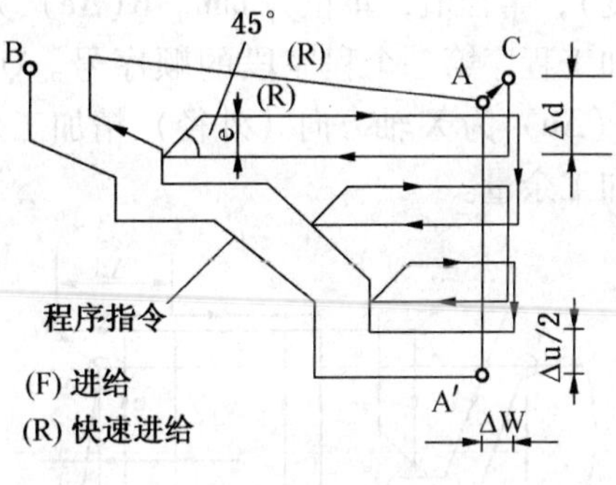

图 2－28 外径粗车循环 G71 的进给路线

4. G71 指令注意事项

（1）在 Ns 和 Nf 之间的程序段不能调用子程序。

（2）在粗车循环期间，刀尖半径补偿功能无效。但如果假想刀尖编号为 0 或 9，则刀尖半径补偿值会加到相应的 U、W 坐标方向上。

（3）在 Ns 和 Nf 之间程序段中指定的 G96 和 G97 功能及 F、S、T 无效，而在 G71 指令中或之前程序段指定的这些功能有效。

（4）在 Ns 程序段（即精车循环开始的程序段）中用 G00 或 G01 指定刀具运动，且在该程序段中不能指定沿 Z 轴方向的移动，即车削循环过程是平行于 Z 轴方向的。

二、G70 指令

1. G70 指令功能

G70 为精车循环指令。当用粗车循环指令 G71、G72、G73 粗车工件后，可用 G70 来指定精车循环，切除粗加工中留下的余量。

2. G70 指令格式

G70　P(Ns)　Q(Nf)；

指令格式中，P(Ns) 代表精车加工程序第一个程序段的顺序号；Q(Nf) 代表精车加工程序最后一个程序段的顺序号。

3. G70 指令注意事项

（1）精车过程中的 F、S、T 在 Ns 和 Nf 之间的程序段中指定。

（2）在精车循环期间，刀尖半径补偿功能有效。

（3）在 Ns 和 Nf 之间的程序段不能调用子程序。

三、G72 指令

1. G72 指令功能

G72 为端面粗车循环指令。该指令适用于圆柱棒料毛坯端面方向粗车。

2. G72 指令格式

G00　(G01)　Xα　Zβ；

G72　U(Δd)　R(Δe)；

G72　P(Ns)　Q(Nf)　U(Δu)　W(Δw)　F(f)　S(s)　T(t)；

指令格式中，α、β 代表粗车循环起点的坐标值。U(Δd) 为轴向背吃刀量（切削深度），半径值，单位为 mm。R(Δe) 为径向退刀量，半径值，单位为 mm。P(Ns) 为精车加工程序第一个程序段的顺序号。Q(Nf) 为精车加工程序最后一个程序段的顺序号。U(Δu) 为 X 轴方向（外径）精加工余量（直径设定）。W(Δw) 为 Z 轴方向（端面）精加工余量。

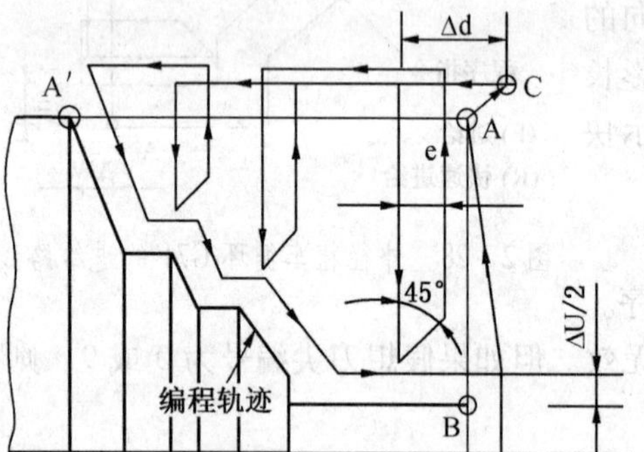

图 2－29　端面粗车循环 G72 的进给路线

粗车时 F、S、T 仅在 G72 程序段中设定有效，在精车加工程序段设定无效。

3. G72 指令循环路径

端面粗车循环 G72 的进给路线如图 2－29 所示。

4. G72 指令注意事项

（1）在 Ns 和 Nf 之间的程序段不能调用子程序。

（2）在粗车循环期间，刀尖半径补偿功能无效。但如果假想刀尖编号为 0 或 9，则刀尖半径补偿值会加到相应的 U、W 坐标方向上。

（3）在 Ns 和 Nf 之间程序段中指定的 G96 和 G97 功能及 F、S、T 无效，而在 G71 指令中或之前程序段指定的这些功能有效。

（4）在 Ns 程序段（即精车循环开始的程序段）中用 G00 或 G01 指定刀具运动，且在该程序段中不能指定沿 X 轴方向的移动，即车削循环过程是平行于 X 轴方向的。

【任务实施】

一、加工工艺与程序设计

1. 零件装夹

工件较长，使用普通三爪自定心卡盘（一夹一顶）。

2. 选择刀具

该零件结构简单，工件材料为45号钢，尺寸精度和表面粗糙度要求不高，可选择可转位90°外圆车刀，材质为YT15。制定刀具卡片，见表2－16。

表2－16　数控加工刀具卡片（多阶台轴）

产品名称或代号：			零件名称：多阶台轴		零件图号：	
序号	刀具号	刀具规格及名称	材质	数量	加工表面	备注
1	T01	90°外圆车刀	YT15	1	粗精车外圆柱面、外圆锥面、端面等	R0.2
编制：			审核：			

3. 确定加工工艺

以工件右端面轴心处为零件编程坐标原点，工艺路线安排如下：

（1）车削零件右端面。

（2）粗车阶台轴 ϕ70 mm 外圆，留精车余量 0.5 mm。

（3）精车阶台轴 ϕ70 mm 外圆。

4. 制定加工工艺卡片

数控加工工艺卡片见表2－17。

表2－17　数控加工工艺卡片（多阶台轴）

零件名称	多阶台轴	零件图号		工件材质	45号钢	
工序号	程序编号	夹具名称		数控系统	车间	
1	O1236	三爪自定心卡盘		FANUC 0i		
工步号	工步内容	刀具号	主轴转速/（$r \cdot min^{-1}$）	进给量/（$mm \cdot r^{-1}$）	背吃刀量/mm	备注
1	车削零件右端面	T01	800	0.15	1	自动
2	粗车阶台轴	T01	800	0.3	1.5	自动
3	精车阶台轴	T01	1200	0.1	0.5	自动

5. 程序设计

下面用FANUC 0i系统的G71、G70指令和SIEMENS 802D系统的CYLCE95指令分别编写本任务的加工程序，见表2－18至表2－20。

表 2-18　用 G71、G70 切削循环指令加工多阶台轴程序

加 工 程 序	程 序 说 明
O1236;	程序名
M03　S800　T0101;	主轴正转，转速为 800 r/min，选择 1 号刀 1 号刀补
G00　X142.0　Z2.0;	刀具快速接近工件
Z0;	Z 向进刀
G01　X-1.0　F0.15;	车右端面
G00　Z2.0;	Z 向退刀
X40.0;	X 向退刀
G00　X142.0　Z2.0;	刀具快速移动到循环起点
G71　U1.5　R1.0;	粗车循环，背吃刀量为 1.5 mm，退刀量为 1 mm
G71　P10　Q11　U1.0　W1.0　F0.3;	精加工余量径向为 1 mm，轴向 1 mm
N10　G00　X40.0　S1200;	程序段号 N10~N11 定义精车循环刀具轨迹
G01　Z-30.0　F0.1;	
X60.0　W-30.0;	
W-20.0;	
X100.0　W-10.0;	
W-20.0;	
N11　X140.0　W-20.0;	
G70　P10　Q11;	定义精车循环
G00　X200.0　Z200.0;	退刀
M05;	主轴停止
M30;	程序结束

表 2-19　用 SIEMENS 802D 系统 CYCLE95 指令加工多阶台轴程序

加 工 程 序	程 序 说 明
SKC203.MPF	程序名
G40　G95　G97　G21	设置初始化
T01D1　S800　M03	主轴正转，转速为 800 r/min，选择 1 号刀 1 号刀补
G00　X142.0　Z2.0	刀具快速接近工件
Z0	Z 向进刀
G01　X-1.0　F0.15	车右端面
G00　Z2.0	Z 向退刀
X40.0	X 向退刀
G00　X142.0　Z2.0	
CYCLE95 (“BB203”, 1.5, 0.05, 0.5,, 0.2, 0.1, 0.1, 9,,, 0.5)	调用毛坯外圆循环，设置加工参数，子程序见表 2-20，先进行粗加工，再进行精加工

表2-19（续）

加工程序	程序说明
G00 X100.0 Z100.0	退刀
M05	主轴停止
M30	程序结束，光标返回程序开始处

表2-20 用SIEMENS 802D系统CYCLE95指令加工多阶台轴右端轮廓子程序

加工程序	程序说明
BB203.SPF	子程序名
G00 X40.0	X向进刀
G01 Z-30	Z向进刀
X60.0 Z-60.0	加工外圆锥面
Z-80.0	加工 $\phi60$ mm外圆
X100.0 Z-90.0	加工外圆锥面
Z-110.0	加工 $\phi100$ mm外圆
X140.0 Z-130.0	加工外圆锥面
X142.0	X向退刀
M17	子程序结束

二、多阶台轴的加工

（一）工件与刀具的安装

工件装夹在自定心卡盘上，采用三爪持（或一夹一顶），装夹要牢固。车刀安装时不宜伸出过长，刀尖高度应与机床中心等高。

（二）对刀并输入刀补值

用车刀分别试车工件外圆和端面，测量后输入对应的刀补值，对刀结束。

（三）数控加工与精度控制

1. 加工

首件加工应单段运行，通过机床控制面板上的“倍率选择”按钮修正加工参数，然后自动运行加工。当程序暂停时，可以检测加工尺寸，以保证精度要求。

2. 精度控制

加工过程中，各尺寸精度都要保证在公差范围之内，如出现误差可采用刀补修正法进行修正。

（四）零件检测

（1）修整工件，去毛刺等。

（2）尺寸精度检测：用外径千分尺测量 $\phi40$ mm、$\phi60$ mm、$\phi100$ mm外圆尺寸。

（3）表面质量检测：用粗糙度样板对比检测零件加工表面质量。

知识拓展

程序断点加工方法

(1) 数控加工中若发生断刀或报警等事件导致加工不能持续下去，应中断程序运行。可按下机床面板的“进给保持”键或“急停”开关。[一般不应按下 reset 键（即复位键），因为有些数控机床的 reset 键会造成加工信息——当前的绝对坐标值和行号丢失，导致中断加工时的断点信息因系统复位而不复存在。]

(2) 抄下控制器面板上有关中断时的断点信息：当前的行号、绝对坐标值及刀号。当机床再次启动时，刀具直接从再加工位置处开始加工。由于从再加工位置到中断点之间的表面已被加工过，再次执行相应的 NC 程序并不会切削到工件表面，而是紧贴工件表面平稳过渡到再加工位置处才开始真正的加工，从而保证良好的加工精度。

【思考与练习】

一、填空题

G71 指令功能是____________，G70 指令功能是____________。

二、选择题

1. G71　U(Δd)　R(Δe)；

P(Ns)　Q(Nf)　U(Δu)　W(Δw)　F(f)　S(s)　T(t)中的 Δd 表示（　　）。

A. Z 方向精加工余量　　B. X 方向精加工余量

C. 每刀切削深度

2. 切削用量中，对刀具寿命影响最大的是（　　）。

A. 切削速度

B. 背吃刀量

C. 进给量

三、编程题

试编写图 2－30 所示零件的加工程序。

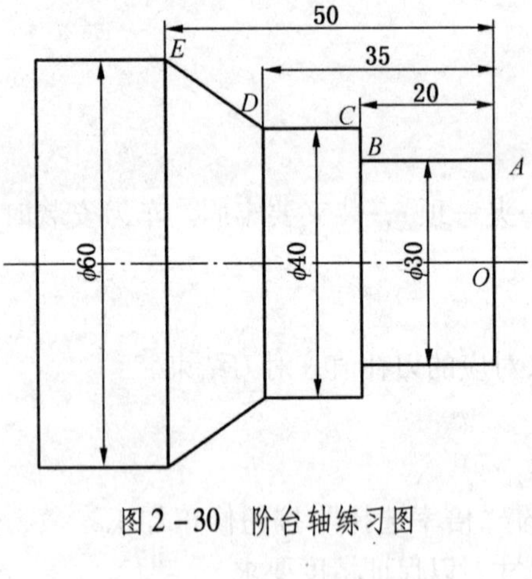

图 2－30　阶台轴练习图

任务四　槽类零件加工

【任务描述】

数控机床轴类零件的加工除了圆柱面、圆锥面还有槽的加工。图 2－31 所示为一槽类零件，毛坯尺寸为 ϕ42 mm×75 mm，材料为 45 号钢，生产类型为单件或小批量生产，无热处理工艺要求。下面以该零件为例，试正确设定工件坐标系，制定加工工艺方案，选择合理的刀具和切削工艺参数，正确编制数控加工程序并完成零件的加工。

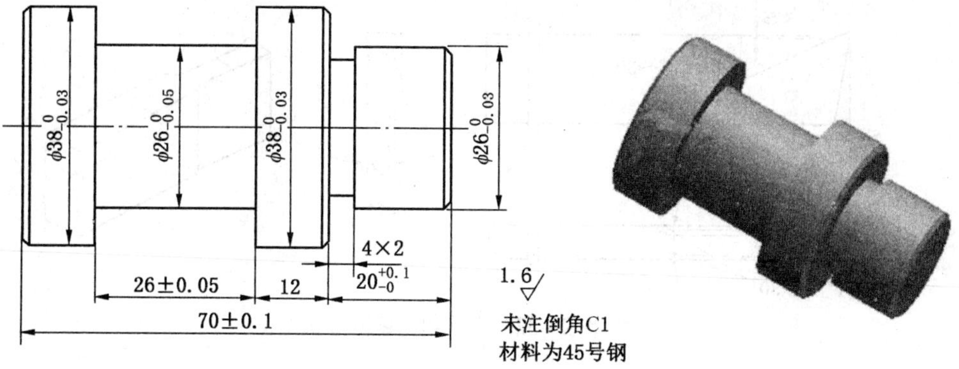

图 2-31 槽类零件

【任务分析】

对该零件的整体加工尺寸精度及表面质量要求较高，编制加工工序时，应按粗精加工分开的原则进行编制。先夹住毛坯外圆，粗、精加工零件右端轮廓，然后调头夹住 $\phi26$ mm 外圆，加工零件左端轮廓。调头装夹时，应使 $\phi38$ mm 右端面离开卡爪端面一段距离（防止加工时刀具与卡爪相撞），并用百分表找正。4 mm×2 mm 槽可用 G01 指令编程加工，宽槽的加工如用 G01 指令编程则程序段复杂，编程容易出错，用循环指令 G75 来编制加工程序更简洁。如果用的是 SIEMENS 802D 系统，则用切槽循环指令 CYCLE93 编程。

【相关知识】

一、切槽、切断刀的几何参数

切槽刀的几何参数，前角 $\gamma_0=5°\sim20°$，主后角 $\alpha_0=6°\sim8°$，两个副后角 $\alpha_1=1°\sim3°$，主偏角 $K_r=90°$，两个副偏角 $K_r'=1°\sim1.5°$。

切槽刀的刀头部分长度＝槽深＋(2～3)mm，刀宽根据需要刃磨。

切槽刀主切削刃与两侧副切削刃之间应对称平直。

切断刀以横向进给为主，前端的切削刃为主切削刃，两侧的切削刃为副切削刃。一般切断刀的主切削刃较窄，刀头较长，所以刀头强度较差。常见的切断刀有高速钢切断刀（图 2-32）和硬质合金切断刀（图 2-33）。

车槽刀的底平面应平整，以保证两个副后角对称。

二、径向槽加工工艺

1. 窄槽加工工艺

如图 2-34 所示，加工窄槽用 G01 指令直进切削。精度要求较高时，切槽至尺寸后，用 G04 指令使刀具在槽底停留几秒钟，以光整槽底。

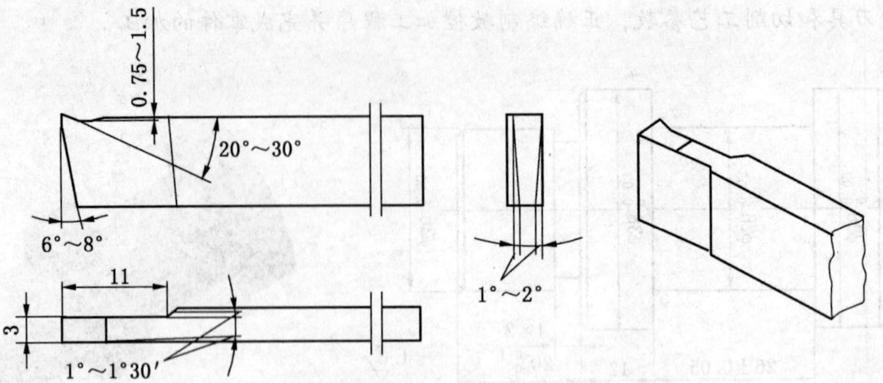

图 2－32　高速钢切断刀

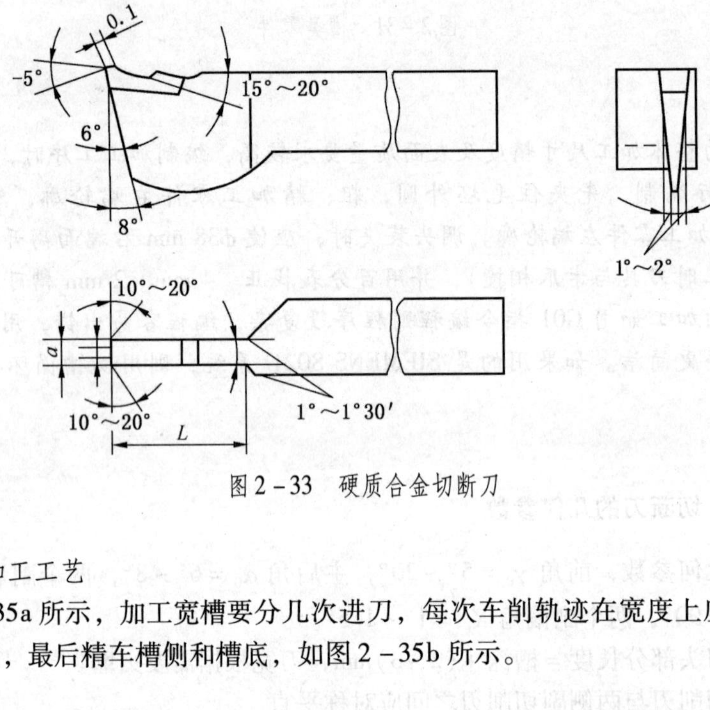

图 2－33　硬质合金切断刀

2. 宽槽加工工艺

如图 2－35a 所示，加工宽槽要分几次进刀，每次车削轨迹在宽度上应略有重叠，并留精加工余量，最后精车槽侧和槽底，如图 2－35b 所示。

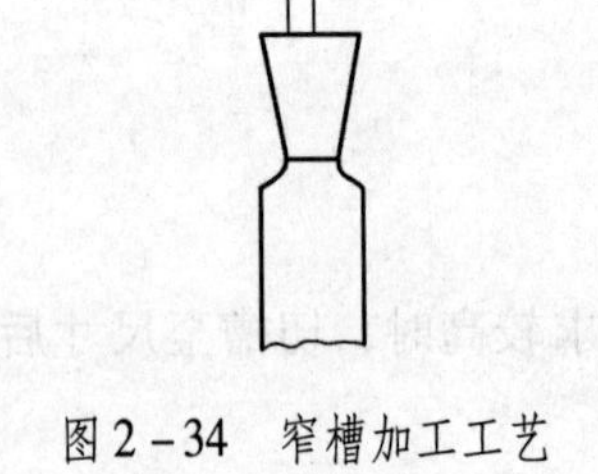

图 2－34　窄槽加工工艺

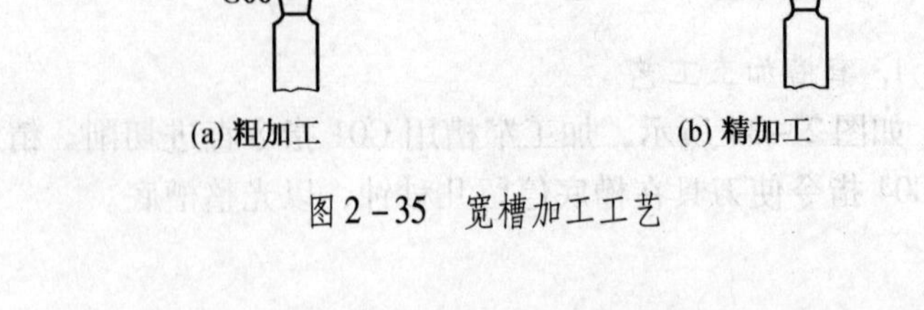

(a) 粗加工　(b) 精加工

图 2－35　宽槽加工工艺

3. 多槽加工工艺

多槽的加工为了编程方便可以用子程序。

三、G75 指令

1. G75 指令功能

G75 指令为外径/内径切槽循环指令。该指令可以实现 X 轴向切槽、X 轴向排屑钻孔（此时忽略 Z、W 和 Q）。

2. G75 指令格式

G00 Xα Zβ;

G75 R（e）;

G75 X（U）____ Z（w）____ P（Δi） Q（Δk） R（Δd） F（f）;

指令格式中，α_1、β_1 为切槽循环起始点的坐标值。α_1 应比槽口最大直径大 2 ~ 3 mm，以免刀具快速移动时发生撞刀；β_1 与切槽起始位置从左侧或右侧开始有关。

α_2 为槽底直径。β_2 为切槽时的 Z 向终点坐标，与切槽起始位置有关。e 为切槽过程中径向的退刀量，半径值，单位为 mm。Δi 为切槽过程中径向的每次切入量，半径值，单位为 μm。Δk 为沿径向切完一个刀宽后退出，在 Z 向的移动量，单位为 μm，但注意其值应小于刀宽。Δd 为刀具切到槽底后，在槽底 Z 方向的退刀量，单位为 μm，但注意尽量不要设置数值，即最好取 0，以免断刀。

3. G75 指令示例

采用 G75 切槽循环指令的例子如图 2－36 所示，参考程序见表 2－21。

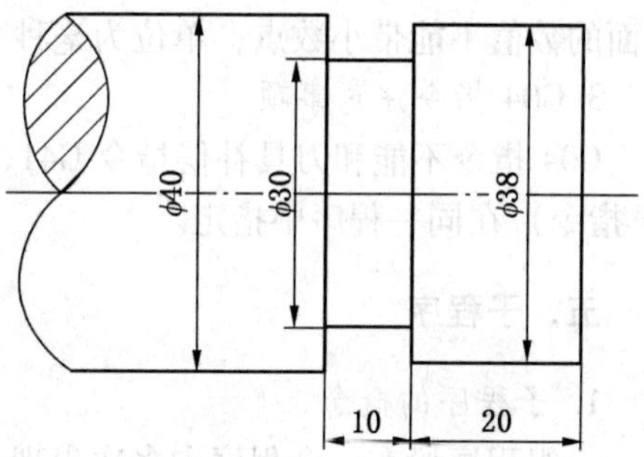

图 2－36 G75 切槽例图

表 2－21 参 考 程 序

程 序	说 明
O2009;	程序号
M03 S800 T0101;	正转启动，转速为 800 r/min，1 号刀补
G00 X42.0 Z2.0;	快速走刀至循环起点
G90 X38.1 Z－30.0 F0.2;	用 G90 指令粗车外圆
X38.0 S1200 F0.1;	精车外圆
G00 X100.0 Z100.0	退刀
T0202 S600	换 2 号刀，调 2 号刀补（刀宽 4 mm）
G00 X42.0 Z－30.0	快速走刀至切槽循环起点
G75 R0.2	切槽，指定径向退刀量
G75 X30.0 Z－24.0 P500 Q3500 R0 F0.2	指定槽底、槽宽及加工参数

表2-21（续）

程　序	说　明
G00　X100.0	切槽完毕，沿径向快速退出
Z100.0	刀具沿轴向退刀
M05；	主轴停止
M30；	程序结束

四、G04 指令

1. G04 指令功能

G04 指令为暂停延时指令。一般用于钻镗孔加工到达底部保证孔底质量或加工要求较高的零件轮廓，如车槽、镗平面等场合。

2. G04 指令格式

G04　X（P）____；

指令格式中，X（P）指延时时间，X 后面的数值必须带小数点，单位为秒（s）；P 后面的数值不能带小数点，单位为毫秒（ms）。

3. G04 指令注意事项

G04 指令不能和刀具补偿指令 G41、G42 在同一程序中指定，也不能和进给功能指令（F 指令）在同一程序中指定。

五、子程序

1. 子程序的概念

一组程序段在一个程序中多次出现，或者几个程序都要使用它，我们将这样一组程序段单独加以命名，做成固定的程序，这组程序段称为子程序。

说明：子程序一般不可以作为独立的加工程序使用，只能通过主程序进行调用，实现加工中的局部动作。子程序结束后，能自动返回调用它的主程序中。

2. 子程序的结构

O　□□□□；　　　子程序号［或者在 ISO 的情况下用冒号（：）］

M99；　　　　　程序结束

3. 子程序调用

格式：M98　P××××××××

例　M98　P50010；

　　M98　P0500；

说明：①地址 P 后面的八位数中，前四位表示调用次数，后四位表示子程序号；②调用次数前的 0 可以省略不写，但子程序号前的 0 不可省略；③当不指定重复次数时，子程序只调用一次；④一个调用指令可以重复调用子程序最多达 9999 次。

4. 子程序的嵌套

为了进一步简化加工程序，可以允许子程序再调用另一个子程序，这一功能称为子程序的嵌套。

当主程序调用子程序时，该子程序被认为是一级子程序，FANUC 0i 系统中的子程序允许 4 级嵌套。

例如：加工图 2－37 所示零件，已知毛坯直径为 32 mm，长度为 50 mm，一号刀为外圆车刀，二号刀为切断刀，其宽度为 2 mm，加工程序如下：

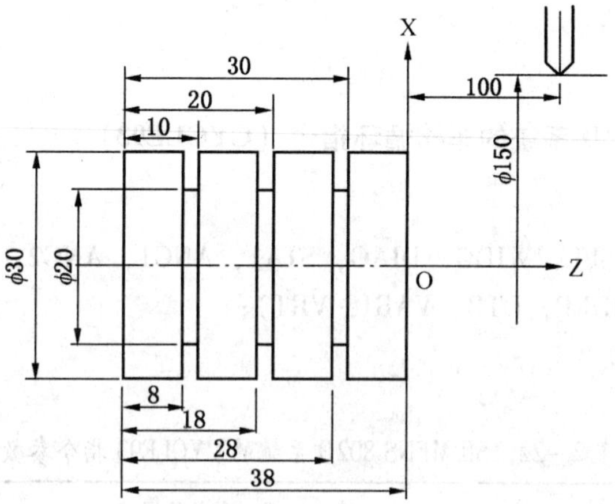

图 2－37 子程序切槽例图

主程序

```
O0010;
N10   G50   X150.0   Z100.0;
N20   G50   S1800;
N30   G00   G96   S150   T0101;
N40   M03;
N50   M08;
N60   X35.0   Z0;
N70   G98   G01   X0.   F100;（车右端面）
N80   G00   Z2.0;
N90   X30.0;
N100   G01   Z－40.0   F100;（车外圆）
N110   G00   X150.0   Z100.0   T0202;
N120   X32.0   Z0;
N130   M98   P0031008;（切三槽）
N140   G00   W－100;
N150   G01   X0   F60;（切断）
N160   G04   X2.0;（暂停 2 s）
N170   G00   X150.   Z100.0;
```

```
N180  M30;
```

子程序

```
O1008;
N300  G00  W-10.0;
N310  G98  G01  U-12.0  F60;
N320  G04  X1.0;
N330  G00  U12.0;
N340  M99;
```

六、SIEMENS 802D 系统的车槽循环指令（CYCLE93）

1. 指令格式

CYCLE93（SPD，SPL，WIDG，DIAG，STA1，ANG1，ANG2，RCO1，RCO2，RCI1，RCI2，FAL1，FAL2，IDEP，DTB，VARI，VRT）；

其参数见表 2-22。

表 2-22　SIEMENS 802D 系统的 CYCLE93 指令参数

参数	功能、含义及规定
SPD	横向坐标轴起始点，直径值
SPL	纵向坐标轴起始点
WIDG	切槽宽度，无符号
DIAG	切槽深度，无符号
STA1	轮廓和纵向轴之间的角度，数值为 0°~180°
ANG1	侧面角 1，在车槽一边，由起始点决定
ANG2	侧面角 2，在车槽另一边，数值为 0~89.999
RCO1	半径/倒角 1，外部位于起始点决定的一边
RCO2	半径/倒角 2，外部位于起始点的另一边
RCI1	半径/倒角 1，内部位于起始点决定的一边
RCI2	半径/倒角 2，内部位于起始点的另一边
FAL1	槽侧面精加工余量
FAL2	槽底面精加工余量
IDEP	车入深度，无符号（X 向为半径值）
DTB	槽底停留时间
VARI	加工类型，数值为 1~8 和 11~18
VRT	轮廓的可变返回路径，增量，无符号

2. 加工方式与切削动作

车槽循环的加工方式用参数 VARI 表示，分成三类共 8 种：第一类为纵向或横向加工，第二类为内部或外部加工，第三类为起刀点位于槽左侧或右侧。这 8 种方式见表 2-23。

表 2-23 车槽循环的加工方式

数值（VARI）	纵向/横向	外部/内部	起始点位置
1	纵向	外部	左边
2	横向	外部	左边
3	纵向	内部	左边
4	横向	内部	左边
5	纵向	外部	右边
6	横向	外部	右边
7	纵向	内部	右边
8	横向	内部	右边

1）纵向加工

纵向加工是指槽的深度方向为 X 方向、槽的宽度方向为 Z 方向的一种加工方式。以纵向外部槽为例，其车槽循环参数如图 2-38 所示。

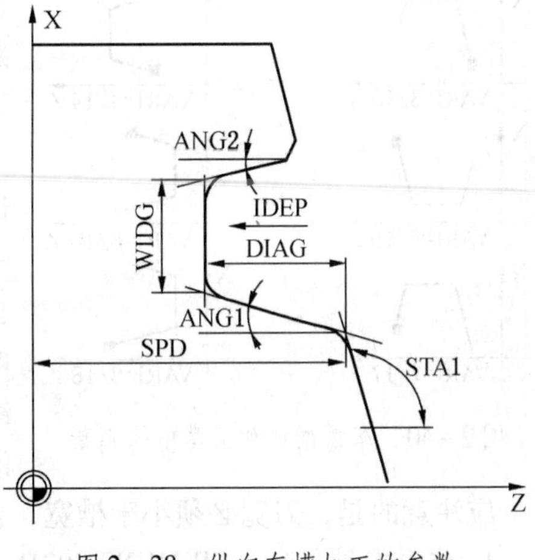

图 2-38 纵向车槽加工的参数

纵向、外部加工方式中的刀具切削动作说明如下：

（1）刀具定位到循环起点后，沿深度方向（X 方向）车削，每次切深 IDEP 指令值后，回退 1 mm，再次切深，如此循环直至切深至距轮廓为 FAL1 指令值处，X 向快退至循环起点 X 坐标处。

（2）刀具沿 Z 方向平移，重复以上动作，直至 Z 方向切出槽宽。

（3）分别用刀尖（*A* 点和 *B* 点）对左右槽侧各进行一次槽侧的粗切削，槽侧切削后各留 FAL2 值的精加工余量。

（4）用刀尖（*B* 点）沿轮廓 *CD* 进行精加工并快速退回 *E* 点，然后用刀尖（*A* 点）沿轮廓 *FD* 进行精加工并快速退回 *E* 点。

（5）退回循环起点，完成全部车槽动作。

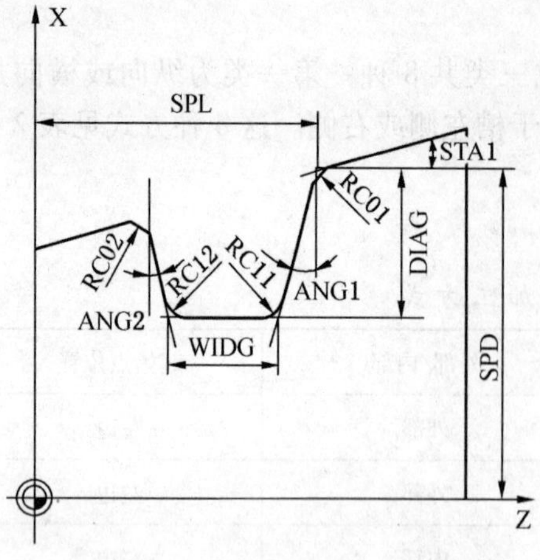

图 2-39 横向车槽加工的参数

2）横向加工

横向加工是指槽的深度方向为 Z 方向、槽的宽度方向为 X 方向的一种加工方式。以横向右槽为例，其车槽循环参数如图 2-39 所示。

横向右侧加工方式中的刀具切削动作说明如下：

（1）刀具定位到循环起点后，沿 -Z 方向分层切深至距离轮廓 FAL1 指令值处，再沿 +Z 方向快退至循环起点 Z 坐标处；刀具沿 X 方向平移，重复以上动作，如此循环直至切出槽宽。

（2）粗车槽两侧，类似于纵向车槽；精车槽轮廓，类似于纵向车槽。

3）左侧与右侧

车槽循环加工类型中关于左侧起刀和右侧起刀的判断方法是：站在操作者位置观察刀具，不管是纵向车槽还是横向车槽，当循环起点位于槽的右侧时，该加工类型称为右侧起刀，反之称为左侧起刀。

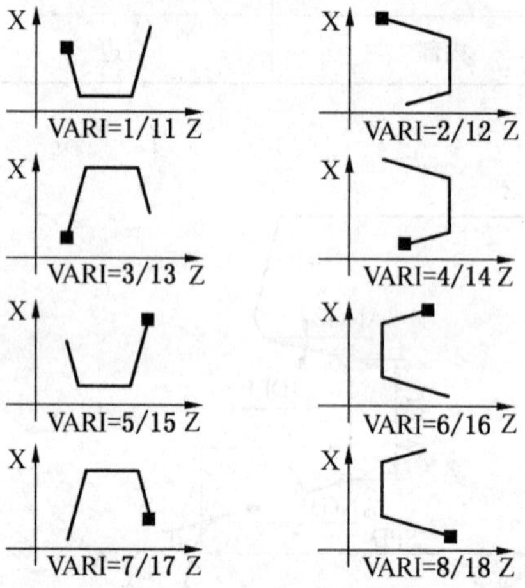

图 2-40 车槽循环加工类型的判断

4）外部与内部

车槽循环加工类型中关于外部和内部的判断方法是：当刀具在 X 轴方向向 -X 方向切入时，均称为外部加工，反之则称为内部加工。加工类型的判断如图 2-40 所示。

3. 刀宽的设定

SIEMENS 802D 系统的车槽循环中，没有用于设定刀具宽度的参数。实际所用刀具宽度是通过该车槽刀的两个连续的刀沿号中设定的偏置值由系统自动计算得出的。因此，在加工前必须对车槽刀的两个刀尖进行对刀，并将对刀值设定在该刀具的连续两个刀沿号中。加工编程时，只需激活第一个刀沿号。

应注意的是，刀宽必须小于槽宽，否则会产生刀具宽度定义错误的报警。

4. 使用车槽循环（SIEMENS 802D 系统）编程时的注意事项

（1）参数 STA1 用于指定槽的斜线角，取值范围为 0°~180°，且始终用于纵向轴。

（2）参数 RCO 与 RCI 可以指定倒圆，也可以指定倒角。当指定倒圆时，参数用正值表示；当指定倒角时，参数用负值表示。

（3）车槽加工中的刀具分层切深进给后，刀具回退 1 mm。

（4）在车槽加工过程中，经一次切深后刀具在左、右方向平移量的大小是根据刀具宽度和槽宽由系统自行计算的，每次平移量在不大于 95% 的刀宽基础上取较大值。

（5）参数 DTB 中设定的槽底停留时间，其最小值至少为主轴旋转一周的时间。

【任务实施】

一、加工工艺与程序设计

1. 零件装夹

工件伸出较短，使用普通三爪自定心卡盘装夹。切槽时切削力比较大，注意夹紧力。

2. 选择刀具

根据图样要求，可选择可转位90°外圆车刀、4 mm 宽切断刀，材质为 YT15。制定刀具卡片，见表2－24。

表2－24　数控加工刀具卡片（槽类零件）

产品名称或代号：			零件名称：槽类零件			零件图号：
序号	刀具号	刀具规格及名称	材质	数量	加工表面	备注
1	T01	90°外圆车刀	YT15	1	粗精车外圆、端面及倒角等	R0.2
2	T02	4 mm 宽切断刀	YT15	1	加工窄槽和宽槽	
编制：			审核：			

3. 确定加工工艺

以工件右端面轴心处为零件编程坐标原点，工艺路线安排如下：

（1）车削零件右端面。

（2）粗车 ϕ26 mm，留精车余量0.5 mm。

（3）精车 ϕ26 mm 至尺寸要求。

（4）粗精车4 mm×2 mm 槽。

（5）工件调头，车左端面，保证总长尺寸。

（6）粗车 ϕ38 mm 外圆，留精车余量0.5 mm。

（7）精车 ϕ38 mm 外圆至尺寸要求。

（8）粗精车宽槽。

4. 制定加工工艺卡片

数控加工工艺卡片见表2－25。

表2－25　数控加工工艺卡片（槽类零件）

零件名称	槽类零件	零件图号		工件材质	45号钢	
工序号	程序编号	夹具名称		数控系统	车间	
1	O1236	三爪自定心卡盘		FANUC 0i		
工步号	工步内容	刀具号	主轴转速/（r·min^{-1}）	进给量/（mm·r^{-1}）	背吃刀量/mm	备注
1	车削零件右端面	T01	800	0.15	1	自动
2	粗车 ϕ26 mm 外圆	T01	800	0.2	1.5	自动

表 2-25（续）

工步号	工步内容	刀具号	主轴转速/（$r \cdot min^{-1}$）	进给量/（$mm \cdot r^{-1}$）	背吃刀量/mm	备注
3	精车 ϕ26 mm 和倒角	T01	1200	0.1	0.5	自动
4	粗精车 4 mm×2 mm 槽	T02	300	0.06		
5	调头车左端面，保证总长	T01	800	0.15	1	自动
6	粗车 ϕ38 mm 外圆	T01	800	0.15	1	自动
7	精车 ϕ38 mm 外圆	T01	1200	0.1	0.5	自动
8	粗精车宽槽	T02	300	0.06		

5. 程序设计

下面用 FANUC 0i 系统的 G01、G75 指令和 SIEMENS 802D 系统的 CYLCE93 指令分别编写本任务的加工程序，见表 2-26 至表 2-30。

表 2-26　用 G01、G75 指令加工槽程序

加工程序	程序说明
O1236;	程序名
M03　S800　T0101;	主轴正转，转速为 800 r/min，选择 1 号刀 1 号刀补
G00　X44.0　Z2.0;	刀具快速接近工件
Z0;	Z 向进刀
G01　X-1.0　F0.15;	车右端面
G00　Z2.0;	Z 向退刀
X44.0;	X 向退刀
G71　U1.5　R1.0;	粗车右轮廓循环，背吃刀量为 1.5 mm，退刀量为 1 mm 精加工余量径向为 0.5 mm，轴向 0 程序段号 N1～N2 定义精车循环刀具轨迹
G71　P1　Q2　U0.5　W0　F0.2;	
N1　G00　X24.0　S1200;	
G01　Z0　F0.1;	
X26.0　Z-1.0;	
Z-20.0;	
X36.0;	
N2　X38.0　Z-21.0;	
G70　P1　Q2;	精车循环
G00　X150.0　Z150.0;	退刀
T0202　S300;	选择 2 号刀 2 号刀补，主轴转速为 300 r/min
G00　X44.0　Z-20.0;	刀具快速定位，准备切槽
G01　X22.0　F0.06;	切槽
G04　X2.0;	槽底暂停 2 s

表 2-26（续）

加工程序	程序说明
X44.0;	径向退刀
G00 X150.0 Z150.0;	退刀
M05;	主轴停止
M00;	程序暂停，测量，工件调头
M03 S800 T0101;	主轴正转，转速为 800 r/min，选择 1 号刀 1 号刀补
G00 X44.0 Z2.0;	刀具快速接近工件
Z0;	Z 向进刀
G01 X-1.0 F0.15;	车右端面
G00 Z2.0;	Z 向退刀
X44.0;	X 向退刀
G71 U1.5 R1.0;	粗车左轮廓循环，背吃刀量为 1.5 mm，退刀量为 1 mm 精加工余量径向为 0.5 mm，轴向 0 程序段号 N10 ~ N20 定义精车循环刀具轨迹
G71 P10 Q20 U0.5 W0 F0.2;	
N10 G00 X36.0 S1200;	
G01 Z0 F0.1;	
X38.0 Z-1.0;	
Z-50.0;	
N20 X42.0;	
G70 P10 Q20;	精车循环
G00 X150.0 Z150.0;	退刀
T0202 S300;	换 2 号刀 2 号刀补，主轴转速为 300 r/min
G00 X42.0 Z-38.0;	定位切槽循环起点
G75 R0.5;	粗切宽槽
G75 X26.0 Z-16.0 P3000 Q3500 R0 F0.08;	
G01 X26.0 F0.06 S500;	精切槽壁和槽底
Z-16.0;	
X42.0;	
G00 X150.0 Z150.0;	退刀
M05;	主轴停止
M30;	程序结束，光标返回程序开始处

表 2-27 用 SIEMENS 802D 系统 CYCLE93 指令加工槽程序（编制右端轮廓）

加工程序	程序说明
SKC203.MPF	程序名
G40 G95 G97 G21	设置初始化
T01D1 S800 M03	主轴正转，转速为 800 r/min，选择 1 号刀 1 号刀补

表 2－27（续）

加工程序	程序说明
G00 X44.0 Z2.0	刀具快速接近工件
Z0	Z 向进刀
G01 X－1.0 F0.15	车右端面
G00 Z2.0	Z 向退刀
X44.0	X 向退刀并定位于循环起点
CYCLE95（"BB203", 1.5, 0, 0.5,, 150,,, 1,,, 0.5）	调用毛坯外圆循环，设置加工参数，子程序见表 2－28
M05	主轴停止
M00	程序暂停，测量
S1200 M03	主轴正转，转速为 1200 r/min
BB203	调用子程序进行精车
G00 G40 X100.0 Z50.0	取消刀补
M05	主轴停止
M00	程序暂停
T02D1 S300 M03	换车槽刀，左刀尖对刀
G00 X42.0 Z－20.0	刀具快速定位，准备切槽
G01 X22.0 F50	切槽
G04 X2.0	槽底暂停 2 s
X42.0	径向退刀
G00 X150.0 Z150.0	退刀
M05	主轴停止
M30	程序结束，光标返回程序开始处

表 2－28 用 SIEMENS 802D 系统 CYCLE93 指令加工槽右端轮廓子程序

加工程序	程序说明
BB203.SPF	子程序名
G00 G42 X24.0	X 向进刀
G01 Z0	Z 向进刀
X26.0 Z－1.0	倒角
Z－20.0	加工 ϕ26 mm 外圆
X36.0	加工端面
X40.0 Z－21.0	倒角
X42.0	X 向退刀
M17	子程序结束

表2-29 用SIEMENS 802D系统CYCLE93指令加工槽程序（编制左端轮廓）

加工程序	程序说明
SKC204. MPF	程序名
G40 G95 G97 G21	设置初始化
T01D1 S800 M03	主轴正转，转速为800 r/min，选择1号刀补
G00 X44.0 Z2.0 M08	刀具快速接近工件
CYCLE95（“BB204”，1.5，0，0.5，，150，，，1，，，0.5）	调用毛坯外圆循环，设置加工参数，子程序见表2-30
M05	主轴停止
M00	程序暂停，测量
S1200 M03	主轴正转，转速为1200 r/min
BB204	调用子程序进行精车
G00 G40 X100.0 Z50.0	取消刀补
M05	主轴停止
M00	程序暂停
T02D1 S300 M03	换车槽刀，左刀尖对刀
G00 X42.0 Z-16.0	刀具快速到达切槽起点
CYCLE93（38.0，-16.0，26.0，6.0，0，0，0，0，0，0，0.5，0.1，3，1，5）	用CYCLE93车槽循环粗加工宽槽
G00 X40.0 Z-16.0	精车槽壁和槽底
G01 X26.0 F50	
Z-38.0	
X40.0	
G00 X100.0 Z100.0	快速退至换刀点
M05	主轴停止
M30	程序结束，光标返回程序开始处

表2-30 用SIEMENS 802D系统CYCLE93指令加工槽左端轮廓子程序

加工程序	程序说明
BB204. SPF	子程序名
G00 X36.0	X向进刀
G01 Z0 F100	Z向进刀
X38.0 Z-1.0	倒角
Z-50.0	加工 ϕ38 mm外圆
X42.0	X向退刀
M17	子程序结束

二、槽的加工

（一）工件与刀具的安装

工件装夹在自定心卡盘上，装夹要牢固。车刀安装时不宜伸出过长，刀尖高度应与机床中心等高，切槽刀的中心线必须与工件中心线垂直，以保证副偏角对称，底平面应平整，以保证两个副后角对称。

（二）对刀并输入刀补值

切槽刀有两个刀尖，因此对刀时有两个刀位点，切槽刀对刀时刀位点应与程序中的刀位点一致。

切槽刀有两个刀位点，因此对刀时输入的刀补值（Z 向）非常关键。如果刀补值输入错误，纵然程序编制非常正确，同样会加工出不合格的零件。在编制切槽程序时，既可以采用左刀尖编程，也可以采用右刀尖编程，这应根据不同的零件形状或个人的编程习惯而定。

（三）数控加工与精度控制

1. 加工

首件加工应单段运行，通过机床控制面板上的“倍率选择”按钮修正加工参数，然后自动运行加工。当程序暂停时，可以检测加工尺寸，以保证精度要求。

2. 精度控制

加工过程中，各尺寸精度都要保证在公差范围之内，如出现误差可采用刀补修正法进行修正。

（四）零件检测

（1）修整工件，去毛刺等。

（2）尺寸精度检测：用千分尺测量零件外圆，游标卡尺测量总长、阶台、倒角及槽的宽度。

（3）表面质量检测：用粗糙度样板对比检测零件加工表面质量。

【任务评价】

小组名称：＿＿＿＿＿＿＿＿＿＿　　学生姓名：＿＿＿＿＿＿

评价内容		分值	自我评价（30%）	小组评价（30%）	教师评价（40%）
1	外圆尺寸	15			
2	长度尺寸	10			
3	倒角尺寸	5			
4	表面粗糙度	10			
5	槽的尺寸	10			
6	程序正确、完整	6			
7	程序格式规范	3			
8	工艺合理	5			

（续）

评价内容		分值	自我评价（30%）	小组评价（30%）	教师评价（40%）
9	程序参数选择合理	5			
10	指令选用合理	5			
11	零件装夹合理	3			
12	刀具选择及安装正确	3			
13	对刀及坐标系设定正确	3			
14	机床面板操作正确	4			
15	意外情况处理合理	3			
16	团结协作	5			
17	遵守纪律情况	5			
18	安全文明生产	5			
总评					

知识拓展

车槽时切削用量的选择

由于切断刀的刀体强度较差，在选择切削用量时，应适当减小其数值。总的来说，同等情况下，硬质合金切断刀比高速钢切断刀可选择的切削用量要大；切断钢材材料时的切削速度比切断铸铁材料时要高，而进给量要略小一些。

一、背吃刀量 a_p

切断、车槽均为横向进给切削，背吃刀量是垂直于已加工表面方向所量得的切削层宽度的数值，所以切断时的背吃刀量等于切断刀主切削刃的宽度。

二、进给量 f

一般用高速钢车刀切断钢件时 $f=0.05\sim0.1$ mm/r，切断铸铁材料时 $f=0.1\sim0.2$ mm/r；用硬质合金切断刀切断钢料时 $f=0.1\sim0.2$ mm/r，切断铸铁料时 $f=0.15\sim0.25$ mm/r。

三、切削速度 v_c

用高速钢车刀在钢料上切槽或切断时 $v_c=30\sim40$ m/min，切断铸铁料时 $v_c=15\sim25$ m/min；用硬质合金车刀在钢料上切槽或切断时 $v_c=80\sim120$ m/min，切断铸铁料时 $v_c=60\sim100$ m/min。

【思考与练习】

一、填空题

1. 切断刀有两个对称的起减少摩擦作用的副后角，一般取__________。

2. 槽的种类很多，根据其形状和加工特点，可分为__________、__________、__________、深槽及异形槽。

3. 程序段 G04 X2.0，则 X 后的数字应该为__________秒。

4. 子程序用____________指令调用。

二、判断题

1. 非模态 G04 代码只在本程序段有效。(　　)

2. 用 G04 指令可达到提高加工表面粗糙度的目的。(　　)

3. 子程序的结束指令是 M99。(　　)

三、问答题

1. 如何确定车槽刀的宽度和刀头长度?

2. SIEMENS 802D 系统数控机床的切槽循环与 FANUC 系统有什么不同?

项目三　套类零件加工

【知识目标】

1. 了解内孔加工的工艺特点。
2. 熟练应用相应的编程指令编写套类零件的加工程序。
3. 学会分析零件加工过程中产生废品的原因及解决方法。

【技能目标】

1. 熟练掌握数控程序的手工输入与编辑。
2. 学习套类工件装夹方法、刀具及切削用量的选择。
3. 能在数控机床上完成套类零件的加工。
4. 掌握套类零件程序的编制方法。
5. 掌握套类零件的加工工艺编制方法。

【情感目标】

1. 具有安全意识、合作意识和环保意识。
2. 技能训练过程中，认真遵守安全操作规程。
3. 认真学习，严肃工作，保质保量完成任务。

任务一　通孔类零件加工

【任务描述】

实际生产中，套类零件中的孔一般有通孔、锥孔、阶梯孔、盲孔等形式，它们的加工、测量均比轴类零件困难。图 3－1 所示为一通孔零件，毛坯尺寸为 $\phi 40$ mm × 35 mm，

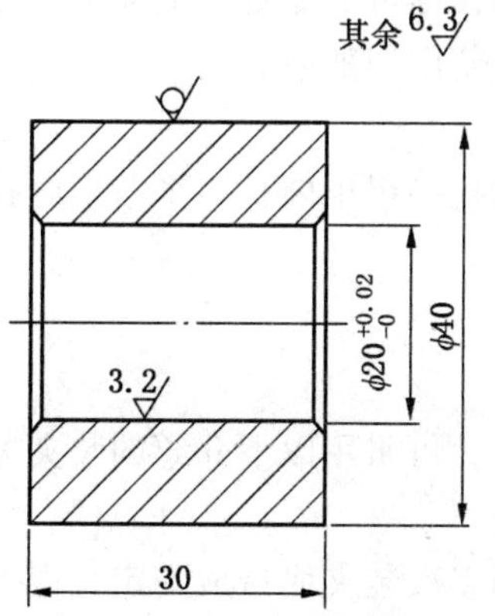

图 3－1　通孔零件

材料为45号钢，生产类型为单件或小批量生产，无热处理工艺要求。试正确设定工件坐标系，制定加工工艺方案，选择合理的刀具和切削工艺参数，正确编制数控加工程序并完成零件的加工。

【任务分析】

该零件孔 $\phi20^{+0.02}_{0}$ 有较高的精度要求，内孔表面粗糙度要求 $Ra3.2$，外圆精度要求一般，表面不去除材料。其内孔结构简单，注意保证精度要求即可。该零件内孔尺寸没有变化，用G01、G90指令编程加工即可。

【相关知识】

一、套类零件的工艺分析

1. 套类零件的结构特点及作用

套类零件一般由外圆、内孔、端面、台阶、沟槽等内外表面组成，其主要特点是内、外旋转表面的同轴度，端面与轴线的垂直度，端面与端面的平行度等有较高的要求。有时零件壁较薄，加工过程中容易变形，增加了装夹难度。套类零件在机器中通常起支撑、导向、连接、轴向定位等作用，使用时承受轴向力和径向力。

2. 主要表面的加工方法

套类零件的主要表面是内孔、外圆和端面，而外圆和端面的加工与轴类零件相似。

套类零件的孔加工方法，需根据孔径大小、深度与孔的精度和表面粗糙度，以及工件材料、工件结构、孔在工件上的部位和批量而定。当孔径较小时（$\phi50$ mm以下）一般采用钻、扩、铰的方案，其精度与生产率均很高。当孔径较大时，一般采用钻孔车孔，已有孔的铸锻件采用车孔的方法。

3. 定位基准面的选择

套类零件在加工时的定位基准面一般是内孔和外圆，但考虑到夹具设计、制造和装夹，很多时候是以内孔为定位基准面。

4. 粗糙度要求

套类零件的内孔是配合表面、支承表面，为了减小磨损，其表面粗糙度要求很高。为此，在车削内孔时，要尽可能增加刀柄截面积，尽可能缩短刀柄伸出长度。同时还应注意刃倾角的选择，合理选择切削用量，合理选择使用切削液。

5. 合理安排加工顺序

车削加工顺序为粗车端面→粗车外圆→钻孔→粗车内孔→半精车内孔→精车内孔、倒角。

二、套类零件的装夹

为了保证套类零件车削前后位置精度要求，可采用以下介绍的装夹方法进行车削。

1. 一次装夹车削

在单件小批量生产中，为避免由于工件因多次装夹而造成的定位误差，保证工件各加工表面的相互位置精度，可以在卡盘上一次装夹，分别车削内、外表面和端面。这种装夹方法没有定位误差，如果机床精度高，可以获得较高的同轴度和垂直度。但是采用这种装夹方法车削时需要经常转换刀架和装卸刀具，较难掌握尺寸，切削用量也要时常改变，对操作水平要求较高。

2. 以外圆和端面为定位基准

当工件的外圆和一个端面在一次装夹中车削完时，可以用车好的外圆和端面为定位基准来装夹工件。

（1）当工件的位置精度要求不太高以及卡盘比较准确时，可以把工件与反卡爪端面靠实，夹紧后车削。

（2）将端面挡铁的锥柄插入机床主轴锥孔后，将挡铁端面靠平，夹紧后车削。

（3）用软卡爪装夹工件。软卡爪是未经淬硬的卡爪，形状与硬卡爪相同，使用时，把硬爪的半部分卸下，换上软爪，用螺丝钉紧固卡爪的下半部分，然后把卡爪车成所需要的形状和尺寸，装夹工件。如果卡爪是整体式的，可用旧卡爪在夹持面上焊上一块钢料，再将卡爪装入卡盘内，根据工件外径大小将卡爪车成所需的形状和尺寸。在车软卡爪时，为了消除间隙，必须在卡爪内（或卡爪外）放一适当直径的定位圆柱。定位圆柱的装夹位置应与零件的装夹方向一致。当用软卡爪夹持工件外圆时，定位圆柱应放在卡爪里面；当用软卡爪撑夹工件内孔时，定位圆柱应放在卡爪外面。

由于使用软卡爪，工件虽然经过了多次装夹，但仍能保证较高的相互位置精度。同时可以根据工件的特殊形状车制软卡爪，以利于装夹工件。目前软卡爪在工厂中得到了广泛应用。

三、套类零件刀具及切削用量的合理选择

（一）套类零件的刀具

1. 钻孔刀具

钻孔刀具种类较多，有普通麻花钻、可转位浅孔钻及扁钻等，应根据工件材料、加工尺寸及加工质量要求等合理选用。在加工精度要求较高的情况下，可用中心钻先钻一中心孔。

在数控机床上钻孔，大多采用普通麻花钻。麻花钻材质有高速钢和硬质合金两种。

2. 车孔刀具

根据不同的加工情况，内孔车刀可分为通孔车刀和不通孔车刀两种，如图 3－2 所示。

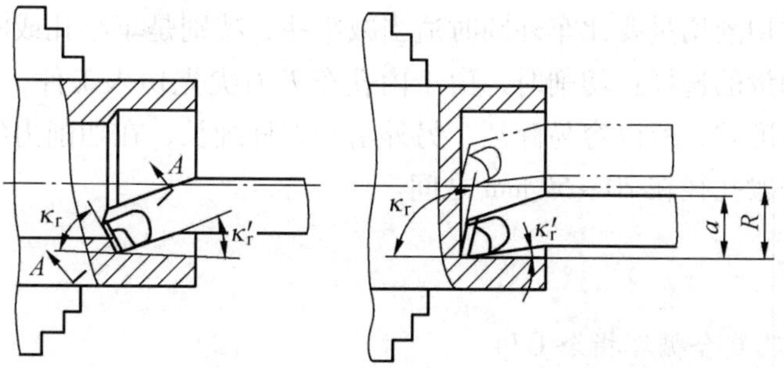

(a) 通孔车刀　　(b) 不通孔车刀

图 3－2　内孔车刀

（1）通孔车刀。通孔车刀切削部分的几何形状基本上与外圆车刀相似，为了减小径向切削抗力，防止车孔时振动，主偏角 K_r 应取得大些，一般为 60°~75°，副偏角一般为 15°~30°。

（2）不通孔车刀。不通孔车刀用来车削不通孔或阶台孔，切削部分的几何形状基本上与偏刀相似，它的主偏角大于 90°，一般为 92°~95°，后角的要求与通孔车刀相同，不同之处是不通孔车刀夹在刀杆的最前端，刀尖到刀杆外端的距离应小于孔半径 R，否则无法车平孔的底面。

3. 内孔车刀的结构形式

整体式车刀如图 3-3 所示，机夹式车刀如图 3-4 所示。

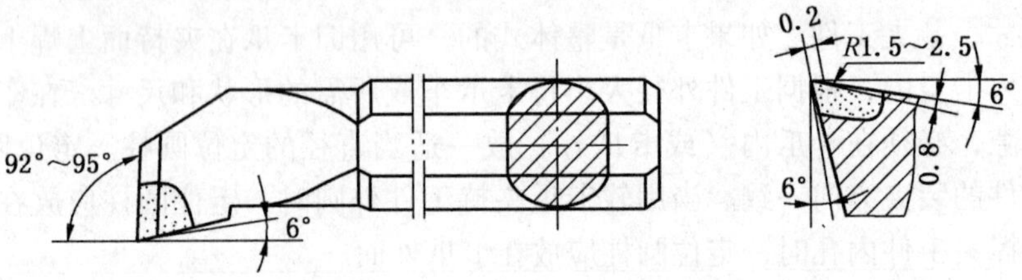

图 3-3　整体式车刀

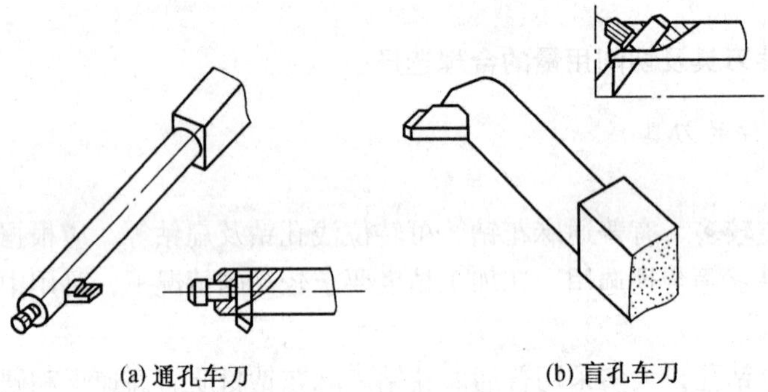

(a) 通孔车刀　　(b) 盲孔车刀

图 3-4　机夹式车刀

（二）切削用量的选择

车削套类零件切削用量要比车外圆时适当减小些，特别是车小孔或深孔时，其切削用量应更小。切削用量的选择：切削时，由于内孔车刀刀尖先切入工件，因此其受力较大，再加上刀尖本身强度差，所以容易碎裂；另外由于刀杆细长，在切削力的影响下吃刀深了容易弯曲振动。一般孔径在 20~50 mm 之间。

四、编程指令

（一）端面钻孔复合循环指令 G74

1. G74 指令功能

G74 指令为端面钻孔复合循环指令。

2. G74 指令格式

G00　X$\underline{\alpha_1}$　Z$\underline{\beta_1}$；

G74　R$\underline{e}$；

G74　X（U）$\underline{\alpha_2}$　Z（W）$\underline{\beta_2}$　P$\underline{\Delta i}$　Q$\underline{\Delta k}$　R$\underline{\Delta d}$　F____；

该循环指令可以实现断屑加工，当只有Z向钻孔时，X（U）、P和R都被忽略，程序段格式中的第三段改写为G74　Z（W）$\underline{\beta_2}$　Q$\underline{\Delta k}$　F____，其他程序段不变。

Z向钻孔程序段中各地址的含义：α_1、β_1表示钻削循环起始点的坐标值。Z$\underline{\beta_2}$表示孔的底部Z向坐标值。W$\underline{\beta_2}$表示孔的底部至循环起点的Z向增量坐标值。Δk表示每次钻削行程长度（Z向切削深度）。F表示进给量。

（二）快速点定位指令 G00

指令格式为

G00　X____Z____；

（三）直线插补指令 G01

指令格式为

G01　X____Z____F____；

（四）轴向内径切削单一固定循环指令 G90

指令格式为

G90　X____Z____R____F____；

【任务实施】

一、加工工艺与程序设计

1. 零件装夹

工件伸出较短，使用普通三爪自定心卡盘装夹。

2. 选择刀具

根据图样要求，可选择可转位90°外圆车刀、通孔车刀，材质为YT15。制定刀具卡片，见表3－1。

表3－1　数控加工刀具卡片（通孔零件）

产品名称或代号：			零件名称：通孔			零件图号：
序号	刀具号	刀具规格及名称	材质	数量	加工表面	备注
1		ϕ16 mm 钻头	高速钢	1	钻孔	
2	T01	通孔车刀	YT15	1	粗精车内孔、倒角等	R0.2
3	T02	90°外圆车刀	YT15	1	车端面	R0.2
编制：			审核：			

3. 确定加工工艺

以工件右端面轴心处为零件编程坐标原点，工艺路线安排如下：

（1）车削零件右端面。

（2）手动钻孔 ϕ16 mm。

（3）粗车 ϕ20 mm 内孔，留精车余量 0.5 mm。

（4）精车 ϕ20 mm 内孔至尺寸要求。

（5）工件调头，车左端面，保证总长尺寸。

4. 制定加工工艺卡片

数控加工工艺卡片见表 3－2。

表 3－2　数控加工工艺卡片（通孔零件）

零件名称	通孔	零件图号		工件材质	45 号钢	
工序号	程序编号	夹具名称		数控系统	车间	
1	O3001	三爪自定心卡盘		FANUC 0i		
工步号	工步内容	刀具号	主轴转速/（$r \cdot min^{-1}$）	进给量/（$mm \cdot r^{-1}$）	背吃刀量/mm	备注
1	车削零件右端面	T02	800	0.15	1	自动
2	钻孔		300			手动
3	粗车 ϕ20 mm 内孔	T01	800	0.2	1.5	自动
4	精车 ϕ20 mm 内孔	T01	1200	0.1	0.5	自动
5	掉头车左端面，保证总长	T02	800	0.15	1	自动
6	倒角	T02	800	0.15		自动

5. 程序设计

该任务是套类零件中最简单的，用 FANUC 0i 系统的 G01 和 G90 指令编程，见表 3－3；SIEMENS 802D 系统用 G01 指令编程即可（编程略）。

表 3－3　用 G01、G90 指令加工通孔程序

加 工 程 序	程 序 说 明
O3001；	程序名
M03　S800　T0202；	主轴正转，转速为 800 r/min，选择 2 号刀 2 号刀补
G00　X44.0　Z2.0；	刀具快速接近工件
Z0；	Z 向进刀
G01　X－1.0　F0.15；	车右端面
G00　Z100.0；	Z 向退刀
X100.0；	X 向退刀
M05；	主轴停止
M00；	程序暂停，手动钻孔
M03　S800　T0101；	主轴正转，转速为 800 r/min，选择 1 号刀 1 号刀补

表3-3（续）

加工程序	程序说明
G00　X14.0　Z2.0；	快速移动至循环起点
G90　X19.5　Z-31.0　F0.2；	粗车内孔
G00　X22.0；	X向移动到指定点
G01　Z0　F0.1　S1200；	Z向靠近端面
X20.0　Z-1.0；	倒角
Z-31.0；	精车内孔
X18.0；	X向退刀
G00　Z2.0；	Z向快速退离工件
X100.0　Z100.0；	退刀至换刀点
M05；	主轴停止
M00；	程序暂停
T0202　S800；	选择2号刀2号刀补，转速为800 r/min
G00　X44.0　Z2.0；	刀具快速接近工件
Z0；	Z向进刀
G01　X-1.0　F0.15；	车左端面
G00　Z100.0；	Z向退刀
X100.0；	X向退刀
M05；	主轴停止
M30；	程序结束，光标返回程序开始处

二、通孔零件的加工

（一）工件与刀具的安装

工件装夹在自定心卡盘上，采用三爪持，装夹要牢固。车刀安装时不宜伸出过长，车孔刀刀尖高度应与机床中心等高或略高。

（二）对刀并输入刀补值

用外圆车刀试车工件外圆和端面，用内孔车刀试车内孔和端面，测量后输入对应的刀补值，对刀结束。

（三）数控加工与精度控制

1. 加工

首件加工应单段运行，通过机床控制面板上的“倍率选择”按钮修正加工参数，然后自动运行加工。当程序暂停时，可以检测加工尺寸，以保证精度要求。

2. 精度控制

加工过程中，各尺寸精度都要保证在公差范围之内，如出现误差可采用刀补修正法进行修正。

（四）零件检测

（1）修整工件，去毛刺等。

（2）尺寸精度检测：用游标卡尺测量零件总长，用塞规或内径百分表测量内孔 $\phi 20^{+0.02}_{0}$ 尺寸。

（3）表面质量检测：用粗糙度样板对比检测零件加工表面质量。

【任务评价】

小组名称：________________ 学生姓名：__________

评价内容		分值	自我评价（30%）	小组评价（30%）	教师评价（40%）
1	内孔尺寸	15			
2	长度尺寸	10			
3	倒角尺寸	10			
4	表面粗糙度	15			
5	程序正确、完整	6			
6	程序格式规范	3			
7	工艺合理	5			
8	程序参数选择合理	5			
9	指令选用合理	5			
10	零件装夹合理	3			
11	刀具选择及安装正确	3			
12	对刀及坐标系设定正确	3			
13	机床面板操作正确	4			
14	意外情况处理合理	3			
15	团结协作	5			
16	遵守纪律情况	5			
17	安全文明生产	5			
总评					

知识拓展

精密车孔加工时保证加工质量的措施

保证车孔质量的措施很多，为了更好地掌握精密车孔技术，必须注意以下三方面事项：

(1) 半精车加工和精加工时，由于切削余量少，为保证已加工表面精度和表面粗糙度要求，要防止切削划伤已加工表面。设计刀具时要注意控制切屑刃部的角度，使切屑呈小碎状卷屑随切削液向外排出。考虑刀具制造和检验方便，并能提高刀具的使用寿命(提高重磨次数)，故采用直槽刀。同样为保证工件的圆柱度要求和减少切屑时的振动，在刀头前后端轴向应布置导向条。切削时，为使切削液能直接射向切屑区，在刀杆尾部设计油嘴，切削液经油嘴通过刀杆内孔从刀头小孔中射向切屑区，保证了切屑区的润滑与排热。

(2) 车削非铁金属时，由于切削变形和强烈摩擦，会造成工件温度升高。在粗车时，如果选用的切削用量较大，工件温度就会升高得较快，这时若立刻进行精车，工件不能很快冷却。由于非铁金属工件的膨胀系数大，测量出的尺寸都比实际尺寸要大。经过一定时间后，工件慢慢冷却恢复正常，再测量时就发现工件尺寸变小了，出现与图样不符合的现象。根据这种情况，在切削过程中减少粗车时的温度是解决问题的关键。减少工件发热可从以下两方面解决：

一是减少切削过程中的发热量。车削时，切削速度对温度影响很大。在一定范围内，切削速度加大，温度也升高。背吃刀量增加，对切削温度影响较小。进给量增加，对温度的影响比切削速度影响小。因此，粗车时切削速度不要选得太高，可以把背吃刀量选大些，进给量也可以适当选大些，这样有利于控制切削温度。切屑在车刀前刀面流动的难易程度对切削温度影响也很大。车刀前角增大，就使前刀面倾斜角增大，切屑容易流出，减少了切屑在前刀面的摩擦和切屑的变形，可使切削过程中的温度降低。

二是改善切削过程中的散热条件。切削过程中，车刀主偏角的变化影响主切削刃的工作长度，在相同的背吃刀量条件下，主切削刃工作长度越短，散热越慢。如果把主偏角选小些，使主切削刃长度增加，对散热会比较有利。另外在车削时，要有足够的切削液，它可以加速散热，有利于降低工件温度。

(3) 车削铝件时往往容易发生黏刀和车不平现象，这是由于铝和普通工具钢能在高温下形成一种合金，使切屑黏在刃口上不易脱落。因为铝的性质较软，为了在切削过程中不黏刀并尽可能地把工件车得光洁一些，可使用煤油或少许调和均匀的卤水作为切削液。卤水配方如下：水 60 ~ 70 g，卤料末 30 ~ 40 g，调和均匀后即可使用。

【思考与练习】

一、填空题

1. 根据不同的加工情况，内孔车刀可分为＿＿＿＿＿＿和＿＿＿＿＿＿两种。

2. 内孔车刀的结构形式有＿＿＿＿＿＿和＿＿＿＿＿＿。

3. 套类零件一般由＿＿＿＿＿＿、＿＿＿＿＿＿、＿＿＿＿＿＿、＿＿＿＿＿＿、＿＿＿＿＿＿等内外表面组成。

4. 通孔零件的加工用＿＿＿＿＿＿和＿＿＿＿＿＿指令。

二、判断题

1. 车削套类零件切削用量要比车外圆时适当增大些。(　　)

2. 在加工精度要求较高的情况下，可用中心钻先钻一中心孔。(　　)

3. 车削铝件时，往往容易发生黏刀和车不平现象。(　　)

三、问答题

增加内孔车刀刚度的措施有哪些？

任务二 阶台孔零件加工

【任务描述】

套类零件中阶台孔的加工、测量比较困难。图 3－5 所示为一阶台孔零件，毛坯尺寸为 $\phi40$ mm×70 mm，材料为 45 号钢，生产类型为单件或小批量生产，无热处理工艺要求。试正确设定工件坐标系，制定加工工艺方案，选择合理的刀具和切削工艺参数，正确编制数控加工程序并完成零件的加工。

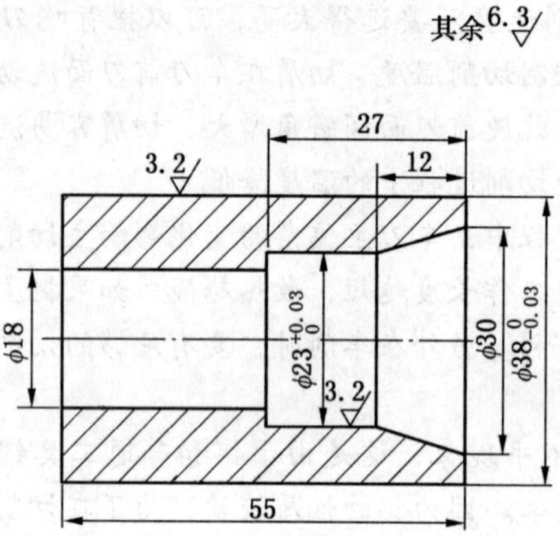

图 3－5 阶台孔零件

【任务分析】

该零件孔 $\phi23^{+0.03}_{0}$ 及外圆 $\phi38^{0}_{-0.03}$ 有较高的精度要求，内孔表面粗糙度要求 *Ra*3.2，其他部分精度要求一般，表面粗糙度为 *Ra*6.3。其内孔结构较为简单，注意保证精度要求即可。该零件内孔尺寸有变化，若用 G00、G01 指令编程加工，程序显得复杂，编程容易出错，如果用循环指令 G90、G71 编程加工，则更加简洁。如果用的是 SIEMENS 802D 系统则用 CYCLE95 指令。

【相关知识】

一、恒限速指令

1. 主轴速度以转速设定

指令格式为

G97　S ____;

该指令之后的程序段工作时，主轴转速为 S 指令后的数值（以 r/min 为单位），是恒转速。例如，G97　S1000 表示主轴转速为 1000 r/min。

2. 主轴速度以线速度设定

指令格式为

G96　S ____;

该指令之后的程序段工作时，主轴转速为 S 指令后的数值（以 m/min 为单位），是恒切削速度（线速度）。例如，G96　S100 表示切削速度是 100 m/min。

3. 说明

（1）在零件加工之前，必须同时启动 S 指令和主轴运转指令（M03 或 M04）。

（2）系统开机状态为 G97 状态。

（3）使用 G96 指定主轴线速度时，必须限定主轴的最高转速。即在设置主轴恒切削速度前，将主轴最高转速设置在某一个最高值，切削过程中当执行恒切削速度时，主轴最高转速将被限制在这个最高值。设置方法为

G50　S ____;

其中 S 的单位为 r/min。例如，G50　S2000 表示主轴转速最高为 2000 r/min。

（4）机床主轴转速的确定方法。数控车削加工时，工件旋转，刀具作插补运动。已知要求的圆周切削速度为 v_c（单位为 m/min）时，机床主轴的转速（r/min）$n = 1000v_c/\pi d$。式中 d 为工件外径，单位为 mm。例如，工件外径为 100 mm，要求的切削速度为 200 m/min，经计算可得主轴转速为 637 r/min，程序中表示为 S637。

二、阶台孔的加工指令 G71

1. G71 指令功能

该指令适用于圆柱棒料毛坯外径的粗车和圆筒毛坯料内径的粗车。

2. G71 指令格式

指令格式为

G00(G01)　Xα　Zβ;

G71　U(Δd)　R(Δe);

G71　P(Ns)　Q(Nf)　U(Δu)　W(Δw)　F(f)　S(s)　T(t);

【任务实施】

一、加工工艺与程序设计

1. 零件装夹

工件伸出较短，使用普通三爪自定心卡盘装夹。

2. 选择刀具

根据图样要求，可选择可转位 90°外圆车刀、主偏角为 93°内孔车刀，材质为 YT15。制定刀具卡片，见表 3－4。

表3-4 数控加工刀具卡片（阶台孔）

产品名称或代号：			零件名称：阶台孔		零件图号：	
序号	刀具号	刀具规格及名称	材质	数量	加工表面	备注
1		ϕ16 mm 钻头	高速钢	1	钻孔	
2	T01	90°外圆车刀	YT15	1	粗精车端面及外圆	R0.2
3	T02	93°内孔车刀	YT15	1	粗精车内孔	R0.2
编制：			审核：			

3. 确定加工工艺

以工件右端面轴心处为零件编程坐标原点，采用从右到左的加工方式，工艺路线安排如下：

（1）车削零件右端面。

（2）手动钻孔 ϕ16 mm。

（3）粗精车外圆。

（4）粗车阶台孔，留精车余量 0.3 mm。

（5）精车阶台孔至尺寸要求。

（6）工件调头，车左端面，保证总长尺寸。

4. 制定加工工艺卡片

数控加工工艺卡片见表3-5。

表3-5 数控加工工艺卡片（阶台孔）

零件名称	阶台孔	零件图号		工件材质	45 号钢	
工序号	程序编号	夹具名称		数控系统	车间	
1	O3002	三爪自定心卡盘		FANUC 0i		
工步号	工步内容	刀具号	主轴转速/($r\cdot min^{-1}$)	进给量/($mm\cdot r^{-1}$)	背吃刀量/mm	备注
1	车削零件右端面	T01	800	0.15	1	自动
2	钻孔		300			手动
3	粗车外圆	T01	800	0.2	1.5	自动
4	精车外圆	T01	1200	0.1	0.3	自动
5	粗车阶台孔	T02	800	0.2	1.5	自动
6	精车阶台孔	T02	1200	0.1	0.5	自动
7	掉头车左端面，保证总长	T01	800	0.15	1	自动

5. 程序设计

用 FANUC 0i 系统的 G71 指令和 SIEMENS 802D 系统的 CYCLE95 指令分别编写本任务的加工程序，见表3-6至表3-8。

表 3-6　用 G71 指令加工阶台孔程序

加 工 程 序	程 序 说 明
O3002;	程序名
M03　S800　T0101;	主轴正转，转速为 800 r/min，选择 1 号刀 1 号刀补
G00　X44.0　Z2.0;	刀具快速接近工件
Z0;	Z 向进刀
G01　X-1.0　F0.15;	车右端面
G00　Z2.0;	Z 向退刀
X44.0;	X 向退刀
G90　X39.0　Z-56.0　F0.2;	粗车外圆
X38.0　F0.1　S1200;	精车外圆
G00　X100.0　Z100.0;	退刀
M05;	主轴停止
M00;	程序暂停
M03　T0202　S800;	主轴正转，转速为 800 r/min，选择 2 号刀 2 号刀补
G00　X14.0　Z2.0;	刀具快速移动到循环起点
G71　U1.5　R1.0;	粗车循环，背吃刀量为 1.5 mm，退刀量为 1 mm
G71　P10　Q20　U0.3　W0　F0.2;	精加工余量径向为 0.3 mm，轴向 0
N10　G00　X30.0　S1200;	程序段号 N10～N20 定义精车循环刀具轨迹
G01　Z0　F0.1;	
X23.0　Z-12.0;	
Z-27.0;	
X18.0;	
Z-56.0;	
N20　X16.0;	
G70　P10　Q20;	精车内孔
G00　X100.0　Z100.0;	退刀
M05;	主轴停止
M30;	程序结束，光标返回程序开始处

表 3-7　用 SIEMENS 802D 系统 CYCLE95 指令加工阶台孔程序

加 工 程 序	程 序 说 明
SKC301.MPF	程序名
G40　G95　G97　G21	设置初始化
T01D1　S800　M03	主轴正转，转速为 800 r/min，选择 1 号刀 1 号刀补
G00　X44.0　Z2.0	刀具快速接近工件
Z0	Z 向进刀

表3-7（续）

加工程序	程序说明
G01　X-1.0　F0.15	车右端面
G00　Z2.0	Z向退刀
X38.5	X向退刀
G01　Z-56.0	粗车外圆柱面
X40.0	X向退刀
G00　Z2.0	Z向退刀
X38.0	X向进刀
G01　Z-56.0　F0.1　S1200	精车外圆
X40.0	X向退刀
G00　X100.0　Z100.0	快速退刀至换刀点
M05	主轴停止
M00	程序暂停
M03　S800　T02D2	主轴正转，转速为800 r/min，选择2号刀2号刀补
G00　X14.0　Z2.0	快速定位至循环起点
CYCLE95（“BB301”，1.5，0.05，0.5，，0.2，0.1，0.1，11，，，0.5）	调用毛坯内孔循环，设置加工参数，子程序见表3-8，先进行粗加工，再进行精加工
G00　X100.0　Z100.0	退刀
M05	主轴停止
M30	程序结束，光标返回程序开始处

表3-8　用SIEMENS 802D系统CYCLE95指令加工阶台孔子程序

加工程序	程序说明
BB301.SPF	子程序名
G00　X30.0	X向进刀
G01　Z0	Z向进刀
X23.0　Z-12.0	加工锥孔
Z-27.0	加工ϕ23 mm内孔
X18.0	加工内孔阶台
Z-56.0	加工ϕ18 mm内孔
X16.0	X向退刀
M17	子程序结束

二、阶台孔零件的加工

（一）工件与刀具的安装

工件装夹在自定心卡盘上，采用三爪持，装夹要牢固。车刀安装时不宜伸出过长，车孔刀刀尖高度应与机床中心等高或略高，保证主偏角大于90°,以保证阶台面与轴线垂直。

（二）对刀并输入刀补值

用外圆车刀试车工件外圆和端面，用内孔车刀试车内孔和端面，测量后输入对应的刀补值，对刀结束。

（三）数控加工与精度控制

1. 加工

首件加工应单段运行，通过机床控制面板上的“倍率选择”按钮修正加工参数，然后自动运行加工。当程序暂停时，可以检测加工尺寸，以保证精度要求。

2. 精度控制

加工过程中，各尺寸精度都要保证在公差范围之内，如出现误差可采用刀补修正法进行修正。

（四）零件检测

（1）修整工件，去毛刺等。

（2）尺寸精度检测：用外径千分尺检测外圆 $\phi38_{-0.03}^{\ 0}$ 尺寸，用游标卡尺测量零件总长，用塞规或内径百分表测量内孔 $\phi23_{\ 0}^{+0.03}$ 尺寸，其他尺寸用游标卡尺测量。

（3）表面质量检测：用粗糙度样板对比检测零件加工表面质量。

【任务评价】

小组名称：________________　　　　学生姓名：__________

评价内容		分值	自我评价（30%）	小组评价（30%）	教师评价（40%）
1	内孔尺寸	15			
2	长度尺寸	10			
3	外圆尺寸	10			
4	表面粗糙度	15			
5	程序正确、完整	6			
6	程序格式规范	3			
7	工艺合理	5			
8	程序参数选择合理	5			
9	指令选用合理	5			
10	零件装夹合理	3			
11	刀具选择及安装正确	3			
12	对刀及坐标系设定正确	3			
13	机床面板操作正确	4			
14	意外情况处理合理	3			
15	团结协作	5			
16	遵守纪律情况	5			
17	安全文明生产	5			
总评					

知识拓展

内孔尺寸、表面粗糙度控制方法

（1）车直径较小的阶台孔时，由于观察困难而尺寸精度不易掌握，所以常采用先粗精车小孔，再粗精车大孔。

（2）车大的阶台孔时，在便于测量小孔尺寸而视线又不受影响的情况下，一般先粗车大孔和小孔，再精车小孔和大孔。

（3）车削孔径尺寸相差较大的阶台孔时，最好采用主偏角 $K_r < 90°$（一般为 85° ~ 88°）的车刀先粗车，然后再用内偏刀精车，直接用内偏刀车削时切削深度不可太大，否则刀刃易损坏。其原因是刀尖处于刀刃的最前端，切削时刀尖先切入工件，因此其承受的切削抗力最大，加上刀尖强度本来差，所以容易碎裂；由于刀柄伸长，在轴向抗力的作用下，切削深度大容易产生振动和扎刀。

【思考与练习】

一、填空题

1. 切削金属时，切屑剪切变形所作的功和刀具前面、后面摩擦所作的功都转变为热，这种热叫____________。

2. 主轴速度以线速度设定的指令是____________。

3. 车削孔径尺寸相差较大的阶台孔时，最好采用主偏角____________。

二、判断题

1. 车直径较小的阶台孔时，一般先粗车大孔和小孔，再精车小孔和大孔。（　　）

2. 使用 G96 指定主轴线速度时，必须限定主轴的最高转速。（　　）

3. 车削孔径尺寸相差较大的阶台孔时，最好采用主偏角 $K_r > 90°$ 的车刀先粗车。（　　）

三、问答题

解决切削热的措施有哪些？

项目四　成形面零件加工

【知识目标】

1. 掌握轮廓粗车循环指令 G73 的运动轨迹及用法。
2. 理解刀尖圆弧半径补偿的原理。
3. 熟练掌握 G02、G03 指令格式及用法，加工成形面零件的方法及程序。
4. 分析零件加工过程中产生废品的原因并能提出解决方法。

【技能目标】

1. 熟练掌握数控程序的手工输入与编辑。
2. 合理选择刀具及切削用量。
3. 能正确使用刀具圆弧半径补偿功能编写加工程序。
4. 能在数控机床上完成成形面零件的加工。
5. 能正确测量零件。

【情感目标】

1. 具有安全意识、合作意识和环保意识。
2. 技能训练过程中，认真遵守安全操作规程。
3. 认真学习，严肃工作，保质保量完成任务。

任务一　圆弧面零件加工

【任务描述】

该任务加工图 4－1 所示的带凸圆弧的零件，毛坯尺寸为 ϕ45 mm×45 mm，材料为 45 号钢，生产类型为单件或小批量生产，无热处理工艺要求。下面以该零件为例，试正确设定工件坐标系，制定加工工艺方案，选择合理的刀具和切削工艺参数，正确编制数控加工程序并完成零件的加工。

【任务分析】

该零件加工内容包括外圆、圆锥、圆弧面等，各尺寸精度要求不高，表面粗糙度全部为 *Ra*3.2，外圆端面加工较为简单，注意保证精度要求即可。圆弧面的加工在普通机床上难度较大（尤其是大圆弧车削），而在数控机床上将变得很简单，需要用到圆弧加工指令 G02 或 G03。该零件单调增加，所以用 G71 指令加工比较合适，这样程序量小。如果用的是 SIEMENS 802D 系统，则用毛坯切削循环指令 CYCLE95 编程。通过学习任务内容，可掌握凸圆弧零件的数控加工工艺知识，常用指令（G02、G03、CYCLE95）功能、格式、注意事项及零件加工与质量分析。

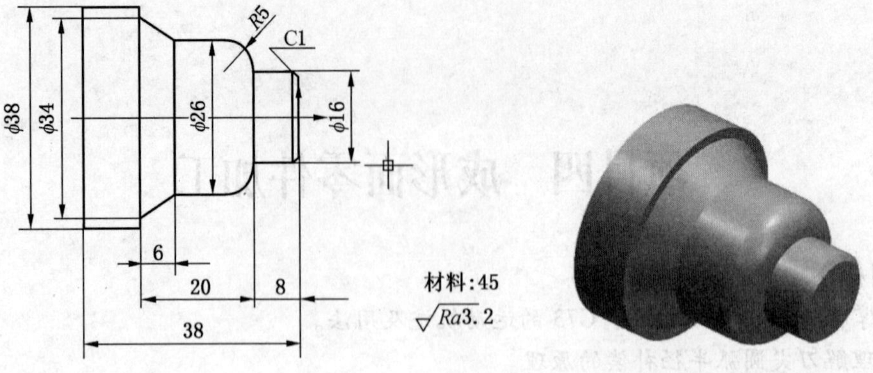

图4-1 圆弧面零件

【相关知识】

一、成形车刀

成形车刀是加工回转体成形表面的专用工具，它的切削刃形状是根据工件轮廓设计的。

（一）成形车刀的特点

（1）生产率高。成形车刀可一次切出成形表面，有很高的生产率。故在零件的批量生产中得到了广泛使用。

（2）加工质量稳定。使用成形车刀进行切削加工，由于零件的成形表面主要取决于刀具切削刃的形状和制造精度，所以它可以保证被加工工件表面形状和尺寸精度的一致性和互换性。一般加工后零件的精度等级可达 IT10 ~ IT8，表面粗糙度值可达 *Ra*6.3 ~ 3.2 μm。

（3）刀具寿命长。重磨次数多，总的使用寿命长。

（4）刀具制造较为复杂，成本高。切削刃工作长度过长时易产生振动，故单件、小批生产不宜使用成形车刀。

（二）成形车刀的种类及选用

1. 平体成形车刀

如图 4-2a 所示，除切削刃为成形刀刃外，结构和普通车刀相同，用于加工简单的成形表面，如铲齿、车螺纹和车圆弧等。

2. 棱体成形车刀

如图 4-2b 所示，外形是棱柱体，刀具刚性也好，重磨次数多，使用寿命长。但只能用来加工外成形表面。

3. 圆体成形车刀

如图 4-2c 所示，其外形是回转体，切削刃在圆周表面上分布，与以上两种成形车刀相比，制造方便，允许重磨次数多。既可用来加工外成形表面，又可用来加工内成形表面，使用比较普遍，但加工精度与刚性低于棱体成形车刀。

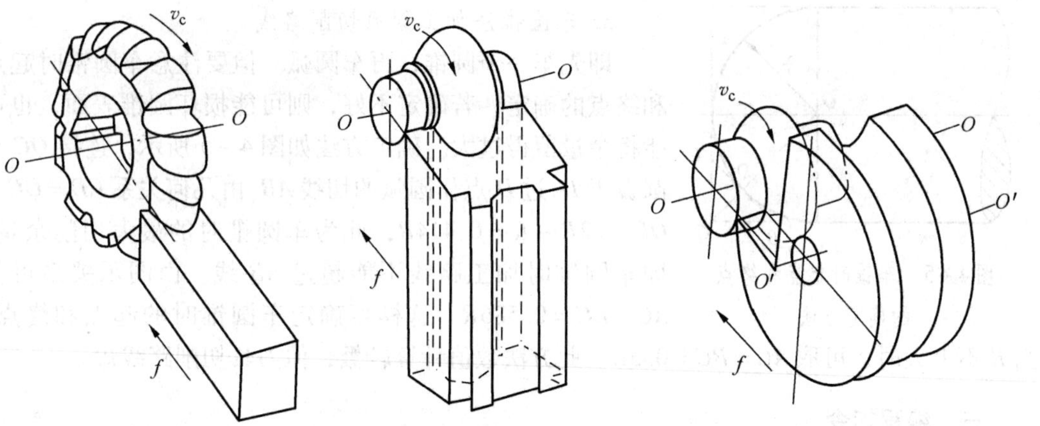

(a) 平体成形车刀　　(b) 棱体成形车刀　　(c) 圆体成形车刀

图 4－2　成形车刀

二、圆弧的加工工艺路线

在数控机床上加工半径值较大的圆弧时，由于加工余量大而无法一刀车出时，可以考虑多刀加工，将余量去除后再精车得到所需圆弧。

1. 阶梯形车削圆弧路线

图 4－3 所示为车圆弧的阶梯切削路线，即先粗车成阶梯，最后一刀精车出圆弧。此方法在确定了每刀吃刀量后，须精确计算出粗车的终刀距 S，即求圆弧与直线的交点。此方法刀具切削运动距离较短，但数值计算较繁。

2. 同心圆法车削圆弧路线

图 4－4 所示为车圆弧的同心圆弧切削路线。即用不同的半径圆来车削，最后将所需圆弧加工出来。此方法在确定了每次吃刀量 a_p 后，对 90°圆弧的起点、终点坐标较易确定，数值计算简单，编程方便；缺点是切削路径较长。

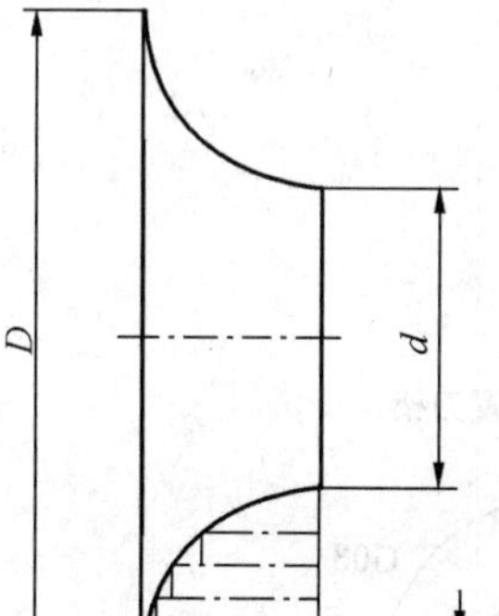

图 4－3　车圆弧的阶梯切削路线

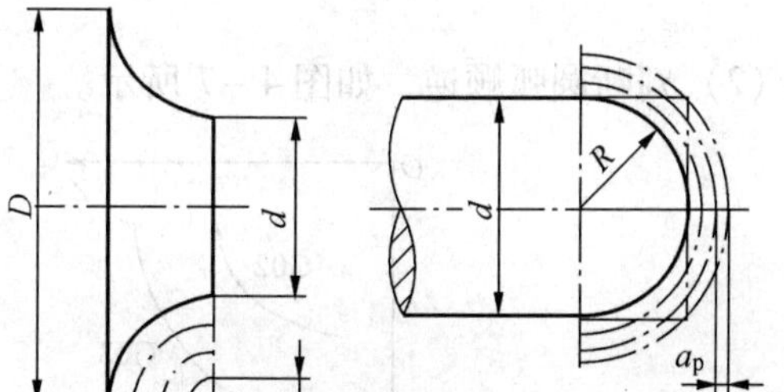

(a)　(b)

图 4－4　车圆弧的同心圆弧切削路线

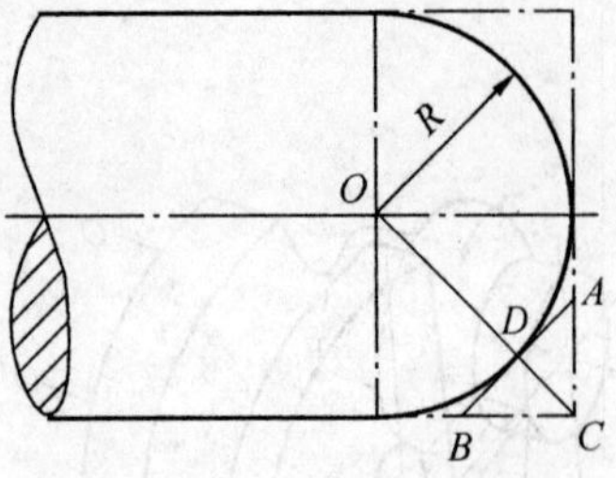

图4-5　车锥时起点和终点的确定方法

3. 车圆锥法加工圆弧切削路线

即先车一个圆锥，再车圆弧。但要注意车圆锥时起点和终点的确定，若确定不好，则可能损坏圆锥表面，也可能将余量留得过大。确定方法如图4-5所示，连接 OC 交圆弧于 D，过 D 点作圆弧的切线 AB。由几何关系 $CD=OC-OD=\sqrt{2}R-R=0.414R$，此为车圆锥时的最大切削余量，即车圆锥时加工路线不能超过 AB 线。由图示关系可得 $AC=BC=0.586R$，这样可确定车圆锥时的起点和终点。当 R 不太大时，可取 $AC=BC=0.5R$。此方法数值计算较繁，但刀具切削路线短。

三、编程指令

（一）圆弧插补指令

采用的指令为 G02、G03。其中 G02 为顺时针圆弧插补，G03 为逆时针圆弧插补。

1. 指令功能

使刀具按给定进给速度沿圆弧方向进行切削加工。

2. 圆弧顺、逆方向的判断

沿 Y 轴的正方向往负方向看，刀具沿顺时针方向运动为 G02，逆时针方向运动为 G03。判断步骤：

（1）首先用右手笛卡儿坐标系找出 Y 轴正方向，如图4-6所示。

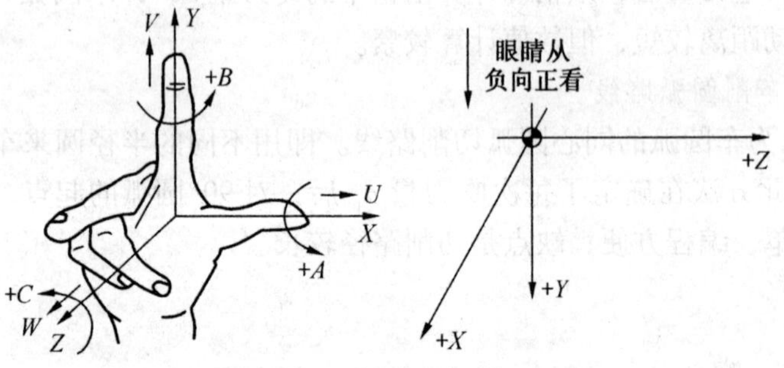

图4-6　找出 Y 轴正方向

（2）判断圆弧顺逆，如图4-7所示。

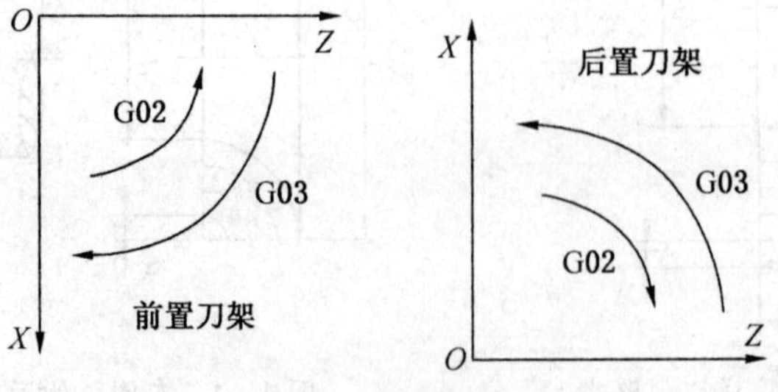

图4-7　判断圆弧顺逆

3. 圆弧插补指令格式

圆弧加工终点坐标 + 圆弧半径（或圆心坐标）指令格式为

G02　(G03)　X（U）____ Z（W）____ R ____ F ____;

G02　(G03)　X（U）____ Z（U）____ I ____ K ____ F ____;

说明：

（1）圆弧终点坐标的确定。当采用绝对值编程时，圆弧的终点坐标为圆弧终点在工件坐标系中的坐标值，用 X、Z 表示。当采用增量值编程时，圆弧的终点坐标为圆弧终点相对于圆弧起点的增量坐标值，用 U、W 表示。

（2）I、K 的确定。I、K 表示圆弧圆心坐标值，无论是绝对值编程还是增量值编程，I、K 总是表示圆心相对于圆弧起点在 X、Z 轴方向上的增量值。当圆心位置在圆弧起点相应坐标轴的正方向时，取正值；反之取负值。当圆弧圆心坐标值 I、K 与圆弧起点在同一坐标位置时，在程序中 I、K 可以省略。

（3）R 用于设定圆弧半径，不与 I、K 同时使用。常见的有两种情况：①圆弧圆心角 ≤180°时，R 取正值，即“+R”；②圆弧圆心角 >180°时，R 取负值，即“-R”。

（4）F 用于设定圆弧插补进给速度。

（5）用半径只指定圆心位置时，不能描述整圆。

（二）SIEMENS 802D 系统的 G02/G03 指令

SIEMENS 802D 系统的 G02/G03 指令功能和圆弧顺逆的判断方法同上。指令格式有 4 种不同的方式：

G02/G03　X ____ Z ____ I ____ K ____ F ____;

G02/G03　X ____ Z ____ CR = ____ F ____;

G02/G03　AR = ____ I ____ K ____ F ____;

G02/G03　AR = ____ X ____ Z ____ F ____;

说明：X、Z 是圆弧终点的坐标。I、K 为圆心坐标，且不管是在绝对值编程方式下还是在增量值编程方式下，永远是圆心相对于圆弧起点的增量坐标。CR 是圆弧的半径。AR 是圆弧对应的圆心角。

【任务实施】

一、加工工艺与程序设计

1. 零件装夹

工件伸出较短，使用普通三爪自定心卡盘装夹。

2. 选择刀具

该零件结构简单，工件材料为 45 号钢，尺寸精度和表面粗糙度要求不高，可选择可转位 90°外圆车刀，材质为 YT15。制定刀具卡片，见表 4-1。

3. 确定加工工艺

以工件右端面轴心处为零件编程坐标原点，工艺路线安排如下：

（1）车削零件左端面。

（2）粗车各面，留精车余量 0.5 mm。

表4-1 数控加工刀具卡片（圆弧面零件）

产品名称或代号：			零件名称：圆弧面零件		零件图号：	
序号	刀具号	刀具规格及名称	材质	数量	加工表面	备注
1	T01	90°外圆车刀	YT15	1	粗精车外圆柱面、外圆锥面、圆弧面、端面等	R0.2
编制：			审核：			

（3）精车各面。

（4）工件调头，车右端面，保证总长尺寸。

4. 制定加工工艺卡片

数控加工工艺卡片见表4-2。

表4-2 数控加工工艺卡片（圆弧面零件）

零件名称	圆弧面零件	零件图号		工件材质	45号钢	
工序号	程序编号	夹具名称		数控系统	车间	
1	O4001	三爪自定心卡盘		FANUC 0i		
工步号	工步内容	刀具号	主轴转速/（$r \cdot min^{-1}$）	进给量/（$mm \cdot r^{-1}$）	背吃刀量/mm	备注
1	车削零件左端面	T01	800	0.15	1	自动
2	粗车各面	T01	800	0.2	1.5	自动
3	精车各面	T01	1200	0.1	0.5	自动
4	掉头车右端面，保证总长	T01	800	0.15	1	自动

5. 程序设计

用FANUC 0i系统的G71、G70指令和SIEMENS 802D系统的CYLCE95指令分别编写本任务的加工程序，见表4-3至表4-5。

表4-3 用G71、G70切削循环指令加工圆弧面程序

加工程序	程序说明
O4001；	程序名
M03 S800 T0101；	主轴正转，转速为800 r/min，选择1号刀1号刀补
G00 X42.0 Z2.0；	刀具快速移动到循环起点
G94 X-1.0 Z1.0 F0.15； Z0；	G94切削循环车削工件左端面
G00 X42.0 Z2.0	刀具定位至循环起点

表4－3（续）

加工程序	程序说明
G71　U1.5　W1.0；	外径粗车循环，径向背吃刀量为1.5 mm，径向退刀量为1.0 mm
G71　P10　Q20　U0.5　W0　F0.2；	精车余量X向0.5 mm，Z向0
N10　G00　X14.0　S1200；	程序段号N10～N20定义精车循环刀具轨迹
G01　Z0　F0.1；	
X16.0　Z－1.0；	
Z－8.0；	
G03　X26.0　Z－13.0　R5.0；	
G01　Z－22.0；	
X34.0　Z－28.0；	
X38.0；	
Z－40.0；	
N20　X40.0；	
G70　P10　Q20；	精车循环
G00　X100.0　Z100.0；	退刀
M05；	主轴停止
M30；	程序结束，光标返回程序开始处

表4－4　用SIEMENS 802D系统CYCLE95指令加工凸圆弧程序

加工程序	程序说明
SKC401.MPF	程序名
G40　G95　G97　G21	设置初始化
T01D1　S800　M03　F0.2	主轴正转，转速为800 r/min，选择1号刀1号刀补
G00　X42.0　Z2.0	刀具快速接近工件
Z0	Z向进刀
G01　X－1.0　F0.15	车左端面
G00　Z2.0	Z向退刀
X40.0	X向退刀并定位于粗车外圆位置
CYCLE95（“BB202”，1.5，0.05，0.5，，0.2，0.1，0.1，9，，，0.5）	调用毛坯外圆循环，设置加工参数，子程序见表4－5
G00　X100.0　Z100.0	退刀
M05	主轴停止
M30	程序结束，光标返回程序开始处

表4-5 用SIEMENS 802D系统CYCLE95指令加工凸圆弧轮廓子程序

加工程序	程序说明
BB202. SPF	子程序名
G00 X14.0	X向进刀
G01 Z0	Z向进刀
X16.0 Z-1.0	倒角
Z-8.0	加工 ϕ16 mm外圆
G03 X26.0 Z-13.0 CR=5.0	加工*R*5圆弧
G01 Z-22.0	加工 ϕ26 mm外圆
X34.0 Z-28.0	加工圆锥面
X38.0	加工 ϕ38 mm右端面
Z-40.0	加工 ϕ38 mm外圆
X40.0	X向退刀
M17	子程序结束

二、圆弧面零件的加工

（一）工件与刀具的安装

工件装夹在自定心卡盘上，装夹要牢固。车刀安装时不宜伸出过长，刀尖高度应与机床中心等高。

（二）对刀并输入刀补值

用车刀分别试车工件外圆和端面，测量后输入对应的刀补值，对刀结束。

（三）数控加工与精度控制

1. 加工

首件加工应单段运行，通过机床控制面板上的“倍率选择”按钮修正加工参数，然后自动运行加工。当程序暂停时，可以检测加工尺寸，以保证精度要求。

2. 精度控制

加工过程中，各尺寸精度都要保证在公差范围之内，如出现误差可采用刀补修正法进行修正。

（四）零件检测

（1）修整工件，去毛刺等。

（2）尺寸精度检测：用游标卡尺测量零件总长，用外径千分尺测量 ϕ16 mm、ϕ26 mm、ϕ38 mm外圆尺寸。

（3）表面质量检测：用粗糙度样板对比检测零件加工表面质量。

【任务评价】

小组名称：________________　　　　　　学生姓名：__________

评价内容		分值	自我评价（30%）	小组评价（30%）	教师评价（40%）
1	外圆尺寸	20			
2	长度尺寸	10			
3	圆锥尺寸	10			
4	表面粗糙度	10			
5	程序正确、完整	6			
6	程序格式规范	3			
7	工艺合理	5			
8	程序参数选择合理	5			
9	指令选用合理	5			
10	零件装夹合理	3			
11	刀具选择及安装正确	3			
12	对刀及坐标系设定正确	3			
13	机床面板操作正确	4			
14	意外情况处理合理	3			
15	团结协作	5			
16	遵守纪律情况	5			
17	安全文明生产	5			
总评					

知识拓展

数控装置的插补原理

一、插补的概念

为了加工零件的轮廓，在加工过程中，需要保证刀具相对工件时刻运动的位置是在零件轮廓的轨迹上，这就需要知道不同时刻刀具相对工件运动的位置坐标，以便实现位置控制。而零件加工程序中仅提供了描述轮廓线形所必需的参数：直线——出发点和终点坐标；圆弧——出发点、终点坐标以及顺圆或逆圆。这就需要在加工（运动）过程中，实时地根据给定轮廓线形和给定进给速度要求计算出不同时刻刀具相对工件的位置，即出发点和终点之间的若干个中间点。这就是插补的概念。

根据给定进给速度给定轮廓线形的要求，在轮廓已知点之间确定一些中间点的方法，称为插补方法或插补原理。

每种线形的插补方法，可以由不同的计算方法来实现。那么，具体实现插补原理的计算方法称为插补算法。

插补算法的优劣直接影响 CNC 系统的性能指标。

二、评价插补算法的指标

1. 稳定性指标

插补运算是一种迭代运算，即由上一次计算结果求得本次的计算结果：$X_i = X_{i-1} + \Delta i$。作为数值计算，每次计算会存在计算误差和舍进误差。

计算误差指由于采用近似计算而产生的误差；舍进误差指计算结果圆整时所产生的误差。

对于某一算法，误差可能不随迭代次数的增加而积累，而另一算法误差可能随迭代的次数增加而积累。那么，一种算法对计算误差和舍进误差有没有积累效应，就是算法的稳定性。

为了确保轮廓加工精度，插补算法必须是稳定的。插补算法稳定的充分必要条件是，在插补计算过程中，其舍进误差和计算误差不随迭代次数的增加而积累。

2. 插补精度指标

插补精度指插补轮廓与给定轮廓的符合程度，可用插补误差来评价。

插补误差包括逼近误差 δ_a、计算误差 δ_c、圆整误差 δ_r。逼近误差和计算误差与插补算法密切相关。

要求：插补误差（轨迹误差）不大于系统的最小运动指令或脉冲当量。

3. 合成速度的均匀性指标

合成速度的均匀性是指插补运算输出的各轴进给量，经运动合成的实际速度与给定的进给速度的符合程度，由速度不均匀系数描述：

$$\lambda = \left| \frac{F - F_c}{F} \right| \times 100\%$$

式中 F——给定的进给速度；

F_c——实际合成进给速度。

合成进给速度 F_c 是给定进给速度经过一系列变换得到的，变换过程必产生误差，后果是 F_c 偏离 F 或 F_c 在 F 上下波动。若偏离或波动过大，势必会影响零件的加工质量和生产率。波动过大，严重时造成加工过程中的过大振动和噪声，降低刀具、机床的使用寿命。

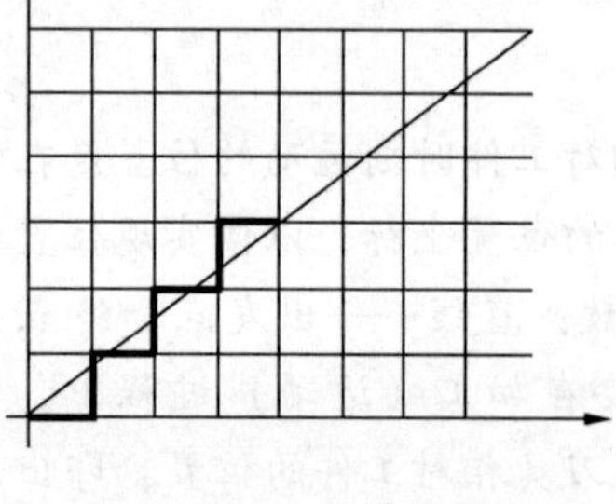

图 4-8 脉冲增量插补

三、插补方法的分类

1. 脉冲增量插补（行程标量插补）

如图 4-8 所示，这类算法的特点是：

(1) 每次插补的结果仅产生一个单位的位移增量（一个脉冲当量），以一个脉冲的方式输出给步进电机。基本思想是用折线逼近曲线。

(2) 插补速度与进给速度密切相关，还受步进电机最高运行频率的限制。

(3) 脉冲增量插补的实现方法比较简单（通常只用加法和移位运算），用于采用步进电机驱动的 CNC 系统。

2. 数字增量法（时间标量插补）

这类算法的特点是：

（1）插补程序以一定的时间间隔（插补周期）运行，在每个插补周期内，根据进给速度计算出各坐标轴在下一插补周期内的位移增量（数字量）。基本思想是用直线段（内接弦线、内外均差弦线、切线）来逼近曲线。

（2）插补运算速度与进给速度无严格关系，可达到较高的进给速度。

（3）实现算法较脉冲增量插补复杂，对计算机运算速度有一定要求。

数字增量法主要用于交、直流伺服电机驱动的闭环，半闭环 CNC 系统，也可用于步进电机开环系统。

【思考与练习】

一、填空题

1. 指令 G02 （G03） X____Z____I____K____的 I____K 为圆弧的__________相对其__________并分别在 X 坐标轴和 Z 坐标轴上的__________。

2. 圆弧插补顺逆方向的判断方法是：沿圆弧所在平面（如 XZ 平面）的另一根轴（Y 轴）的____________看该圆弧，顺时针方向圆弧用____________，逆时针方向圆弧用____________。

3. 圆弧半径 R 有正值和负值之分。当圆弧圆心角____________时，程序中的 R 用正值表示；当圆弧圆心角____________时，R 用负值表示。

二、判断题

1. 圆弧加工 G02、G03 指令中 R 值有正负之分。（　　）

2. 用 G02 或 G03 编制整圆时，不能用半径编程，必须用圆心坐标编程。（　　）

3. G96　S100 表示切削速度是 100 m/min。（　　）

三、简答题

1. 什么叫插补？应用较多的插补算法有哪些？

2. G02、G03 指令编程格式注意事项有哪些？

任务二　综合成形面零件加工

【任务描述】

图 4－9 所示为一综合成形面零件，毛坯尺寸为 ϕ75 mm × 130 mm，材料为 45 号钢，

生产类型为单件或小批量生产，无热处理工艺要求。下面以该零件为例，试正确设定工件坐标系，制定加工工艺方案，选择合理的刀具和切削工艺参数，正确编制数控加工程序并完成零件的加工。

【任务分析】

该零件加工内容包括外圆、阶台、圆锥、圆弧面等，各尺寸精度要求一般，表面粗糙度全部为 *Ra*3.2。此零件外形起伏变化较大，不符合单调变化规律，因此不能用轴向粗车循环指令 G71 编程加工，而应选择适合该零件外形变化的新编程加工指令，即轮廓粗车循环指令 G73。加工 *R*30 圆弧时应选择合适的刀具，防止发生干涉现象。零件上各点坐标值明确，无须计算。

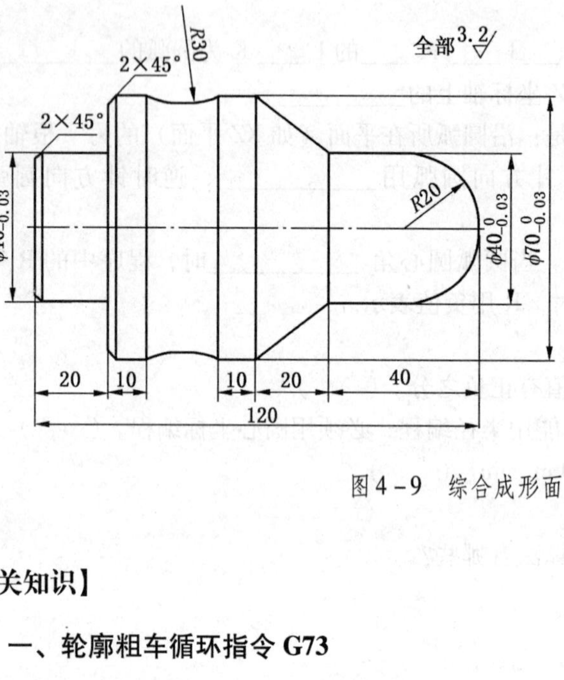

图 4－9　综合成形面零件

【相关知识】

一、轮廓粗车循环指令 G73

1. G73 指令功能

轮廓粗车循环指令。该指令适用于毛坯轮廓形状与零件轮廓形状基本接近的粗车。

2. G73 指令格式

指令格式为

G00　Xα　Zβ;

G73　U(Δi)　W(Δk)　R(d);

G73　P(ns)　Q(nf)　U(Δu)　W(Δw)　F(f)　S(s)　T(t);

指令格式中，Δi 表示 X 轴方向粗加工退刀量（半径值编程），为模态量。Δk 表示 Z 轴方向粗加工退刀量，为模态量。D 表示分割次数，为模态量。ns、nf、Δu、Δw 地址的含义与 G71 指令相同。注意：粗车过程中从程序段号 P(ns) 到 Q(nf) 之间包括的任何 F、S、T 功能都被忽略，只有 G73 指令中指定的 F、S、T 功能有效。

3. G73 指令循环路径

轮廓粗车循环指令 G73 的进给路线如图 4－10 所示。当工件毛坯为锻件或铸件时，往往可以通过使用 G73 和 G70 循环功能将工件加工成形。G73 轮廓粗车循环和 G71 功能一样，也是一种具有自动加工分配功能的固定循环，但分配方式不同。执行 G73 功能时，每一刀进给路线的轨迹形状是相同的，只是位置不同。每走完一刀，就把加工轨迹向工件方向移动一个位置，这样就可以将铸、锻件待加工表面上分布均匀的加工余量分层切除。

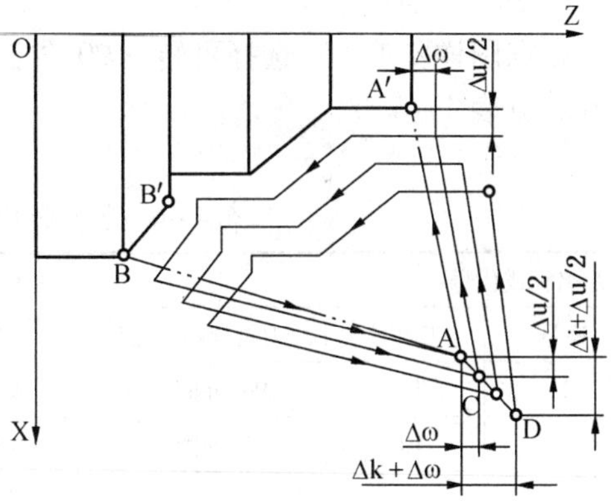

图 4－10　G73 指令的循环路径

4. G73 指令注意事项

（1）精车余量 Δu、Δw 的符号与 G71 指令的确定方法相同。

（2）在粗车循环期间，刀尖半径补偿功能无效。

二、刀具干涉

刀具干涉一般是指在加工过程中刀具切削了非加工对象，即刀具过切现象。但是，这种功能不能对所有干涉进行检查。

理论上来说，机床有以下几种常见干涉检查方式：

（1）刀具轨迹方向不同于编程轨迹的方向，轨迹间的方向差为 90°～270°。

（2）在圆弧加工中，刀心轨迹上起点和终点之间的角度与编程轨迹上的起点和终点之间的角度相差太大，大于 180°。

（3）小于刀具半径补偿的凹槽、沟槽编程轨迹。

（4）加工半径小于刀具半径的内拐角、沟槽及 90°台阶。

三、凹圆弧类零件加工及尺寸控制方法

凹圆弧长度尺寸通过设置刀具磨损量控制，首件加工采用试切和试测方法控制尺寸精度。具体做法是：当程序运行到粗车结束程序段时，停车测量精加工余量；根据测量结果设置外圆精车刀的磨损量，避免因对刀不精确而使精加工余量不足出现缺陷。然后运行精加工程序到精车结束程序段时，停车测量；根据测量结果修调精加工车刀的磨损值，再次运行精加工程序，直至达到尺寸要求为止。圆弧面形状及尺寸通过设置刀尖半径补偿、装夹刀具时使刀尖与工件轴线等高、试测量等方法控制。

【任务实施】

一、加工工艺与程序设计

1. 零件装夹

工件伸出较短，使用普通三爪自定心卡盘装夹。

2. 选择刀具

根据图样要求，可选择可转位90°外圆车刀、75°外圆车刀，材质为YT15。制定刀具卡片，见表4-6。

表4-6 数控加工刀具卡片（综合成形面）

产品名称或代号:			零件名称: 综合成形面			零件图号:
序号	刀具号	刀具规格及名称	材质	数量	加工表面	备注
1	T01	90°外圆车刀	YT15	1	粗精车端面	R0.2
2	T02	75°外圆车刀	YT15	1	粗精车外圆、圆弧面	R0.2
编制:			审核:			

3. 确定加工工艺

以工件右端面轴心处为零件编程坐标原点，工艺路线安排如下：

（1）车削零件左端面。

（2）粗车 $\phi40$ mm 外圆，留精车余量0.5 mm。

（3）精车 $\phi40$ mm 外圆。

（4）工件调头，车右端面，保证总长尺寸。

（5）粗车各圆锥面、圆柱面、圆弧面。

（6）精车各圆锥面、圆柱面、圆弧面。

4. 制定加工工艺卡片

数控加工工艺卡片见表4-7。

表4-7 数控加工工艺卡片（综合成形面）

零件名称	综合成形面	零件图号		工件材质	45号钢	
工序号	程序编号	夹具名称		数控系统	车间	
1	O4002	三爪自定心卡盘		FANUC 0i		
工步号	工步内容	刀具号	主轴转速/($r \cdot min^{-1}$)	进给量/($mm \cdot r^{-1}$)	背吃刀量/mm	备注
1	车削零件左端面	T01	800	0.15	1	自动
2	粗车 $\phi40$ mm 外圆	T01	800	0.2	2	自动
3	精车 $\phi40$ mm 外圆	T01	1200	0.1	0.5	自动
4	掉头车右端面，保证总长	T01	800	0.15	1	自动
5	粗车各圆锥面、圆柱面、圆弧面	T02	800	0.15	1	自动
6	精车各圆锥面、圆柱面、圆弧面	T02	1200	0.1	0.5	自动

5. 程序设计

用FANUC 0i系统的G73指令和SIEMENS 802D系统的CYLCE95指令分别编写本任务

的加工程序，见表4－8至表4－10。

表4－8 用G73切削循环指令加工综合成形面零件程序

加工程序	程序说明
O4002；	程序名
M03 S800 T0101；	主轴正转，转速为800 r/min，选择1号刀1号刀补
G00 X76.0 Z2.0；	刀具快速移动到循环起点
G94 X－1.0 Z1.0 F0.15；	G94切削循环车削工件左端面
Z0；	
G71 U1.5 R1.0；	粗车 ϕ40 mm外圆，留精加工余量0.5 mm
G71 P10 Q20 U0.5 W0 F0.2；	
N10 G00 X40.0 S1200；	
G01 Z－20.0 F0.1；	
X66.0；	
X70.0 Z－22.0；	
N20 X72.0；	
G70 P10 Q20；	精车 ϕ70 mm外圆
G00 X100.0 Z100.0；	退刀
M05；	主轴停止
M00；	程序暂停，测量，工件调头
M03 S800；	主轴正转，转速为800 r/min
G00 X76.0 Z2.0；	刀具快速移动到循环起点
G94 X－1.0 Z1.0 F0.15；	G94切削循环车削工件右端面
Z0；	
G00 X100.0 Z20.0；	刀具快速移动到循环起点
G73 U17.5 W0 R8；	轮廓粗车循环，X轴方向粗加工退刀量为17.5 mm，Z轴方向粗加工退刀量为0，分割次数为8
G73 P30 Q40 U0.5 W0 F0.2；	精加工余量径向为0.5 mm，轴向0
N30 G00 X0 Z2.0 S1200；	程序段号N10～N20定义精车循环刀具轨迹
G01 Z0 F0.1；	
G03 X40.0 Z－20.0 R20.0；	
G01 Z－40.0；	
X70.0 W－20.0；	
W－10.0；	
G02 X70.0 W－20.0 R30.0；	
N40 G01 W－10.0；	

表 4-8（续）

加 工 程 序	程 序 说 明
G70　P30　Q40；	精车循环
G00　X100.0　Z100.0；	退刀
M05；	主轴停止
M30；	程序结束，光标返回程序开始处

表 4-9　用 SIEMENS 802D 系统 CYCLE95 指令加工综合成形面右端程序

加 工 程 序	程 序 说 明
SKC402. MPF	程序名
G40　G95　G97　G21	设置初始化
T01D1　S800　M03　F0.2	主轴正转，转速为 800 r/min，选择 1 号刀 1 号刀补
G00　X76.0　Z2.0	刀具快速接近工件
Z0	Z 向进刀
G01　X-1.0　F0.15	车右端面
G00　Z2.0	Z 向退刀
X76.0	X 向退刀并定位于循环起点
CYCLE95（“BB402”，1.5，0.05，0.5，，0.2，0.1，0.1，9，，，0.5）	调用毛坯外圆循环，设置加工参数，子程序见表 4-10
G00　X100.0　Z100.0	退刀
M05	主轴停止
M30	程序结束，光标返回程序开始处

表 4-10　用 SIEMENS 802D 系统 CYCLE95 指令加工综合成形面右端轮廓子程序

加 工 程 序	程 序 说 明
BB402. SPF	子程序名
G00　X0　Z2.0	X 向进刀
G01　Z0	Z 向进刀
G03　X40.0　Z-20.0　R20.0	加工外圆锥面
G01　Z-40.0	加工 ϕ60 mm 外圆
X70.0　Z-60.0	加工圆锥面
Z-70.0	加工 ϕ70 mm 外圆
G02　X70.0　Z-90.0　R30.0	加工圆弧面
G01　Z-100.0	加工 ϕ70 mm 外圆
X72.0	X 向退刀
M17	子程序结束

二、综合成形面的加工

（一）工件与刀具的安装

工件装夹在自定心卡盘上，采用三爪持（或一夹一顶），装夹要牢固。车刀安装时不宜伸出过长，刀尖高度应与机床中心等高。

（二）对刀并输入刀补值

用车刀分别试车工件外圆和端面，测量后输入对应的刀补值，对刀结束。

（三）数控加工与精度控制

1. 加工

首件加工应单段运行，通过机床控制面板上的“倍率选择”按钮修正加工参数，然后自动运行加工。当程序暂停时，可以检测加工尺寸，以保证精度要求。

2. 精度控制

加工过程中，各尺寸精度都要保证在公差范围之内，如出现误差可采用刀补修正法进行修正。

（四）零件检测

（1）修整工件，去毛刺等。

（2）尺寸精度检测：用游标卡尺测量零件总长尺寸，用外径千分尺测量 ϕ40 mm、ϕ70 mm 外圆尺寸。

（3）表面质量检测：用粗糙度样板对比检测零件加工表面质量。

【任务评价】

小组名称：＿＿＿＿＿＿＿＿＿＿　　　　学生姓名：＿＿＿＿＿＿

评价内容		分值	自我评价（30%）	小组评价（30%）	教师评价（40%）
1	外圆尺寸	10			
2	圆弧尺寸	10			
3	长度尺寸	10			
4	圆锥尺寸	10			
5	表面粗糙度	10			
6	程序正确、完整	6			
7	程序格式规范	3			
8	工艺合理	5			
9	程序参数选择合理	5			
10	指令选用合理	5			
11	零件装夹合理	3			
12	刀具选择及安装正确	3			
13	对刀及坐标系设定正确	3			

（续）

评价内容		分值	自我评价（30%）	小组评价（30%）	教师评价（40%）
14	机床面板操作正确	4			
15	意外情况处理合理	3			
16	团结协作	5			
17	遵守纪律情况	5			
18	安全文明生产	5			
总评					

知识拓展

圆弧面的测量

一、方法1

预置理论圆心坐标测圆弧直径（该方法用于圆心坐标加工精度较高时），具体操作过程如下：在测量圆弧时，先将圆弧所在平面的参考原点平移到圆弧理论中心上，使之成为新建零件参考系的原点，然后在圆弧上进行若干2D极向量（带测头半径补偿）的采点，测量完毕将各测得R值计算平均值后乘以2，其结果即视为圆弧实际直径，随后恢复原参考系。若没有2D极向量测点功能，则可采用PICK（不带测头半径补偿）测点方式，其R值为原点到测头中心的距离。计算方法与上面相同，只不过结果运算时根据内外圆弧测量还需加上或减去一个测头直径补偿。

二、方法2

预置理论圆弧直径测圆心坐标（该方法用于圆弧直径加工精度较高时），具体操作过程如下：在进行内外圆弧测量时，调用测圆功能后须先给定一个理论圆弧直径，然后进行若干采点，系统便自动计算出圆弧的中心坐标。若没有该测量功能，则可采用下列方法近似测量，为简化操作和计算，亦可自行编制一个小程序。其操作方法是，在进行该测量时须先以PICK（不带测头半径补偿）方式在圆弧两端点处各采一点，程序用其连线建立新的零件参考系第2轴，并平移原点至两点中点上。随之程序便以CNC方式过中点进行法向采样，带测头半径补偿的圆弧点坐标便获得了。由于这个点正处在坐标轴线上，所以通过给定理论圆弧半径便可方便地求出当前坐标系圆弧中心坐标，而圆弧的实际中心坐标只要转换到原坐标系就行了。

测量数据的再处理：上述两种测量方法对加工精度越高的零件测量效果越好。需要指出的是，当给定的理论参数与实际偏离较大时，测量效果会显著下降，此时测量结果的置信度必须根据图样给定公差的大小而定。反之，就要对已测量的数据进行再处理。其方法是在图样给定公差范围内适当调整理论圆弧中心位置，看其原测量R值的变化，若两者均在公差范围内就视为合格；另一种方法是在图样给定公差范围内适当调整理论圆弧半径，看其原测量圆弧中心坐标的变化，若两者均在公差范围内就视为合格。

【思考与练习】

一、填空题

1. 刀具干涉一般是指在加工过程中，刀具切削了____________对象，即刀具____________现象。

2. G73 ____________指令。该指令适用于____________与________________________粗车。

3. G73　U(Δi)　W(Δk)　R(d) 指令格式中，R(d) 的含义为__________。

二、判断题

1. 圆弧面形状及尺寸通过设置刀尖半径补偿、装夹刀具时使刀尖与工件轴线等高、试测量等方法控制。(　　)

2. 圆弧面的测量可以用三坐标测量。(　　)

三、编程题

试用学过的指令编写图 4－11 所示零件的加工程序。

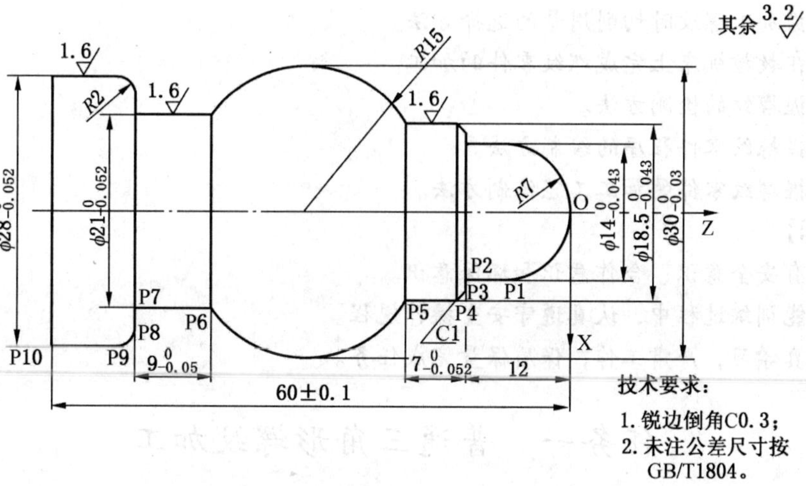

图 4－11　成形面加工题图

项目五　螺纹零件加工

【知识目标】

1. 掌握螺纹标记的表示方法。
2. 了解加工螺纹刀具的选择方法。
3. 了解螺纹加工的工艺特点。
4. 熟练应用相应的编程指令编写螺纹的加工程序。

【技能目标】

1. 熟练掌握数控程序的输入与编辑。
2. 掌握螺纹车刀的装夹方法。
3. 掌握加工螺纹时切削用量的选择方法。
4. 能在数控机床上完成螺纹零件的加工。
5. 掌握螺纹的检测方法。
6. 掌握螺纹零件程序的编制方法。
7. 掌握螺纹零件的加工工艺编制方法。

【情感目标】

1. 具有安全意识、合作意识和环保意识。
2. 技能训练过程中，认真遵守安全操作规程。
3. 认真学习，严肃工作，保质保量完成任务。

任务一　普通三角形螺纹加工

【任务描述】

在数控机床上除了能加工圆柱面、圆锥面、圆弧面外，还能加工螺纹。在生产实际中，带有螺纹的零件应用非常广泛。图 5－1 所示是一螺纹零件，毛坯尺寸为 ϕ40 mm × 80 mm，材料为 45 号钢，生产类型为单件或小批量生产，无热处理工艺要求。下面以该零件为例，试正确设定工件坐标系，制定加工工艺方案，选择合理的刀具和切削工艺参数，正确编制数控加工程序并完成零件的加工。

【任务分析】

该零件主要由外圆、槽、圆弧、螺纹等形状组成。对于外圆、槽、圆弧的加工，可用已学过的 G00、G01、G02/G03、G90、G71 等指令进行编程加工；螺纹部位是普通三角形细牙螺纹，可用螺纹加工指令 G32、G92、G76 进行编程加工。如果用的是 SIEMENS 802D 系统，则用螺纹切削循环指令 CYCLE97 编程。通过学习本任务内容，可掌握螺纹零件的数控加工工艺知识，常用指令（G32、G92、G76、CYCLE95）功能、格式、注意事项及

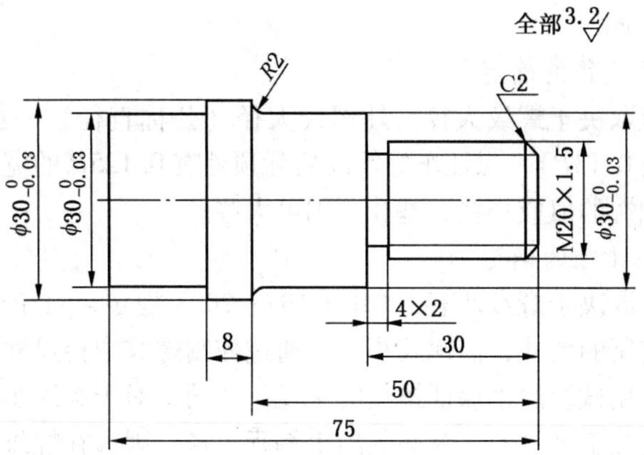

图5-1 螺纹零件

零件加工与质量分析。

【相关知识】

一、三角形螺纹尺寸及计算方法

1. 螺纹牙型高度（螺纹切削深度）

螺纹牙型高度是指螺纹牙型上牙顶到牙底之间垂直于螺纹轴线的距离，是螺纹车刀总切入深度，如图5-2所示。

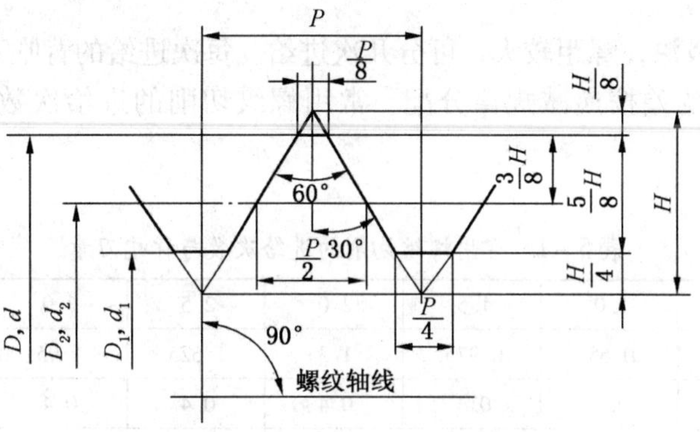

图5-2 普通螺纹的基本牙型

根据GB/T 196—2003，三角形普通螺纹的牙型理论高度$H=0.866P$，实际加工时由于螺纹车刀刀尖半径的影响，螺纹的实际切削深度会有变化。GB/T 197—2003规定螺纹车刀可在牙底最小削平高度$H/8$处削平或倒圆，所以普通螺纹实际牙型高度可按下式计算：

$$h=H-2(H/8)=0.6495P$$

$$H=0.866P$$

式中 H——螺纹原始三角形高度，mm；

P——螺距，mm。

2. 螺纹切削编程大径的确定

编程大径的确定取决于螺纹大径。外螺纹大径（公称直径）一般应车得比基本尺寸小0.2～0.4 mm（约0.13P），保证车好螺纹后牙顶处有0.125P的宽度。具体数值应参照基准制来选择，基轴制的值应小些，基孔制则可大些。

3. 螺纹切削编程小径的确定

编程小径的确定取决于螺纹小径。GB/T 197—2003规定，对于外螺纹，大径和中径是螺纹加工主要应控制的尺寸，而螺纹小径是通过控制螺纹中径尺寸间接得到的。在卧式机床上，加工螺纹是用试切法来保证螺纹的中径尺寸的，对于螺纹小径尺寸一般无须精确计算。在数控机床上加工螺纹时，就必须给出编程小径，因为在螺纹加工的指令中包含了螺纹小径的编程数据。

编程小径的计算公式为

$$d_1 = d - 1.3P$$

式中　d——公称直径，mm。

4. 螺纹空刀导入量和空刀导出量的确定

由于数控机床的伺服系统在车螺纹起始时有一个加速过程，结束前有一个减速过程，在加速或减速过程中螺距不可能保持均匀，因此车螺纹时两端必须设置足够的空刀导入量（升速进刀段）和空刀导出量（减速退刀段）。空刀导入量和空刀导出量的数值与数控机床伺服系统的动态特性有关，还与螺纹的螺距、螺纹的精度有关，一般空刀导入量可取2～5 mm，对大螺距和高精度的螺纹取大值，空刀导出量一般为空刀导入量的0.5倍。

5. 分层背吃刀量

如果螺纹牙型较深，螺距较大，可分几次进给。每次进给的背吃刀量用螺纹深度减精加工背吃刀量所得的差按递减规律分配。常用螺纹切削的进给次数和背吃刀量可参考表5－1选取。

表5－1　常用螺纹切削的进给次数与背吃刀量　　mm

螺距		1.0	1.5	2.0	2.5	3.0	3.5	4.0
牙深		0.65	0.975	1.3	1.625	1.95	2.275	2.6
背吃刀量及切削次数	第1次	0.3	0.4	0.4	0.4	0.4	0.4	0.4
	第2次	0.2	0.2	0.3	0.3	0.3	0.3	0.4
	第3次	0.15	0.2	0.3	0.3	0.3	0.3	0.3
	第4次		0.175	0.2	0.3	0.3	0.3	0.3
	第5次			0.1	0.2	0.3	0.3	0.3
	第6次				0.125	0.2	0.3	0.3
	第7次					0.15	0.2	0.3
	第8次						0.175	0.2
	第9次							0.1

二、编程指令

(一) G32 指令

1. 指令功能

G32 指令可以执行单行程螺纹切削，螺纹车刀的进给运动严格根据输入的螺纹导程进行。螺纹车刀的切入、切出、返回等均需另外编写程序。

2. 指令格式

指令格式为

G32　X(U)____ Z (W)____ F ____;

指令格式中，X、Z 表示螺纹终点的绝对坐标值。U、W 表示螺纹终点相对螺纹起点的增量值。F 表示螺纹的导程，单位为 mm/r。

对于锥螺纹，其斜角在 45°以下时，螺纹导程以 Z 轴方向指定；斜角在 45° ~ 90°时，以 X 轴方向指定。

3. 指令循环路径

G32 指令循环路径如图 5 - 3 所示。G32 指令近似于 G01 指令，刀具从 *B* 点以每转进给一个导程/螺距的速度切削至 *C* 点。其切削前的进刀和切削后的退刀都要通过其他的程序段来实现，如图中 *AB*、*CD*、*DA* 程序段。

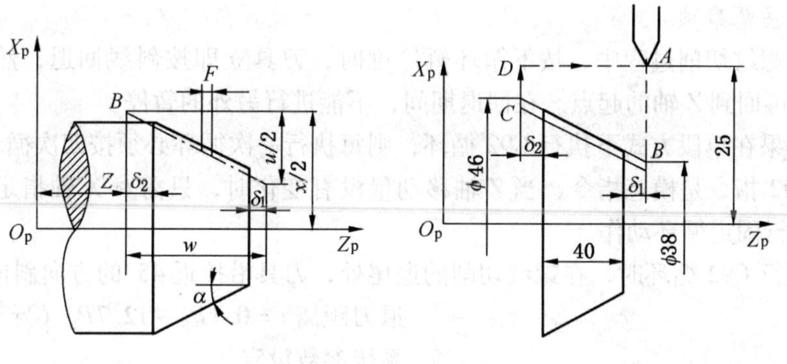

图 5 - 3　G32 指令循环路径

(二) G92 指令

1. 指令功能

G92 指令可切削锥螺纹和圆柱螺纹，其循环路径与前述的单一形状固定循环指令 G90 基本相同，只是 F 后面的进给量数值改为螺纹的导程（单头螺纹的螺距）。

2. 指令格式

指令格式为

G92　X(U)____ Z (W)____ R____ F____;

指令格式中，X、Z 表示螺纹终点坐标值。U、W 表示螺纹终点相对循环起点的坐标增量值。R 表示锥螺纹始点与终点在 X 轴方向的坐标增量（半径值），圆柱螺纹切削循环时 R 为零，可省略。F 表示螺纹导程。

3. 指令循环路径

G92 指令循环路径如图 5－4、图 5－5 所示。与 G90 相似，刀具从循环起点按图所示的走刀路线，最后返回循环起点。图中虚线表示按 R 快速移动，实线按 F 指定的进给速度移动。

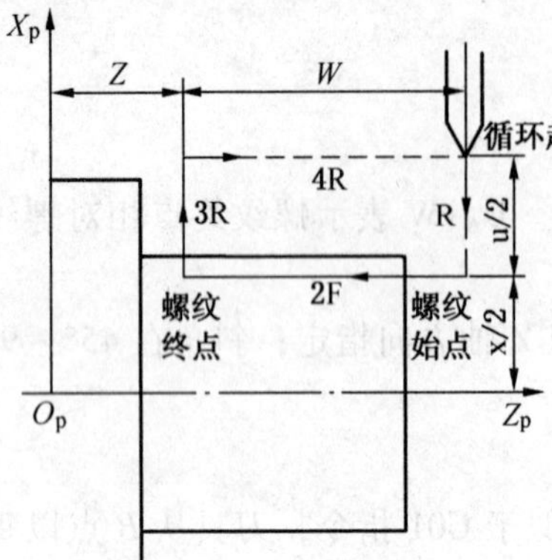

图 5－4　切削圆柱螺纹

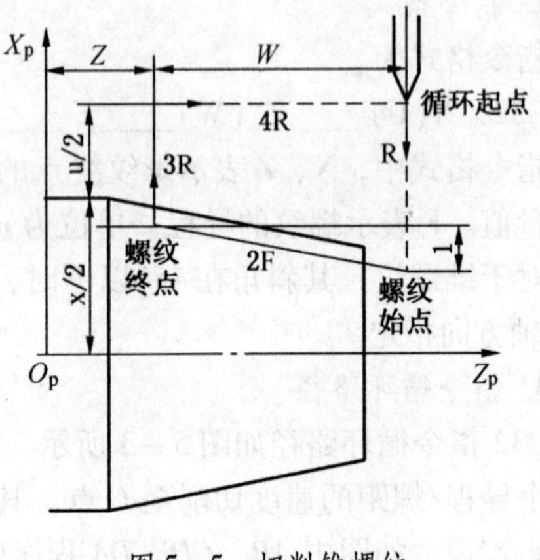

图 5－5　切削锥螺纹

4. 指令注意事项

（1）在螺纹切削过程中，按下循环暂停键时，刀具立即按斜线回退，然后先回到 X 轴的起点，再回到 Z 轴的起点。在回退期间，不能进行另外的暂停。

（2）如果在单段方式下执行 G92 循环，则每执行一次循环必须按四次循环启动按钮。

（3）G92 指令是模态指令，当 Z 轴移动量没有变化时，只需对 X 轴指定其移动指令即可重复执行固定循环动作。

（4）执行 G92 循环时，在螺纹切削的退尾处，刀具沿接近 45°的方向斜向退刀，Z 向退刀距离 $r = 0.1P_h \sim 12.7P_h$（导程），该值由系统参数设定。

（5）在 G92 指令执行过程中，进给速度倍率和主轴速度倍率均无效。

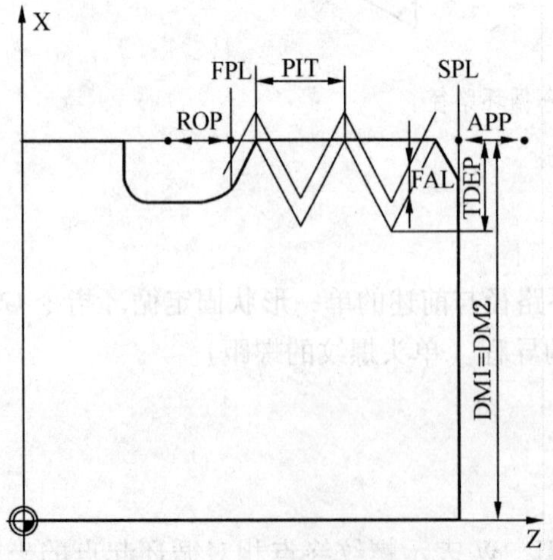

图 5－6　螺纹切削循环的参数

三、SIEMENS 802D 系统螺纹切削循环指令 CYCLE97

（一）指令格式

CYCLE97（PIT，MPIT，SPL，FPL，DM1，DM2，APP，ROP，TDEP，FAL，IANG，NSP，NRC，NID，VARI，NUMT）；

螺纹切削循环的参数如图 5－6 所示，具体含义见表 5－2。

表5-2　CYCLE97指令参数

参数	功能、含义及规定
PIT	螺距作为数值，无符号输入
MPIT	螺距作为螺纹尺寸，M3~M60
SPL	螺纹起始点的纵坐标
FPL	螺纹终点的纵坐标
DM1	起始点的螺纹直径
DM2	终点的螺纹直径
APP	空刀导入量，无符号输入
ROP	空刀导出量，无符号输入
TDEP	螺纹深度，无符号输入
FAL	精加工余量，半径量，无符号输入
IANG	切入进给角，“+”表示沿侧面进给，“-”表示交错进给
NSP	首牙螺纹的起始点偏移，无符号角度值
NRC	粗加工切削数量，无符号输入
NID	空进刀数（输入时不带正负号）
VARI	螺纹加工类型，数值1~4
NUMT	整数螺纹导程数（输入时不带正负号）

如：CYCLE97（6,，0，-36，35.7，35.7，6，6，3.5，0.05，-15，0，20，1，3，1），在该语句中，每个数字表示的意义可与指令格式中的代号一一对应，如果格式中的“,”前无数值，则表示该数值可省略，但注意不能省略“,”。

（二）指令说明

1. 螺纹切削循环的动作

（1）刀具以G00方式定位至第一条螺纹线空刀导入量的起始处，即循环起点处。

（2）按照参数VARI确定的加工方式，根据系统计算出的背吃刀量沿深度方向进刀。

（3）以G33方式切削加工至空刀退出终点处。

（4）退刀至循环起点。

（5）根据指令的粗切削次数，重复以上动作，分多刀粗车螺纹。

（6）以G33方式精车螺纹。

2. 加工方式

CYCLE97指令的加工方式用参数VARI表示，该参数不仅确定了螺纹的加工类型，还确定了螺纹背吃刀量的定义方式。参数VARI的值为1~4，其值的含义见表5-3。

表5-3　参数VARI的含义

加工类型	外部/内部	进给方式
1	外部	恒定背吃刀量进给
2	内部	恒定背吃刀量进给
3	外部	恒定切削截面积进给
4	内部	恒定切削截面积进给

3. 螺纹加工空刀导入量和空刀导出量

空刀导入量用参数 APP 表示，该值一般取 2 ~ 3P（螺距）。空刀导出量用参数 POP 表示，该值一般取 1 ~ 2P。

4. 螺距的确定

螺纹的螺距可用两种方法表示，即用参数 PIT 表示实际螺距数值的大小或用参数 MPIT 表示螺纹公称直径的大小，其螺距的大小则由普通粗牙螺纹的尺寸确定（如当 MPIT = 10 时，虽在 PIT 中不能输入数据，但实际值为 1.5）。在实际设定时，只能设定其中的一个参数。

5. 使用 CYCLE97 指令编程时的注意事项

（1）螺纹切削循环的进刀方式如采用直进法进刀，因在螺纹切削循环中每次的背吃刀量均相等，随切削深度增加，切削面积将越来越大，切削力也越来越大，容易产生扎刀现象。所以，应根据实际情况选择适当的 VARI 参数。

（2）循环开始时刀具所到达的位置可以是任意位置，但应保证刀具在螺纹切削完成后退回到该位置时不发生任何碰撞。

（3）使用 G33、G34、G35 指令编程时的注意事项在这里仍然有效。

（4）使用 CYCLE97 指令编程时，应注意 DM 参数与 TDEP 是相关联的。以加工普通外螺纹为例，当 DM 取其公称直径时，则 TDEP 取推荐值 1.3P。

【任务实施】

一、加工工艺与程序设计

1. 零件装夹

工件伸出较短，使用普通三爪自定心卡盘装夹。

2. 选择刀具

根据图样要求，可选择可转位 90°外圆车刀、切槽刀、三角形螺纹车刀，材质为 YT15。制定刀具卡片，见表 5-4。

表 5-4 数控加工刀具卡片（三角形螺纹零件）

产品名称或代号：			零件名称：三角形螺纹零件			零件图号：
序号	刀具号	刀具规格及名称	材质	数量	加工表面	备注
1	T01	90°外圆车刀	YT15	1	外圆柱面	R0.2
2	T02	切槽刀	YT15	1	槽	
3	T03	三角形螺纹车刀	YT15	1	螺纹面	
编制：			审核：			

3. 确定加工工艺

以工件右端面轴心处为零件编程坐标原点，工艺路线安排如下：

（1）车削零件左端面。

（2）粗车 ϕ30 mm、ϕ34 mm 外圆，留精车余量 0.5 mm。
（3）精车 ϕ30 mm、ϕ34 mm 外圆。
（4）工件调头，车右端面，保证总长尺寸。
（5）粗车 ϕ20 mm、ϕ30 mm 外圆，留精车余量 0.5 mm。
（6）精车 ϕ20 mm、ϕ30 mm 外圆。
（7）切 4 mm 的槽。
（8）车 M20 × 1.5 三角形螺纹。

4. 制定加工工艺卡片

数控加工工艺卡片见表 5 – 5。

表 5 – 5 数控加工工艺卡片（三角形螺纹零件）

零件名称	三角形螺纹零件	零件图号		工件材质	45 号钢	
工序号	程序编号	夹具名称		数控系统	车间	
1	O5001	三爪自定心卡盘		FANUC 0i		
工步号	工步内容	刀具号	主轴转速/（$r \cdot min^{-1}$）	进给量/（$mm \cdot r^{-1}$）	背吃刀量/mm	备注
1	车削零件左端面	T01	800	0.15	1	自动
2	粗车 ϕ30 mm、ϕ34 mm 外圆	T01	800	0.2	1.5	自动
3	精车 ϕ30 mm、ϕ34 mm 外圆	T01	1200	0.1	0.5	自动
4	掉头车右端面，保证总长	T01	800	0.15	1	自动
5	粗车 ϕ20 mm、ϕ30 mm 外圆	T01	800	0.15	1	自动
6	精车 ϕ20 mm、ϕ30 mm 外圆	T01	1200	0.1	0.5	自动
7	车 4 mm 槽	T02	500	0.08	2	自动
8	车 M20 × 1.5 螺纹	T03	500			自动

5. 程序设计

用 FANUC 0i 系统的 G92 指令和 SIEMENS 802D 系统的 CYLCE97 指令分别编写本任务的加工程序，见表 5 – 6 至表 5 – 8。

表 5 – 6 用 G92 切削循环指令加工螺纹轴程序

加工程序	程序说明
O5001;	程序名
M03 S800 T0101;	主轴正转，转速为 800 r/min，选择 1 号刀 1 号刀补
G00 X42.0 Z2.0;	刀具快速移动到循环起点
G94 X – 1.0 Z1.0 F0.15;	G94 切削循环车削工件左端面
Z0;	

表 5-6（续）

加工程序	程序说明
G71 U2.0 R1.0;	
G71 P10 Q20 U0.5 W0 F0.2;	
N10 G00 X30 S1200;	
G01 Z-17.0 F0.1;	粗车左端 ϕ30 mm、ϕ34 mm 外圆，留精车余量 0.5 mm
X34.0;	
W-10.0;	
N20 X36.0;	
G70 P10 Q20;	精车 ϕ30 mm、ϕ34 mm 外圆
G00 X100.0 Z100.0;	刀具远离工件
M05;	主轴停止
M00;	程序暂停
M03 S800 T0101;	主轴正转，转速为 800 r/min，选择 1 号刀 1 号刀补
G00 X42.0 Z2.0;	刀具快速移动到循环起点
G94 X-1.0 Z1.0 F0.15;	G94 切削循环车削工件右端面
Z0;	
G71 U2.0 R1.0;	
G71 P30 Q40 U0.5 W0 F0.2;	
N30 G00 X16.0 S1200;	
G01 Z0 F0.1;	
X20.0 Z-2.0;	粗车右端 ϕ20 mm、ϕ30 mm 外圆，留精车余量 0.5 mm
Z-30.0;	
X30.0;	
Z-48.0;	
N40 G02 X34.0 Z-50.0 R2.0;	
G70 P30 Q40;	精车 ϕ20 mm、ϕ30 mm 外圆
G00 X100.0 Z100.0;	刀具远离工件
M03 T0202 S500;	主轴正转，转速为 500 r/min，选择 2 号刀 2 号刀补
G00 X32.0 Z-30.0;	刀具定位至切槽位置
G01 X16.0 F0.08;	切槽
X32.0;	径向退刀
G00 X100.0 Z100.0;	刀具远离工件
M03 T0303 S500;	主轴正转，转速为 500 r/min，选择 3 号刀 3 号刀补
G00 X22.0 Z2.0;	刀具定位至车螺纹循环起点位置
G92 X19.2 Z-27.0 F1.5;	车螺纹
X18.6;	

表 5-6（续）

加工程序	程序说明
X18.2；	车螺纹
X18.05；	
G00 X100.0 Z100.0；	退刀
M05；	主轴停止
M30；	程序结束，光标返回程序开始处

表 5-7 用 SIEMENS 802D 系统 CYCLE97 指令加工螺纹轴右端程序

加工程序	程序说明
SKC501.MPF	程序名
G40 G95 G97 G21	设置初始化
T01D1 S800 M03 F0.2	主轴正转，转速为 800 r/min，选择 1 号刀 1 号刀补
G00 X42.0 Z2.0	刀具快速接近工件
Z0	Z 向进刀
G01 X-1.0 F0.15	车左端面
G00 Z2.0	Z 向退刀
X42.0	X 向退刀并定位于粗车外圆位置
CYCLE95（“BB501”，1.5，0.05，0.5，，0.2，0.1，0.1，9，，，0.5）	调用毛坯外圆循环，设置加工参数，子程序见表 5-8
G00 X100.0 Z100.0	退刀
M05	主轴停止
M00	程序暂停
T02D2 S500 M03	主轴正转，转速为 500 r/min，选择 2 号刀 2 号刀补
G00 X32.0 Z-30.0	刀具定位于切槽位置
G01 X16.0 F0.08	切槽
G04 X2.0	槽底暂停 2 s
X32.0	径向退刀
G00 X150.0 Z150.0	退刀
M05	主轴停止
M00	程序暂停
T03D3 S500 M03	主轴正转，转速为 500 r/min，选择 3 号刀 3 号刀补
G00 X22.0 Z2.0	刀具定位于切螺纹循环起点位置
CYCLE97（1.5，，0，-26，20，20，2，1，0.98，0.05，30，0，6，1，1，1）	车螺纹
G00 X100.0 Z100.0	退刀

表 5-7（续）

加工程序	程序说明
M05	主轴停止
M30	程序结束，光标返回程序开始处

表 5-8 用 SIEMENS 802D 系统 CYCLE97 指令加工螺纹轴右端轮廓子程序

加工程序	程序说明
BB501. SPF	子程序名
G00 X16.0	X 向进刀
G01 Z0 F0.1	Z 向进刀
X20.0 Z-2.0	倒角
Z-30.0	加工 ϕ20 mm 外圆
X30.0	加工 ϕ30 mm 端面
Z-48.0	加工 ϕ30 mm 外圆
G02 X34.0 Z-50.0 R2.0	加工 R2.0 的圆弧面
G01 X40.0	X 向退刀
M17	子程序结束

二、螺纹轴的加工

（一）工件与刀具的安装

工件装夹在自定心卡盘上，采用三爪持（或一夹一顶），装夹要牢固。车刀安装时不宜伸出过长，刀尖高度应与机床中心等高。

（二）对刀并输入刀补值

用车刀分别试车工件外圆和端面，测量后输入对应的刀补值，对刀结束。

（三）数控加工与精度控制

1. 加工

首件加工应单段运行，通过机床控制面板上的“倍率选择”按钮修正加工参数，然后自动运行加工。当程序暂停时，可以检测加工尺寸，以保证精度要求。

2. 精度控制

加工过程中，各尺寸精度都要保证在公差范围之内，如出现误差可采用刀补修正法进行修正。

（四）零件检测

（1）修整工件，去毛刺等。

（2）尺寸精度检测：用游标卡尺测量零件总长尺寸，用外径千分尺测量 ϕ30 mm、ϕ34 mm 外圆尺寸，用螺纹环规对螺纹部分进行检测。

（3）表面质量检测：用粗糙度样板对比检测零件加工表面质量。

【任务评价】

小组名称：______________ 学生姓名：__________

评价内容		分值	自我评价（30%）	小组评价（30%）	教师评价（40%）
1	外圆尺寸	10			
2	螺纹尺寸	10			
2	长度尺寸	10			
3	槽尺寸	10			
4	表面粗糙度	10			
5	程序正确、完整	6			
6	程序格式规范	3			
7	工艺合理	5			
8	程序参数选择合理	5			
9	指令选用合理	5			
10	零件装夹合理	3			
11	刀具选择及安装正确	3			
12	对刀及坐标系设定正确	3			
13	机床面板操作正确	4			
14	意外情况处理合理	3			
15	团结协作	5			
16	遵守纪律情况	5			
17	安全文明生产	5			
总评					

知识拓展

三角形螺纹进刀方式

一、直进法

直进法如图5－7a所示。由于两侧刃同时工作，切削力较大，而且排屑困难，因此在切削时两切削刃容易磨损。在切削螺距较大的螺纹时，由于切削深度较大，刀刃磨损较快，从而造成螺纹中径产生误差；但是其加工的牙形精度较高，因此一般多用于小螺距螺纹加工。由于其刀具移动切削均靠编程完成，导致加工程序较长，但比较灵活。

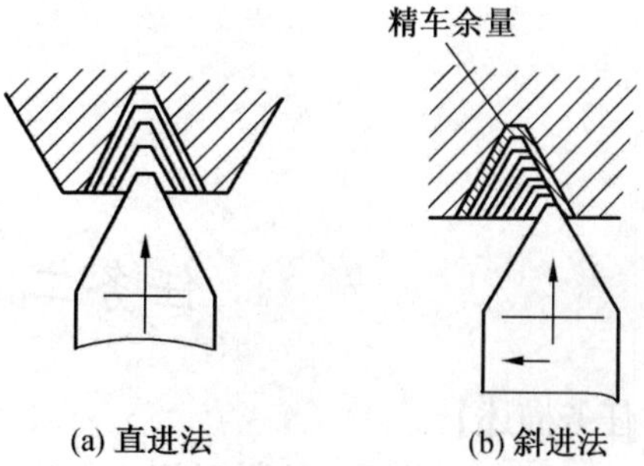

图5－7 车螺纹时的进给方法

二、斜进法

斜进法如图 5－7b 所示。因为是单侧刃加工，所以右边刀刃容易损伤和磨损，使加工的螺纹面不直；另外，刀尖角一旦发生变化，会造成牙形精度较差。但这种加工方法的优点是切削深度为递减式，刀具负载较小，排屑容易。故此加工方法适用于大螺距螺纹的加工。由于此加工方法排屑容易，刀刃加工工况较好，在螺纹精度要求不高的情况下，此加工方法尤其方便。在加工较高精度螺纹时，可用双刀加工，即先用 G76 加工方法进行粗车，然后用 G32 加工方法进行精车，但要注意刀具起始点一定要准确，不然容易乱扣，造成零件报废。

【思考与练习】

一、填空题

1. 加工螺纹时，必须设置合理的导入量和导出量，一般情况下导入量取____________，导出量取____________。

2. 指令 G32　X(U)____ Z(W)____ F ____中的参数 X(U)、Z(W) 用于表示螺纹切削的____________坐标，而参数 F 则用于表示螺纹的____________。

二、选择题

1. 用指令 G92　X(U)____ Z(W)____ F ____加工双头螺纹，则该指令中的 F 是指（　　）。

A. 螺纹导程　　B. 螺纹螺距　　C. 每分钟进给量　　D. 螺纹起始角

2. 关于 G92 指令，下列描述不正确的是（　　）。

A. 内、外螺纹加工指令　　B. 模态指令

C. 单一固定循环指令　　D. 不能用于左旋螺纹加工

三、问答题

1. 三角形螺纹在数控机床上加工为什么要设定空刀导入量和空刀导出量？怎样设定？

2. 三角形螺纹的进刀方式有哪些？

任务二　梯形螺纹加工

【任务描述】

图 5－8 所示是一梯形螺纹零件，毛坯尺寸为 ϕ55 mm×90 mm，材料为 45 号钢，生产类型为单件或小批量生产，无热处理工艺要求。下面以该零件为例，试正确设定工件坐标

系，制定加工工艺方案，选择合理的刀具和切削工艺参数，正确编制数控加工程序并完成零件的加工。

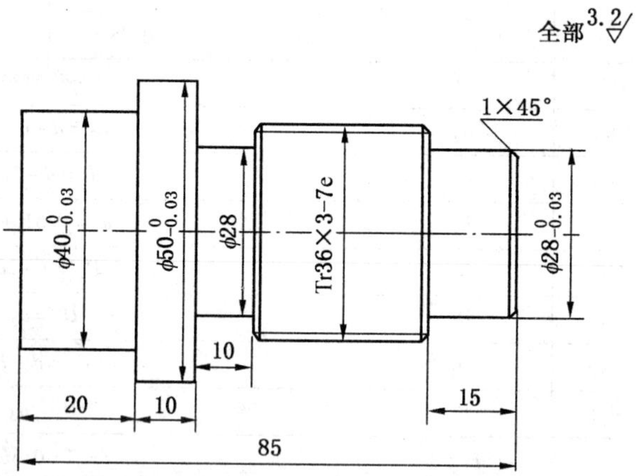

图5-8　梯形螺纹零件

【任务分析】

该零件的加工内容有外圆柱面、圆锥面、槽和梯形螺纹。加工梯形螺纹时，通常采用斜进法或交错切削法进刀，以防止螺纹加工过程中三个切削刃同时参与切削，产生“扎刀”和“爆刀”现象，这两种方法在FANUC 0i系统的机床上可通过G76指令实现，而SIEMENS 802D系统则用CYCLE97指令实现。通过学习本任务内容，可掌握螺纹零件的数控加工工艺知识，常用指令（G76、CYCLE97）功能、格式、注意事项及零件加工与质量分析。

【相关知识】

一、梯形螺纹的加工工艺

（一）梯形螺纹基本尺寸的计算

梯形螺纹分米制和英制两种，我国常用牙型角为30°的米制梯形螺纹，而牙型角为29°的英制梯形螺纹在我国则较少应用。

要正确车削梯形外螺纹，首先要掌握它的基本结构和相关参数。图5-9给出了梯形螺纹的牙型图，其基本要素的计算公式见表5-9。若为标准梯形螺纹，则其基本尺寸和参数可通过查表获得。

表5-9　梯形螺纹基本要素计算公式

名　称	代号	计算公式
牙型角	α	$\alpha=30°$
螺距	P	由螺纹标准确定

表 5-9（续）

名　称		代号	计算公式			
牙顶间隙		a_c	P	1.5~5	6~12	14~44
			a_c	0.25	0.5	1
外螺纹	大径	d	公称直径			
	中径	d_2	$d_2 = d - 0.5P$			
	小径	d_3	$d_3 = d - 2h_3$			
	牙高	h_3	$h_3 = 0.5P + a_c$			
内螺纹	大径	D_4	$D_4 = d + 2a_c$			
	中径	D_2	$D_2 = d_2$			
	小径	D_1	$D_1 = d - P$			
	牙高	H_4	$H_4 = h_3$			
牙顶宽		f、f'	$f = f' = 0.366P$			
牙槽底宽		W、W'	$W = W' = 0.366P - 0.536a_c$			
螺旋升角		ψ	$\tan\psi = P/\pi d_2$			

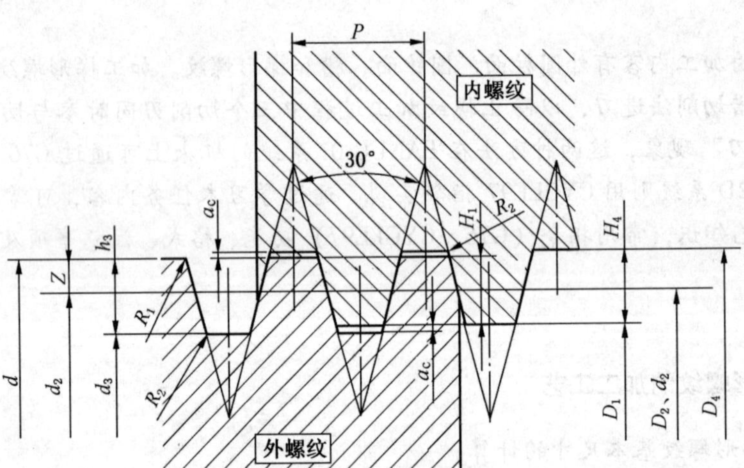

图 5-9　梯形螺纹牙型图

（二）梯形螺纹的标记

标记示例：Tr36×12（P6）-7H

其中 Tr 表示梯形螺纹，36 表示公称直径，12 表示导程，P6 表示螺距为 6 mm，7H 表示中径公差带代号。

标记方法：

（1）单线螺纹只标螺距，多线螺纹应同时标导程和螺距。

（2）右旋不标注旋向代号（左旋标注为 LH）。

（3）旋合长度只有长旋合长度和中等旋合长度两种，中等旋合长度不标（长旋合长度标注为L）。

（4）只标中径公差带代号。

（三）梯形螺纹车刀的选择

梯形螺纹车刀一般分为高速钢车刀和硬质合金车刀两大类。低速车削时一般选用高速钢车刀，而加工一般精度的梯形螺纹时可采用硬质合金车刀进行高速车削。

1. 高速钢梯形外螺纹车刀的几何形状及几何角度

（1）高速钢梯形外螺纹粗车刀。高速钢梯形外螺纹粗车刀的几何形状如图5－10a所示，车刀刀尖角 ε_r 应小于螺纹牙型角30′，为了便于左右切削并留有精车余量，刀头宽度应小于牙槽底宽 W。

（2）高速钢梯形外螺纹精车刀。高速钢梯形外螺纹精车刀的几何形状如图5－10b所示。车刀背前角 $\gamma_P=0°$，车刀刀尖角 ε_r 等于牙型角 α，为保证两侧切削刃切削顺利，都磨有较大前角（$\varepsilon_r=12°\sim16°$）的卷屑槽。但在使用时必须注意，车刀前端切削刃不能参加切削。该车刀主要用于精车梯形外螺纹牙型两侧面。

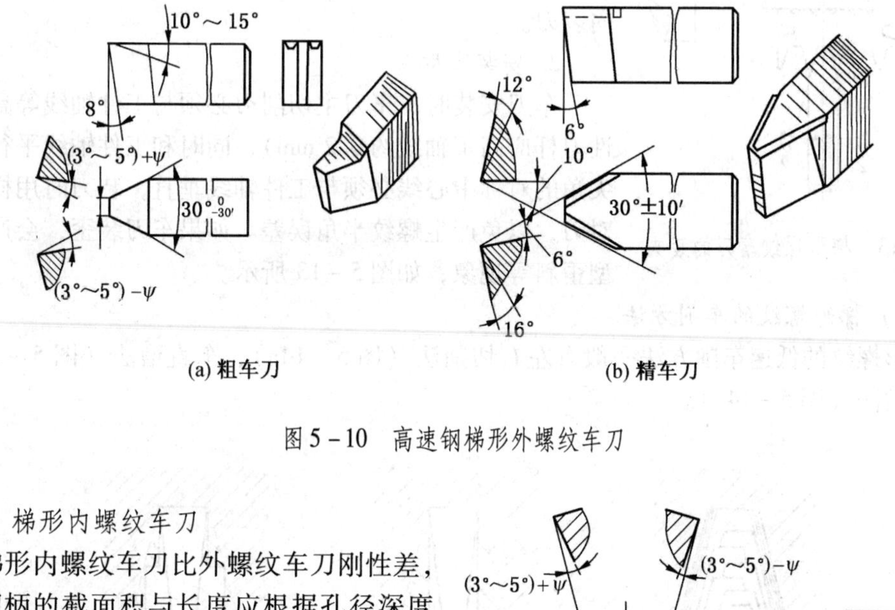

图5－10　高速钢梯形外螺纹车刀

2. 梯形内螺纹车刀

梯形内螺纹车刀比外螺纹车刀刚性差，因此刀柄的截面积与长度应根据孔径深度来选取；梯形内螺纹车刀和三角形内螺纹车刀基本相同，只是刀尖角为30°，如图5－11所示。

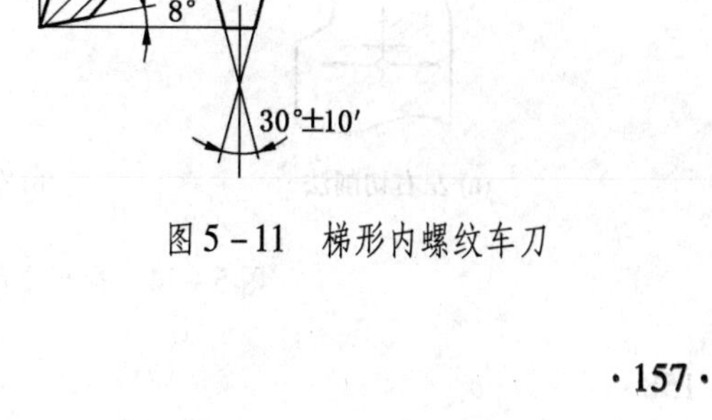

图5－11　梯形内螺纹车刀

（四）梯形螺纹车刀的安装

1. 安装方式

根据梯形螺纹车削特点，可分为轴向安装和法向安装两种，如图5－12所示。

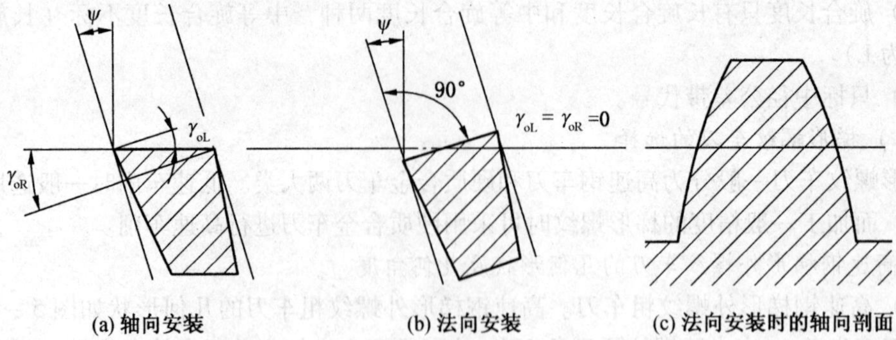

图 5-12　梯形螺纹车刀的安装方式及剖面

轴向安装是使车刀前面与工件轴线重合。其特点是轴向剖面牙型两侧是直线，而法向安装是曲线。但是法向安装车刀可以改变车刀两个面的性能，即左右切削刃前角相等，使切削时排屑顺畅。因此，粗车梯形螺纹时采用法向装刀，精车梯形螺纹时则采用轴向装刀。

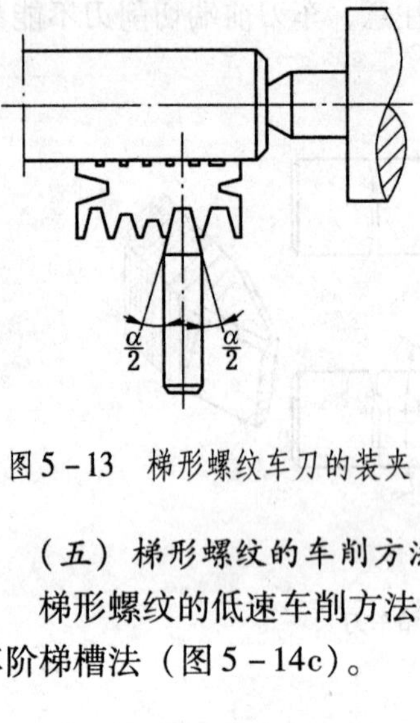

图 5-13　梯形螺纹车刀的装夹

2. 安装高度

车刀安装时，车刀主切削刃必须与工件轴线等高（弹性刀杆应高于轴线约 0.2 mm），同时和工件轴线平行；刀尖角的对称中心线必须与工件轴线垂直，装刀时用样板来对刀，以免产生螺纹半角误差。如果车刀装歪，会产生牙型歪斜等现象，如图 5-13 所示。

（五）梯形螺纹的车削方法

梯形螺纹的低速车削方法一般有左右切削法（图 5-14a）、车直槽法（图 5-14b）、车阶梯槽法（图 5-14c）。

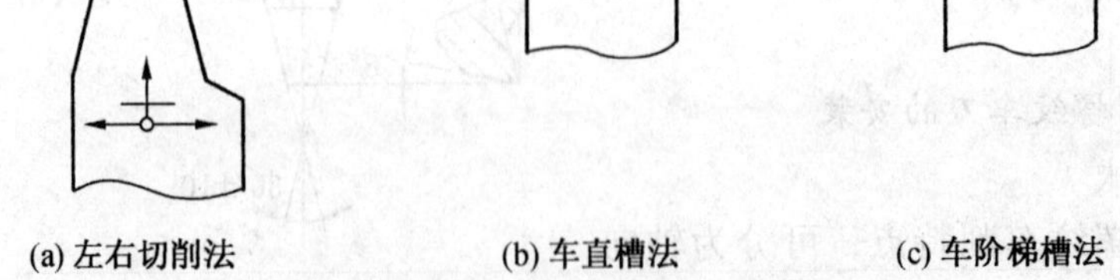

图 5-14　梯形螺纹的车削方法（1）

螺距小于 4 mm 和精度要求不高的工件，可采用一把梯形螺纹车刀，并用左右进给法车削。螺距大于 4 mm 和精度要求较高的梯形螺纹，一般采用分刀车削的方法，粗车、半精车梯形螺纹时，螺纹大径留 0.3 mm 左右余量且倒角成 15°。

选用刀头宽度稍小于槽底宽度的车槽刀粗车螺纹（每边留 0.25 ~ 0.35 mm 的余量）。用梯形螺纹车刀采用左右车削法车削梯形螺纹两侧面，每边留 0.1 ~ 0.2 mm 的精车余量，并车准螺纹小径尺寸，如图 5 – 15a 和图 5 – 15b 所示。选用精车梯形螺纹车刀，采用左右车削法完成螺纹加工，如图 5 – 15c 和图 5 – 15d 所示。

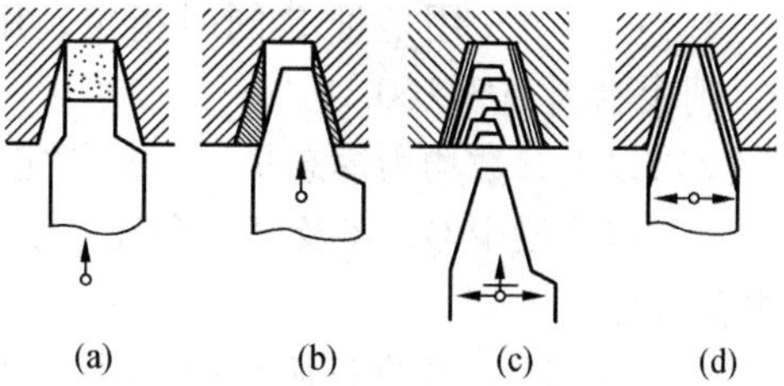

图 5 – 15　梯形螺纹的车削方法（2）

二、G76 指令

1. 指令功能

该指令用于大螺距螺纹加工，可以多次自动循环车削螺纹，程序中只需给出螺纹的底径值、螺纹 Z 向终点位置、牙深及第一次背吃刀量等加工参数，数控机床即可自动计算每次的背吃刀量进行循环切削，直到加工完为止。

2. 指令格式

指令格式为

G00　X $\underline{\alpha_1}$　Z $\underline{\beta_1}$;

G76　P $\underline{(m)(r)(\alpha)}$　Q $\underline{\Delta dmin}$　R $\underline{d}$;

G76　X(U) $\underline{\alpha_2}$　Z(W) $\underline{\beta_2}$　R $\underline{i}$　P $\underline{k}$　Q $\underline{\Delta d}$　F $\underline{L}$;

指令格式中，α_1、β_1 表示螺纹切削循环起始点的坐标值，单位为 mm。X 向在切削外螺纹时，应比螺纹大径稍大 1 ~ 2 mm；在切削内螺纹时，应比螺纹小径稍小 1 ~ 2 mm。在 Z 向必须考虑空刀导入量。

m 表示精加工重复次数，可以取 1 ~ 99 次，模态量。

r 表示斜向退刀量单位数。该值的大小可设置为 0.1 ~ 9.9L（L 为导程），系数应为 0.1 的整数倍，程序中用 00 ~ 99 两位整数表示，该值为模态量，如取系数 = 1.1，则 r = 1.1L，但程序中写为 11。

α 表示螺纹车刀刀尖角度（螺纹牙型角）。可选择 80、60、55、30、29、0 六个种类，用两位整数表示，模态量。

Δdmin 表示切削时的最小背吃刀量，半径值编程，单位为 μm。当切削过程中由程序计算的背吃刀量数值小于 Δdmin 时，则背吃刀量锁定为 Δdmin 值。

d 表示精加工余量，半径值编程，单位为 μm。

α_2、β_2 表示螺纹终点 D 的坐标值，单位为 mm。当采用绝对值编程时，表示螺纹终点 D 的绝对坐标值；当采用增量值编程时，表示螺纹终点 D 相对螺纹循环起点 A 的增量坐标值。需要注意的是 α_2 为直径值编程，在 Z 向必须考虑空刀导出量。

i 表示锥螺纹的半径差，单位为 mm。

k 表示螺纹牙型高度，半径值，单位为 μm。

Δd 表示第一刀的背吃刀量，半径值，单位为 μm。

L 表示螺纹导程，单位为 mm。

3. 指令注意事项

（1）m、r、α 用地址 P 同时指定，用两位整数表示，例如，m = 3、r = 1.1L、α = 60°，则表示为 P031160。

（2）以上参数均为模态量，一旦指定直到指定另一个数值之前保持不变。

（3）程序段中 Q、R 及第三个程序段 P 地址后面数值的单位为 μm，应以无小数点的形式表示。

（4）用 G76 指令进行循环加工时，为了减小刀尖的受力，通常采用单刃切削。

4. 指令循环路径

G76 指令循环路径及进刀法如图 5－16 所示。

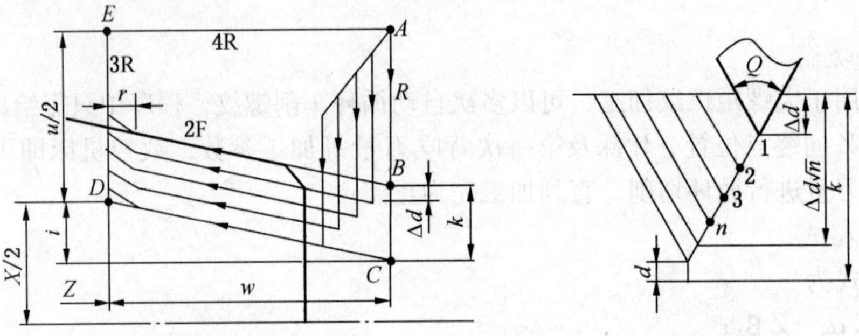

(a) 循环路径　(b) 进刀法

图 5－16　G76 指令循环路径及进刀法

【任务实施】

一、加工工艺与程序设计

1. 零件装夹

工件伸出较短，使用普通三爪自定心卡盘装夹。

2. 选择刀具

根据图样要求，可选择可转位 90°外圆车刀、切槽刀、螺纹车刀，材质为 YT15。制定刀具卡片，见表 5－10。

表 5－10　数控加工刀具卡片（梯形螺纹）

产品名称或代号：			零件名称：梯形螺纹			零件图号：
序号	刀具号	刀具规格及名称	材质	数量	加工表面	备注
1	T01	90°外圆车刀	YT15	1	粗精车外圆柱面端面等	R0.2
2	T02	切槽刀	YT15	1	切槽	
3	T03	螺纹车刀	YT15	1	车螺纹	
编制：			审核：			

3. 确定加工工艺

以工件右端面轴心处为零件编程坐标原点，工艺路线安排如下：

（1）车削零件左端面。

（2）粗车 ϕ40 mm、ϕ50 mm 外圆，留精车余量 0.5 mm。

（3）精车 ϕ40 mm、ϕ50 mm 外圆。

（4）工件调头，车右端面，保证总长尺寸。

（5）粗车 ϕ28 mm、ϕ36 mm 外圆，留精车余量 0.5 mm。

（6）精车 ϕ28 mm、ϕ36 mm 外圆。

（7）切 10 mm 的槽。

（8）车螺纹。

4. 制定加工工艺卡片

数控加工工艺卡片见表 5－11。

表 5－11　数控加工工艺卡片（梯形螺纹）

零件名称	梯形螺纹	零件图号		工件材质	45 号钢	
工序号	程序编号	夹具名称		数控系统	车间	
1	O5002	三爪自定心卡盘		FANUC 0i		
工步号	工步内容	刀具号	主轴转速/($r \cdot min^{-1}$)	进给量/($mm \cdot r^{-1}$)	背吃刀量/mm	备注
1	车削零件左端面	T01	800	0.15	1	自动
2	粗车 ϕ40 mm、ϕ50 mm 外圆	T01	800	0.2	1.5	自动
3	精车 ϕ40 mm、ϕ50 mm 外圆	T01	1200	0.1	0.5	自动
4	掉头车右端面，保证总长	T01	800	0.15	1	自动
5	粗车 ϕ28 mm、ϕ36 mm 外圆	T01	800	0.15	1	自动
6	精车 ϕ28 mm、ϕ36 mm 外圆	T01	1200	0.1	0.5	自动
7	车槽	T02	500	0.08	2	自动
8	车螺纹	T03	500			自动

5. 程序设计

用 FANUC 0i 系统的 G76 指令和 SIEMENS 802D 系统的 CYLCE97 指令分别编写本任务的加工程序，见表 5－12、表 5－13。

表 5－12　用 G76 切削循环指令加工梯形螺纹程序

加工程序	程序说明
O5002;	程序名
M03　S800　T0101;	主轴正转，转速为 800 r/min，选择 1 号刀 1 号刀补
G00　X57.0　Z2.0;	刀具快速移动到循环起点

表 5-12（续）

加 工 程 序	程 序 说 明
G94　X-1.0　Z1.0　F0.15；	G94 切削循环车削工件左端面
Z0；	
G71　U2.0　R1.0；	粗车左端 ϕ40 mm、ϕ50 mm 外圆，留精车余量 0.5 mm
G71　P10　Q20　U0.5　W0　F0.2；	
N10　G00　X40.0　S1200；	
G01　Z-20.0　F0.1；	
X50.0；	
W-12.0；	
N20　X57.0；	
G70　P10　Q20；	精车 ϕ40 mm、ϕ50 mm 外圆
G00　X100.0　Z100.0；	刀具远离工件
M05；	主轴停止
M00；	程序暂停
M03　S800　T0101；	主轴正转，转速为 800 r/min，选择 1 号刀 1 号刀补
G00　X57.0　Z2.0；	刀具快速移动到循环起点
G94　X-1.0　Z1.0　F0.15；	G94 切削循环车削工件右端面
Z0；	
G71　U2.0　R1.0；	粗车右端 ϕ28 mm、ϕ36 mm 外圆，留精车余量 0.5 mm
G71　P30　Q40　U0.5　W0　F0.2；	
N30　G00　X26.0　S1200；	
G01　Z0　F0.1；	
X28.0　Z-1.0；	
Z-15.0；	
X34.0；	
X36.0　Z-16.0；	
Z-55.0；	
N40　X57.0；	
G70　P30　Q40；	精车 ϕ28 mm、ϕ36 mm 外圆
G00　X100.0　Z100.0；	刀具远离工件
M03　T0202　S500；	主轴正转，转速为 500 r/min，选择 2 号刀 2 号刀补
G00　X57.0　Z-55.0；	刀具定位至切槽位置
G75　R1.0；	切槽
G75　X28.0　Z-45　P2000　Q3500　R0　F0.08；	
G00　X100.0　Z100.0；	刀具远离工件
M03　T0303　S500；	主轴正转，转速为 500 r/min，选择 3 号刀 3 号刀补

表 5－12（续）

加工程序	程序说明
G00　X38.0　Z－13.0;	刀具定位至车螺纹循环起点位置
G76　P020530　Q50　R0.08;	车螺纹
G76　X32.3　Z－48.5　R0　P1750　Q500　F3.0;	
G00　X100.0　Z100.0;	退刀
M05;	主轴停止
M30;	程序结束，光标返回程序开始处

表 5－13　用 SIEMENS 802D 系统 CYCLE97 指令加工梯形螺纹部分程序

加工程序	程序说明
SKC502. MPF	程序名
G40　G95　G97　G21	设置初始化
T03D3　S500　M03	主轴正转，转速为 500 r/min，选择 3 号刀 3 号刀补
G00　X38.0　Z－11.0	刀具定位于切螺纹循环起点位置
CYCLE97（3,，－15，－45，36，36，4，2，2.5，0.05，15，0，6，1，1，1）	车螺纹
G00　X100.0　Z100.0	退刀
M05	主轴停止
M30	程序结束，光标返回程序开始处

二、梯形螺纹轴的加工

（一）工件与刀具的安装

工件装夹在自定心卡盘上，采用三爪持（或一夹一顶），装夹要牢固。车刀安装时不宜伸出过长，刀尖高度应与机床中心等高。

（二）对刀并输入刀补值

用车刀分别试车工件外圆和端面，测量后输入对应的刀补值，对刀结束。

（三）数控加工与精度控制

1. 加工

首件加工应单段运行，通过机床控制面板上的“倍率选择”按钮修正加工参数，然后自动运行加工。当程序暂停时，可以检测加工尺寸，以保证精度要求。

2. 精度控制

加工过程中，各尺寸精度都要保证在公差范围之内，如出现误差可采用刀补修正法进行修正。

（四）零件检测

（1）修整工件，去毛刺等。

（2）尺寸精度检测：用游标卡尺测量零件总长及槽的尺寸，用外径千分尺测量 ϕ40 mm、ϕ50 mm、ϕ28 mm 外圆尺寸，用螺纹环规对螺纹部分进行检测。

（3）表面质量检测：用粗糙度样板对比检测零件加工表面质量。

【任务评价】

小组名称：______________　　学生姓名：________

评价内容		分值	自我评价（30%）	小组评价（30%）	教师评价（40%）
1	外圆尺寸	10			
2	螺纹尺寸	10			
2	长度尺寸	10			
3	槽尺寸	10			
4	表面粗糙度	10			
5	程序正确、完整	6			
6	程序格式规范	3			
7	工艺合理	5			
8	程序参数选择合理	5			
9	指令选用合理	5			
10	零件装夹合理	3			
11	刀具选择及安装正确	3			
12	对刀及坐标系设定正确	3			
13	机床面板操作正确	4			
14	意外情况处理合理	3			
15	团结协作	5			
16	遵守纪律情况	5			
17	安全文明生产	5			
总　评					

知识拓展

螺纹车刀装夹

一、外螺纹车刀的装夹

螺纹车刀刀尖应与机床主轴轴线等高，一般可根据尾座顶尖高度调整和检查。车削螺纹时，为了保证牙型正确，对安装螺纹车刀提出了严格要求。安装时刀尖高度必须对准工件旋转中心（可根据尾座顶针高度检查），车刀安装得过高，则吃刀到一定深度时，车刀的后刀面顶住工件，摩擦力增大，甚至会把工件顶弯，造成啃刀；过低，则切屑不易排出，车刀径向力的方向是工件中心，加上横进丝杠与螺母间隙过大，致使吃刀深度不断自动径向加深，从而把工件抬起，导致啃刀。

螺纹车刀刀尖角的对称中心线应与工件轴线垂直。如图 5－17a 所示，装刀时可用样板来对刀，如果车刀装歪，就会产生牙型歪斜。

外螺纹车刀不宜伸出刀架过长。刀头伸出不能太长，一般为 20～25 mm（约为刀杆厚度的 1.5 倍）。

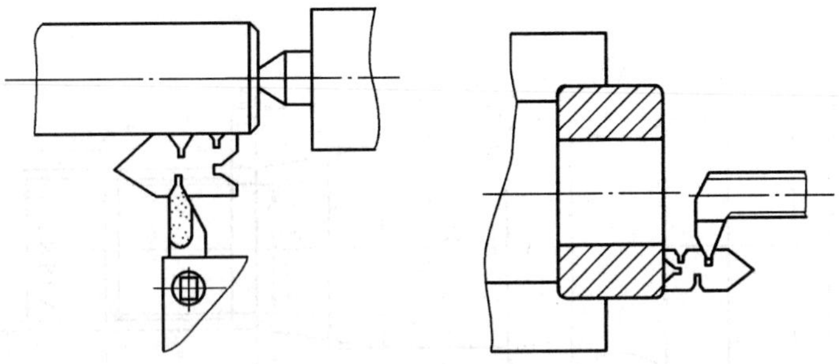

图 5－17 三角形螺纹车刀的装夹

二、内螺纹车刀的装夹

刀柄的伸出长度应大于内螺纹长度 10～20 mm。

刀尖应与工件轴心线等高。如果装得过高，车削时容易引起振动，使螺纹表面产生鱼鳞斑；如果装得过低，刀头下部会与工件发生摩擦，车刀切不进去。

应将螺纹对刀样板侧面靠平工件端面，刀尖部分进入样板的槽内进行对刀，如图 5－17b 所示；同时调整并夹紧刀具。

装夹好的螺纹车刀应在底孔内手动试走一次，以防正式加工时刀柄和内孔相碰而影响加工。

【思考与练习】

一、填空题

1. 梯形螺纹分____________和____________两种，我国常用牙型角为____________。

2. 梯形螺纹的低速车削方法一般有____________、____________、____________。

3. FANUC 0i 系统加工梯形螺纹一般用____________指令。

二、简答题

1. 试写出 G76 指令各参数含义。

2. 螺纹车刀该怎样装夹？

三、编程题

试编写图 5－18 所示零件的加工程序。

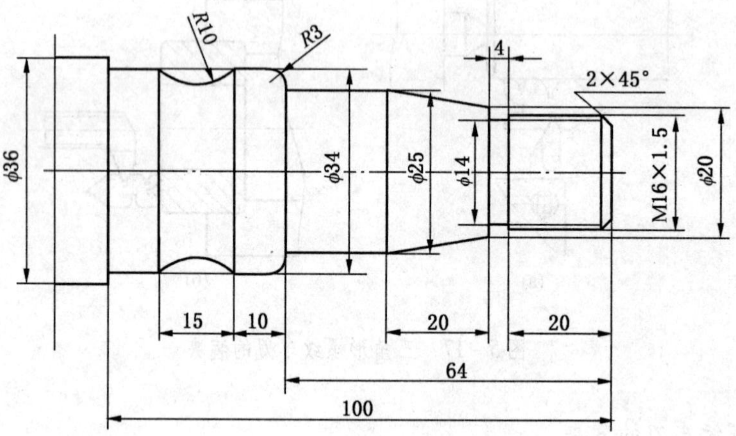

图 5－18　螺纹加工题图

项目六 宏程序加工

【知识目标】

1. 了解宏程序特点。
2. 掌握 FANUC 系统宏程序基本知识。
3. 掌握 FANUC 系统 A 类宏程序指令格式。
4. 掌握 FANUC 系统 A 类宏程序调用方式。
5. 掌握 FANUC 系统 B 类宏程序指令格式。
4. 掌握 FANUC 系统 B 类宏程序调用方式。
5. 掌握 SIEMENS 802D 系统 R 参数编程。

【技能目标】

1. 掌握 FANUC 系统 A 类宏程序实际应用。
2. 掌握 FANUC 系统 B 类宏程序实际应用。
3. 掌握 SIEMENS 802D 系统 R 参数编程实际应用。
4. 能在数控机床上完成非圆曲线零件及形状相同零件的加工。

【情感目标】

1. 具有安全意识、合作意识和环保意识。
2. 技能训练过程中，认真遵守安全操作规程。
3. 认真学习，严肃工作，保质保量完成任务。

任务一 FANUC 系统 A 类宏程序

【任务描述】

宏程序编程灵活、高效、快捷。宏程序不仅可以实现像子程序那样，适合图形一样，只是尺寸不同的系列零件的编程加工；适合工艺路径一样，只是位置参数不同的系列零件的编程加工；还适合抛物线、椭圆、双曲线等没有插补指令的非圆曲线编程加工。

【任务分析】

该零件的外圆精度要求不高，表面粗糙度全部为 *Ra*3.2，外圆端面加工较为简单，注意保证精度要求即可。本任务主要介绍 FANUC 系统 A 类宏程序加工椭圆。通过学习本任务内容，主要掌握 FANUC 系统 A 类宏程序编程格式及注意事项。

【相关知识】

一、宏程序基本知识

（一）宏程序的概念

把实现某种功能的一组指令像子程序一样预先存入存储器中，然后就可以在主程序中用特定的代码来调用这一预先存储的功能。把实现这种功能的一组指令称为用户宏程序本体，简称宏程序。把调用宏程序的指令称为用户宏程序调用指令，简称宏指令。

在普通程序中，每个功能字的地址后面只能指定常量而不能使用变量。程序只能按顺序执行，且不能进行算术和逻辑运算及条件转移，因此程序的功能是固定的。在宏程序中则能够使用变量，这样用户在调用宏程序时，就可通过给变量赋值的方法控制零件加工中的尺寸或参数，使加工过程具有更大的灵活性。同时，宏程序中的逻辑判断和运算功能也可代替手工编程时烦琐的数值计算工作，减轻编程工作量，使程序更为简捷。

（二）宏程序的调用与返回

1. 宏程序的简单调用

宏程序的简单调用是指在主程序中，宏程序可以被单个程序段单次调用。

调用指令格式：

G65　P（宏程序号）　L（重复次数）（变量分配）

其中 G65 为宏程序调用指令。P（宏程序号）为被调用的宏程序代号。L（重复次数）为宏程序重复运行的次数，重复次数为 1 时可省略不写。（变量分配）为宏程序中使用的变量赋值。

宏程序与子程序相同的一点是，一个宏程序可被另一个宏程序调用，最多嵌套 4 层。

2. 宏程序的开始与返回

宏程序的编写格式与子程序相同。其格式为

```
(0001～8999 为宏程序号)      //程序名
N10  ……                     //指令
……
N30  M99                     //宏程序结束
```

宏程序以程序号开始，以 M99 结束。

二、变量

（一）变量的表示与引用

变量由符号#和变量号组成，#i（i＝1，2，3，…）表示一个变量，如#1、#100、#4003。可以用变量或公式代替变量号，但都要写到括号内。如：#［#4］表示#4 的值是该变量的变量号。#［#7/3］表示#7 的值被 7 除 3 后作为该变量的变量号。

变量的引用是指功能字的地址之后，用变量来代替常量。如#9＝100，F#9，则表示 F＝100。

变量引用的格式为：＜地址＞#i 或＜地址＞－#i，表示用变量的值或其补数作为命令值。

变量在引用前应赋值，变量值可用程序或用 MDI 面板直接指定。未赋值的变量为空变量。若在指令中引用了未赋值的变量，则该地址被忽略。如：G90　G00　X100　Y#1；若#1＝#0 则相当于执行 G90　X100；Y 轴被忽略。

（二）变量的类型

宏程序中使用的变量与日常生活中使用的变量不同，宏程序中的变量用符号“#”后跟变量的变量号指定。变量可分为四种类型。

1. 空变量

#0 为空变量，该变量不能赋值。它不能写，只能读。

2. 局部变量

#1 ~ #33 为局部变量，局部变量是一种仅在其所调用的层（级）中使用的变量，由于宏程序的调用最多可达4 层，因此局部变量被分为0 ~ 4 共5 级，各级之间互不相同。如0级的#i 与 1 级的#i 不同。

局部变量可用于自变量的转移（赋值），宏程序中变量间的运算及运算结果的存储，未赋值的局部变量，它的初始状态为＜空＞。断电之后，局部变量也被初始化为＜空＞。局部变量的数值范围为 10^{-29} ~ 10^{47} 或 -10^{47} ~ -10^{-29}，如果计算结果超过该范围则发出 P/S 报警 No. 111。

3. 公共变量

#100 ~ #199、#500 ~ #999 为公共变量，公共变量又称全局变量，它贯穿整个程序过程，在多重调用中，其值始终保持不变。公共变量在不同的宏程序中意义相同。当断电时，变量#100 ~ #199 被初始化为空，变量#500 ~ #999 的数据不会丢失。全局变量的数值范围为 10^{-29} ~ 10^{47} 或 -10^{47} ~ -10^{-29}，如果计算结果超过该范围则发出 P/S 报警 No. 111。

4. 系统变量

#1000 及以上为系统变量，系统变量用于读和写 CNC 运行时的各种数据，其用法是固定的，编程时必须按规定使用。利用系统变量可以直接对机床内部的数据进行读取和赋值，从而可以完成更为复杂的自动控制和通用加工程序的开发任务。例如：

（1）系统变量#2000 ~ #2200 与刀具偏置号 0 ~ 200 一一对应。程序中#30 = #2005，相当于把偏置号 05 中的刀偏置赋值给变量号 30；程序中#2010 = #8，相当于把变量号 8 的值赋给偏置号 10。

（2）系统变量#2500 ~ #2506、#2606、#2700 ~ #2706 分别对应 X、Y、Z 轴工件坐标系的偏置值。其中，00 对应外部工件零点偏置值，01 ~ 06 与 G54 ~ G59 一一对应。

（3）系统变量#3000 中存储报警信息的地址。指令格式：#3000 = n（报警信息）；n = 0 ~ 200，括号内可以指定少于 26 个字符的报警信息，执行报警时的报警号 = 500 + n。

（4）时钟#3001、#3002。阅读系统变量#3001、#3002 的值，可以确定时钟时间，给系统变量赋值可以预调时间。

（5）取消单程序段停止和等待辅助功能结束信号#3003。#3003 的取值范围为 0、1、2、3。如#3003 = 1 表示单程序段不停止，等待辅助功能结束信号。

（6）指定进给保持、进给速度倍率、准停校验取消#3004。#3004 的取值范围为 0，1，2，3，…，7。如#3004 = 7 表示进给保持、进给速度倍率、准停校验均被取消。

（7）设定数据#3005。设定数据#3005 的内容与操作中的设定画面相对应。通过对系统变量#3005 赋值，可以对设定功能进行设定。用二进制来表示系统变量#3005 的值时，各位与设定功能相对应。但在设定时，数据用十进制赋值。

（8）模态信息#4001～#4120。阅读系统变量#4001～#4120 的值，可以保存该值到某一变量中，以便程序执行后恢复到原状态。如#4001 为 G00～G03，若当前为 G01 状态，则#4001 值为 01；#4002 为 G17～G19，若当前为 G17 平面，则#4002 值为 17。

（9）位置信息#5001～#5004、#5021～#5024…#5101～#5104。阅读系统变量#5001～#5104 保存各种坐标值，包括绝对坐标、距下一点距离等。

系统变量还有多种，它们为编制宏程序提供了丰富的信息来源。

三、A 类宏程序

（一）宏指令 G65

宏指令 G65 可以实现丰富的宏功能，包括算术运算、逻辑运算等处理功能。一般形式为

G65　Hm　P#i　Q#j　R#k；

式中，m 表示宏程序功能，数值范围为 01～99；#i 为运算结果存放处的变量名；#j 为被操作的第一个变量，也可以是一个常数；#k 为被操作的第二个变量，也可以是一个常数。

例如，当程序功能为加法运算时，程序 P#100　Q#101　R#102 含义为：#100＝#101＋#102；程序 P#100　Q－#101　R#102 含义为：#100＝－#101＋#102；程序 P#100　Q#101　R15 含义为：#100＝#101＋15。

（二）宏功能指令

1. 算术运算指令

算术运算指令见表 6－1。

表 6－1　算术运算指令

G 码	H 码	功　能	定　义
G65	H01	定义、替换	#i = #j
G65	H02	加	#i = #j + #k
G65	H03	减	#i = #j − #k
G65	H04	乘	#i = #j × #k
G65	H05	除	#i = #j/#k
G65	H21	平方根	$\#i = \sqrt{\#j}$
G65	H22	绝对值	#i = |#j|
G65	H23	求余	#i = #j − trunc(#j/#k) · #k trunc：小数部分舍去
G65	H24	BCD（十进制）码→二进制码	#i = BIN(#j)
G65	H25	二进制码→BCD 十进制码	#i = BCD(#j)
G65	H26	复合乘/除	#i = (#i × #j) ÷ #
G65	H27	复合平方根 1	$\#i = \sqrt{\#j^2 + \#k^2}$
G65	H28	复合平方根 2	$\#i = \sqrt{\#j^2 - \#k^2}$

2. 逻辑运算指令

逻辑运算指令见表6－2。

表6－2　逻辑运算指令

G码	H码	功能	定义
G65	H11	逻辑“或”	#i＝#j·OR·#k
G65	H12	逻辑“与”	#i＝#j·AND·#k
G65	H13	异或	#i＝#j·XOR·#k

3. 三角函数指令

三角函数指令见表6－3。

表6－3　三角函数指令

G码	H码	功能	定义
G65	H31	正弦	#i＝#j·SIN(#k)
G65	H32	余弦	#i＝#j·COS(#k)
G65	H33	正切	#i＝#j·TAN(#k)
G65	H34	反正切	#i＝ATAN(#j/#k)

4. 控制类指令

控制类指令见表6－4。

表6－4　控制类指令

G码	H码	功能	定义
G65	H80	无条件转移	GOTOn
G65	H81	条件转移1	IF#j＝#k，GOTOn
G65	H82	条件转移2	IF#j≠#k，GOTOn
G65	H83	条件转移3	IF#j＞#k，GOTOn
G65	H84	条件转移4	IF#j＜#k，GOTOn
G65	H85	条件转移5	IF#j≥#k，GOTOn
G65	H86	条件转移6	IF#j≤#k，GOTOn
G65	H99	产生PS报警	出现PS报警号：500＋n

5. 使用注意事项

为保证宏程序正常运行，在使用用户宏程序过程中应注意以下几点；

（1）由G65规定的H码不影响偏移量的任何选择。

（2）如果用于各算术运算的Q或R未被指定，则作为0处理。

（3）在分支转移目标地址中，如果序号为正值，则检索过程是先向大程序号查找；如果序号为负值，则检索过程是先向小程序号查找。

（4）转移目标序号可以是变量。

【任务实施】

一、加工工艺分析

数控机床椭圆加工方法有四心法和逼近法两种。四心法加工椭圆其实是四段圆弧，加工精度较低，在数控机床上不考虑这种加工方法。

逼近法是采用多段圆弧或直线逼近椭圆，常用直线逼近。应用这种方法加工非圆曲线时只要步距足够小，在零件上形成的最大误差就会小于所要求的最小误差，从而加工出标准椭圆。

图6－1所示是椭圆轴零件。该零件毛坯尺寸为ϕ35 mm×72 mm，材料为45号钢，生产类型为单件或小批量生产。下面以零件为例，试正确设定工件坐标系，制定加工工艺方案，选择合理的刀具和切削工艺参数，正确编制数控加工程序并完成零件的加工。

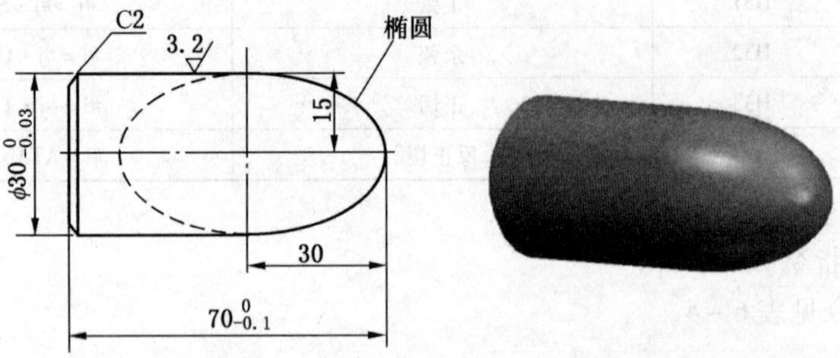

图6－1　椭圆轴零件

1. 零件装夹

工件伸出较短，使用普通三爪自定心卡盘装夹。

2. 选择刀具

根据图样要求，可选择可转位93°外圆车刀，材质为YT15。制定刀具卡片，见表6－5。

表6－5　椭圆轴数控加工刀具卡片

产品名称或代号：			零件名称：椭圆轴		零件图号：	
序号	刀具号	刀具规格及名称	材质	数量	加工表面	备注
1	T01	93°外圆车刀	YT15	1	粗精车外圆、椭圆、端面及倒角等	R0.2
编制：			审核：			

3. 确定加工工艺

（1）车削零件端面。

（2）粗车外圆，留精车余量 0.5 mm。

（3）精车外圆至尺寸要求，长 40 mm，倒角。

（4）工件调头，找正，保证总长尺寸。

（5）粗精车椭圆。

二、程序设计

用 A 类宏程序指令加工椭圆轴程序见表 6－6。

表 6－6　用 A 类宏程序指令加工椭圆轴程序

加 工 程 序	程 序 说 明
O1234;	
G50　X100　Z130;	
M03　S800　T0101;	
G65　H01　P#100　Q15000;	a = 15 mm
G65　H01　P#101　Q30000;	b = 30 mm
G65　H01　P#102　Q1000;	Z 背吃量（粗）
G65　H01　P#103　Q10;	Z 背吃量（精）
G65　H01　P#104　Q500;	精车余量
G65　H01　P#105　Q35000;	毛坯直径
G65　H01　P#106　Q5000;	刀具引入量
G65　H05　P#113　Q#100　R10;	a/10 = a′
G65　H05　P#114　Q#101　R10;	b/10 = b′
G65　H04　P#109　Q#109　R2;	起刀点半径 X 变直径 X
G65　H02　P#109　Q#105　R#106;	加入刀具引入量
G00　X#109　Z#101;	刀具移动到粗车起点
G65　H01　P#110　Q#102;	赋予变量背吃刀量之粗车被吃刀量
G65　H01　P#108　Q#101;	赋予 Z 运算值（N5）
G65　H03　P#108　Q#108　R#110;	计算 Z 坐标当前值（N10）
G65　H84　P15　Q#108　R0;	判断进给是否到重点
G65　H01　P#112　Q#108;	
G65　H26　P#112　Q100000　R#114;	
G65　H28　P#112　Q1000000　R#112;	
G65　H26　P#112　Q#113　R100000;	
G65　H02　P#112　Q#112　R#104;	加入精车余量
G65　H04　P#112　Q#112　R2;	X 半径变直径

表6-6（续）

加工程序	程序说明
G65 H81 P20 Q#104 R0；	粗精车判断
G94 X#112 Z#108 F50；	粗车进给
G65 H80 P10；	转回循环
G65 H81 P25 Q#104 R0；	判断整个程序是否彻底结束（N15）
G65 H02 P#115 Q#100 R#104；	程序结束，光标返回程序开始处
G65 H04 P#115 Q#115 R2；	
G94 X#115 Z0；	粗车进给到终点防止计算出现小数而车不到终点
G00 X0. Z#101；	刀快速走到精车起点
G65 H01 P#110 Q#103；	赋予变量背吃刀量为精车背吃刀量
G65 H01 P#104 Q0；	精车余量赋0
G65 H80 P5；	转回循环进行精车坐标计算
G01 X#112 Z#108 F10；	精车进给（N20）
G65 H80 P10；	转计算坐标环节
G65 P#100 Q#100 R2；	（N25）
G01 X#100 Z0；	进给到终点防止因为计算出现小数而车不到终点
G00 X100 Z100；	
M05；	
M30；	

这里只编写加工椭圆的程序，其他部分的加工程序前面已有介绍。

【任务评价】

小组名称：________　　　　学生姓名：________

评价内容		分值	自我评价（30%）	小组评价（30%）	教师评价（40%）
1	外圆尺寸	20			
2	长度尺寸	10			
3	倒角尺寸	2			
4	表面粗糙度	10			
5	程序正确、完整	14			
6	程序格式规范	3			
7	工艺合理	5			
8	程序参数选择合理	5			
9	指令选用合理	5			
10	零件装夹合理	3			

（续）

评 价 内 容		分值	自我评价（30%）	小组评价（30%）	教师评价（40%）
11	刀具选择及安装正确	3			
12	对刀及坐标系设定正确	3			
13	机床面板操作正确	4			
14	意外情况处理合理	3			
15	团结协作	5			
16	遵守纪律情况	5			
17	安全文明生产	5			
总 评					

知识拓展

A类用户宏程序的其他调用

一、宏程序模态调用（G66、G67）

指令格式为

G66 P＜p＞;

式中P为调用宏程序本体程序号。采用上述指令时，系统为宏程序模态调用方式，可在其后的程序中指定自变量。

取消宏程序模态调用指令G67，即取消宏程序调用指令G66。G66和G67应成对出现。

二、子程序调用（M98）

指令格式为

M98 P＜p＞;

式中P为调用宏程序本体程序号。采用上述指令时，系统为宏程序模态调用方式，可在其后的程序中指定自变量。

三、用M代码调用子程序

可用M＜m＞代替M98 P＜p＞。＜m＞值范围可从03～97中选取，其中30除外。例如，假设在系统中将No.6072参数设置为72（为方便起见，建议将m1～m9依次设置为71～79），则M72＝M98 P9002。

FANUC 0i参数、M代码与子程序号对应关系见表6－7。

表6－7 FANUC 0i参数、M代码与子程序号对应关系

参数号	M代码＜m＞	被调用子程序＜p＞
6071	m1	O9001
6072	m2	O9002

表 6-7（续）

参数号	M 代码＜m＞	被调用子程序＜p＞
6073	m3	O9003
6074	m4	O9004
6075	m5	O9005
6076	m6	O9006
6077	m7	O9007
6078	m8	O9008
6079	m9	O9009

四、用 T 代码调用子程序

设置参数 No. 6001 的#5 位 TCS = 1 时，可用 T＜t＞代替 M98　P9000。在加工程序中指定 T 代码＜t＞赋值到＜存储＞公共变量#149 中。

【思考与练习】

一、填空题

1. 变量一般分为________、________、________。

2. 宏程序中逻辑运算的变量可进行________、________、________。

3. FANUC 系统中，可以独立使用并保存计算结果的变量为________。

4. FANUC 系统中，在运算指令中#i = #j + #k 代表的意义是________。

二、判断题

1. 宏程序的特点是可以使用变量，变量之间不能进行运算。（　　）

2. 在“G65H01　P#100　Q1”中，H01 指 01 号偏移量。（　　）

3. 宏程序中的#101 属于局部变量。（　　）

三、简答题

宏程序应用场合有哪些？

任务二　FANUC 系统 B 类宏程序

【任务描述】

上一任务介绍了 A 类宏程序加工椭圆，现介绍 B 类宏程序加工抛物线，可自行分析比较一下哪种宏程序更方便、实用。

加工图 6-2 所示抛物线，方程为 $Z = -20/1X^2$，抛物线的原点为工件坐标原点，即工件右端面中心上。采用 B 类宏程序加工。

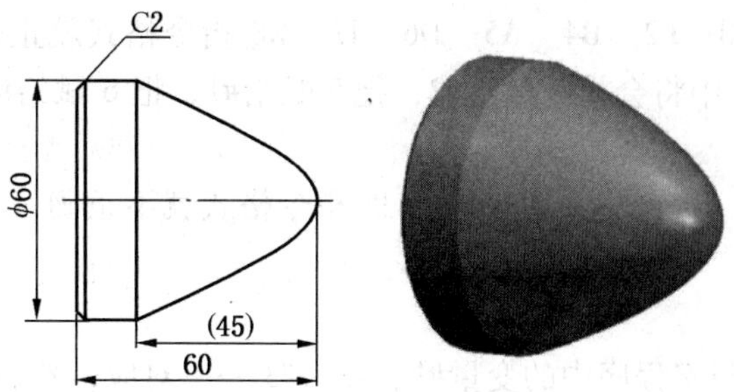

图6－2 抛物线零件

【任务分析】

该零件的外圆精度要求不高，表面粗糙度全部为 *Ra*3.2，外圆端面加工较为简单，注意保证精度要求即可。本任务主要介绍 FANUC 系统 B 类宏程序加工抛物线。通过学习本任务内容，主要掌握 FANUC 系统 B 类宏程序编程格式及注意事项。

【相关知识】

一、B 类宏程序调用

非模态调用是指宏程序的调用仅在执行包含 G65 的程序段中有效，下一段要继续调用该宏程序则必须重写。非模态调用的指令格式为

G65　P____ L____〈自变量赋值〉;

指令格式中，P 表示指定宏程序号。L 表示指定宏程序的重复调用次数，默认值为 1，可省略，最多调用 9999 次。

当需要使用自变量时，通过指定自变量可将数据传递到宏程序中对应的局部变量。自变量以字母表示，与宏程序中的变量地址相对应，宏程序在执行时，可将自变量后面的数值赋给宏程序中对应的变量。自变量赋值有两种类型。

1. 自变量赋值 I

在 26 个英文字母中，除 G、L、N、O 和 P 之外，其余所有字母都可以作为地址给自变量赋值。其中，I、J、K 在使用时必须按顺序指定，不赋值的地址可以省略不写，其余字母则无顺序要求。字母地址与变量的对应关系见表 6－8。

表6－8 自变量指定 I 的变量对应关系

地址（自变量）	变量号	地址（自变量）	变量号	地址（自变量）	变量号
A	#1	I	#4	T	#20
B	#2	J	#5	U	#21
C	#3	K	#6	V	#22
D	#7	M	#13	W	#23
E	#8	Q	#17	X	#24
F	#9	R	#18	Y	#25
H	#11	S	#19	Z	#26

例如，G65　P3000　L2　B4　A5　D6　J7　K8 指令格式就正确，这是因为 J、K 符合顺序要求。在宏程序中将会把 4 赋给#2，把 5 赋给#1，把 6 赋给#7，把 7 赋给#5，把 8 赋给#6。

G65　P3000　L2　B3　A4　D5　K6　J5 指令格式就不正确，这是因为 J、K 不符合顺序要求。

2. 自变量赋值Ⅱ

用地址 A、B、C 与宏程序中的变量#1、#2、#3 一一对应，然后用 10 组 I、J、K 依顺序表示#4、#5、#6、#7、#8、#9…#31、#32、#33。同组的 I、J、K 要按顺序书写，不赋值的地址可以省略不写。自变量指定Ⅱ的变量对应关系见表 6－9。

表 6－9　自变量指定Ⅱ的变量对应关系

地址（自变量）	变量号	地址（自变量）	变量号	地址（自变量）	变量号
A	#1	K_3	#12	J_7	#23
B	#2	I_4	#13	K_7	#24
C	#3	J_4	#14	I_8	#25
I_1	#4	K_4	#15	J_8	#26
J_1	#5	I_5	#16	K_8	#27
K_1	#6	J_5	#17	I_9	#28
I_2	#7	K_5	#18	J_9	#29
J_2	#8	I_6	#19	K_9	#30
K_2	#9	J_6	#20	I_{10}	#31
I_3	#10	K_6	#21	J_{10}	#32
J_3	#11	I_7	#22	K_{10}	#33

系统能够自动识别自变量指定Ⅰ和自变量指定Ⅱ并赋给宏程序中相应的变量号。如果自变量指定Ⅰ和自变量指定Ⅱ混合使用，则后指定的自变量类型有效。

举例：G65　A1.0　B2.0　I－3.0　I4.0　D5.0　p1000

宏程序中：#1＝1.0

#2＝2.0

#4＝－3.0

#7＝5.0

说明：I4.0 为自变量指定Ⅱ，D 为自变量指定Ⅰ，所以#7 使用指定类型中的 D5.0，而不使用自变量指定Ⅱ中的 I4.0。

二、算术和逻辑运算

（一）算术运算

可以进行加、减、乘、除运算。运算功能和格式见表 6－10。

例如，G00X［#1 + #2］中，X 坐标的值是变量 1 与变量 2 之和。

（二）三角函数计算

对宏程序中的变量可进行正弦（SIN）、反正弦（ASIN）、余弦（COS）、反余弦（ACOS）、正切（TAN）、反正切（ATAN）函数运算。三角函数中的角度以度为单位。运算功能和格式见表 6 - 10。

表6 - 10　变量运算功能

类型	功能	格　式	举　例	备　注
算术运算	加法	#i = #j + #k	#1 = #2 + #3	常数可以代替变量
	减法	#i = #j - #k	#1 = #2 - #3	
	乘法	#i = #j * #k	#1 = #2 * #3	
	除法	#I = #j * #k	#1 = #2/#3	
三角函数运算	正弦	#i = SIN［#j］	#1 = SIN［#2］	角度以度指定，35°30′表示为 35.5，常数可以代替变量
	反正弦	#i = ASI［#j］	#1 = ASIN［#2］	
	余弦	#i = COS［#j］	#1 = COS［#2］	
	反余弦	#i = ACOS［#j］	#1 = ACOS［#2］	
	正切	#i = TAN［#j］	#1 = TAN［#2］	
	反正切	#i = ATAN［#j］	#1 = ATAN［#2］	
其他函数运算	平方根	#i = SQRT［#j］	#1 = SQRT［#2］	常数可以代替变量
	绝对值	#i = ABS［#j］	#1 = ABS［#2］	
	舍入	#i = ROUN［#j］	#1 = ROUN［#2］	
	上取整	#i = FIX［#j］	#1 = FIX［#2］	
	下取整	#i = FUP［#j］	#1 = FUP［#2］	
	自然对数	#i = LN［#j］	#1 = LN［#2］	
	指数对数	#i = EXP［#j］	#1 = EXP［#2］	
逻辑运算	与	#i = #jAND#k	#1 = #3AND#3	按位运算
	或	#i = #j OR #k	#1 = #3OR#3	
	异或	#i = #j XOR #k	#1 = #3XOR#3	
转换运算	BCD 转 BIN	#i = BIN［#j］	#1 = BIN［#2］	
	BIN 转 BCD	#i = BCD［#j］	#1 = BCD［#2］	

（三）其他函数计算

对宏程序中的变量还可以进行平方根（SQRT）、绝对值（ABS）、舍入（ROUN）、上取整（FIX）、下取整（FUP）、自然对数（LN）、指数对数（EXP）运算。运算功能和格式见表 6 - 10。

（四）逻辑运算

对宏程序中的变量可进行与、或、异或逻辑运算。逻辑运算是按位进行。运算功能和格式见表6－10。

（五）数制转换

变量可以在BCD码与二进制之间转换。

（六）关系运算

由关系运算符和变量（或表达式）组成表达式。系统中使用的关系运算符如下。

1. 等于（EQ）

用EQ与两个变量（或表达式）组成表达式，当运算符EQ两边的变量（或表达式）相等时，表达式的值为真；否则为假。例如，#1EQ#2，当#1与#2相等时，表达式的值为真。

2. 不等于（NE）

用NE与两个变量（或表达式）组成表达式，当运算符NE两边的变量（或表达式）不相等时，表达式的值为真；否则为假。例如，#1NE#2，当#1与#2不相等时，表达式的值为真。

3. 大于等于（GE）

用GE与两个变量（或表达式）组成表达式，当左边的变量（或表达式）大于或等于右边的变量（或表达式）时，表达式的值为真；否则为假。例如，#1GE#2，当#1大于或等于#2时，表达式的值为真；否则为假。

4. 大于（GT）

用GT与两个变量（或表达式）组成表达式，当左边的变量（或表达式）大于右边的变量（或表达式）时，表达式的值为真；否则为假。例如，#1GT#2，当#1大于#2时，表达式的值为真；否则为假。

5. 小于等于（LE）

用LE与两个变量（或表达式）组成表达式，当左边的变量（或表达式）小于或等于右边的变量（或表达式）时，表达式的值为真；否则为假。例如，#1LE#2，当#1小于或等于#2时，表达式的值为真；否则为假。

6. 小于（LT）

用LT与两个变量（或表达式）组成表达式，当左边的变量（或表达式）小于右边的变量（或表达式）时，表达式的值为真；否则为假。例如，#1GE#2，当#1大于#2时，表达式的值为真；否则为假。

三、变量运算优先级

（1）函数。函数的优先级最高。

（2）乘、除、与运算。乘、除、与运算的优先级次于函数的优先级。

（3）加、减、或、异或运算。加、减、或、异或运算的优先级次于乘、除、与运算的优先级。

（4）关系运算。关系运算的优先级最低。

用方括号可以改变优先级，括号不能超过5层。超过5层时，发出P/S报警No.111。

四、变量值的精度

变量值的精度为8位十进制数。当在加、减运算中处理非常大的数时，将得不到期望结果。

例如，用赋值语句#1 =9876543210123.456时，实际上#1 =9876543200000.000。

用赋值语句#2 =9876543277777.456时，实际上#2 =9876543300000.000。

计算#3 = #2 - #1时，#3的结果为#3 =1000000.000。（计算结果稍有误差，因为是以二进制执行的）

五、宏程序的控制指令

使用控制指令，可以控制程序的流向。控制指令包括分支指令和循环指令。

（一）分支指令

1. 无条件转移（GOTO）

格式：GOTOn；n为顺序号（1 ~9999）；

例如，GOTO6；

语句组

N6 G00 X100；

执行GOTO6语句时，转去执行标号为N6的程序段。

2. 条件转移（IF）

格式：

IF ［<条件表达式>］ GOTOn；

如果指定的条件表达式满足时，则转移到标有顺序号n的程序段。如果不满足指定的条件，则顺序执行下一个程序段。

说明：

（1）条件表达式必须包括运算符，运算符插在两个变量或常量中间，并且用“[ ]”封闭，表达式可以替代变量。

（2）运算符由2个字母组成，用于两个值的比较，以决定它们是相等，还是一个值小于或大于另一个值。不能使用不等号。

例：用IF语句编制1 ~100的累加程序。

O009；	
#1 =0；	存储和数变量的初值
#2 =1；	被加数变量的初值
N5 IF ［#2 GT 100］ GOTO99	当被加数大于100时转移到N99
#1 = #1 +2	计算和数
#2 = #2 +1；	下一个被加数
GOTO5；	转到N5
N99 M30；	程序结束

（二）循环指令（WHILE）

格式：

WHILE　[＜条件表达式＞]　DOm；

……

……

ENDm；

在 WHILE 后指定一个条件表达式，当条件满足时，执行从 DOm 到 ENDm 之间的程序；当条件不满足时，程序就执行 ENDm 下一条语句。DO 后面的号 m 是指定程序执行范围的标号，标号值为 1，2，3（即 m＝1，2，3）。

循环（WHILE 语句）的有关说明：

（1）DOm 和 ENDm 必须成对使用，而且 DOm 一定要在 ENDm 指令之前。用识别号 m 来识别。

（2）无限循环：当指定 DO 而没有指定 WHILE 语句时，将产生从 DO 到 END 之间的无限循环。

（3）条件转移（IF 语句）和循环（WHILE 语句）的关系：从逻辑关系上来说，两者是从正反两个方面描述同一件事情；从实现功能上来说，两者具有相当程度的相互替代性；从具体用法和使用限制上来说，条件转移（IF 语句）受到系统的限制相对更少，使用更灵活。

【任务实施】

一、加工工艺分析

图 6－2 所示的抛物线零件，其毛坯尺寸为 ϕ65mm，材料为 45 号钢，生产类型为单件或小批量生产。抛物线一端采用 G73 与宏程序编程，程序简单，但是空刀多，效率不高。抛物线一端加工完后，切断，掉头保证总长倒角。这里只介绍抛物线加工。

1. 零件装夹

工件伸出较短，使用普通三爪自定心卡盘装夹。

2. 选择刀具

根据图样要求，可选择可转位 93°外圆车刀，材质为 YT15。制定刀具卡片，见表 6－11。

表 6－11　抛物线零件数控加工刀具卡片

产品名称或代号：			零件名称：抛物线零件		零件图号：	
序号	刀具号	刀具规格及名称	材质	数量	加工表面	备注
1	T01	93°外圆车刀	YT15	1	粗精车外圆、抛物线、端面及倒角等	R0.2
编制：			审核：			

3. 确定加工工艺

（1）车削零件端面。

（2）粗车外圆，留精车余量0.5 mm。

（3）精车外圆至尺寸要求，长65 mm，加工抛物线。

（4）工件切断。

（5）调头找正，保证总长，倒角。

二、程序设计

用B类宏程序指令加工抛物线程序见表6－12。

表6－12 用B类宏程序指令加工抛物线程序

加 工 程 序	程 序 说 明
O2345；	
G0 X66 Z3；	
M03 S800 T0101；	
G94 X－0.5 Z0 F0.2；	
G73 U32.5 W0 R6；	粗车循环
G73 P1 Q5 U0.5；	
N1 G42 G01 X0；	
G01 Z0；	
#1＝0；	X轴初始赋值
N2#2＝－#1＊#1/20；	计算Z轴坐标
G01 X［#1＊2］0 Z#2；	
#1＝#1＋0.5；	下一个X值
IF［#1LE30］GOTO2；	终点判断
G01 Z－63；	
X66；	
N5 G40 G00 X66；	
G70 P1 Q5 S1000；	精车循环
G0 X66 Z100；	
M30；	

【任务评价】

小组名称：________________ 学生姓名：__________

评 价 内 容		分值	自我评价（30%）	小组评价（30%）	教师评价（40%）
1	外圆尺寸	20			
2	长度尺寸	10			

（续）

评价内容		分值	自我评价（30%）	小组评价（30%）	教师评价（40%）
3	倒角尺寸	10			
4	表面粗糙度	10			
5	程序正确、完整	6			
6	程序格式规范	3			
7	工艺合理	5			
8	程序参数选择合理	5			
9	指令选用合理	5			
10	零件装夹合理	3			
11	刀具选择及安装正确	3			
12	对刀及坐标系设定正确	3			
13	机床面板操作正确	4			
14	意外情况处理合理	3			
15	团结协作	5			
16	遵守纪律情况	5			
17	安全文明生产	5			
总评					

知识拓展

B类用户宏程序的其他调用

一、宏程序模态调用（G66、G67）

指令格式为

G66　P＜程序名＞L＜循环次数＞＜自变量赋值＞;

在这一调用状态下，当程序段有移动指令时，则先执行完这一移动指令后再调用宏，所以又称移动调用指令，如图6－3所示。

二、用G代码调用宏程序G＜g＞

可用G＜g＞代码代替G65　P＜p＞，即G＜g＞＜自变量赋值＞=G65　P＜p＞＜自变量赋值＞。

在参数No.6050～No.6059中设定调用宏程序的G代码＜g＞，与非模态调用（G65）同样的方法用该代码调用宏程序。FANUC 0i参数、G代码与宏程序号对应关系见表6－13。

＜g＞值范围为1～255（65～67除外）。例如，假设在系统中将No.6050参数设置为50（为了识别方便和条理性，建议将g1～g9依次设置为50～59），则G50即为G65 P9010，如图6－4所示。

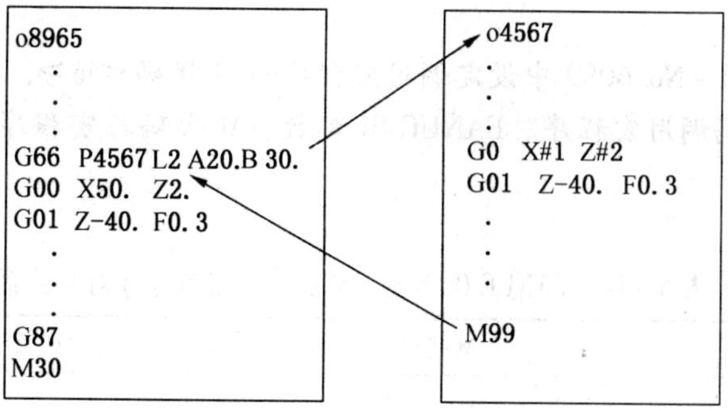

图6－3 模态调用

表6－13 FANUC 0i参数、G代码与宏程序号对应关系

参数号	G代码＜g＞	被调用宏程序号＜p＞
6050	g1	O9010
6051	g2	O9011
6052	g3	O9012
6053	g4	O9013
6054	g5	O9014
6055	g6	O9015
6056	g7	O9016
6057	g8	O9017
6058	g9	O9018
6059	g10	O9019

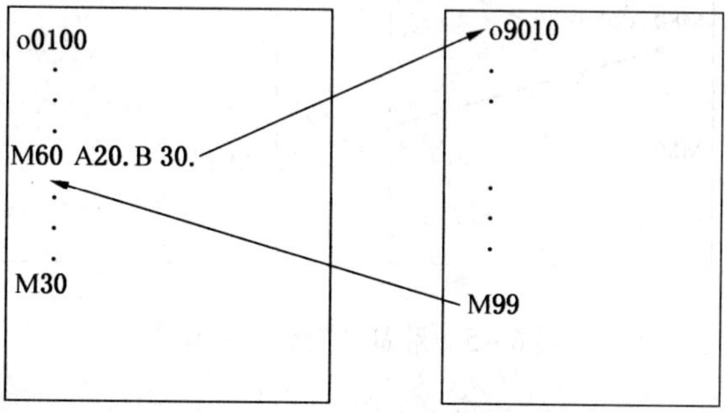

图6－4 用G代码调用宏程序

三、用M代码调用宏程序

可用M＜m＞代码代替G65 P＜p＞，即M＜m＞＜自变量赋值＞＝G65 P＜p＞

＜自变量赋值＞。

在参数 No. 6080 ~ No. 6089 中设定调用宏程序的 M 代码＜m＞，与非模态调用（G65）同样的方法用该代码调用宏程序。FANUC 0i 参数、M 代码与宏程序号对应关系见表 6 - 14。

表 6 - 14　FANUC 0i 参数、M 代码与宏程序号对应关系

参数号	M 代码＜m＞	被调用宏程序号＜p＞
6080	m1	09020
6081	m2	09021
6082	m3	09022
6083	m4	09023
6084	m5	09024
6085	m6	09025
6086	m7	09026
6087	m8	09027
6088	m9	09028
6089	m10	09029

＜m＞值范围为 6 ~ 255（30 除外）。例如，假设在系统中将 No. 6080 参数设置为 80（为了识别方便和条理性，建议将 m1 ~ m9 依次设置为 80 ~ 89），则 M80 即为 G65 P9020，如图 6 - 5 所示。

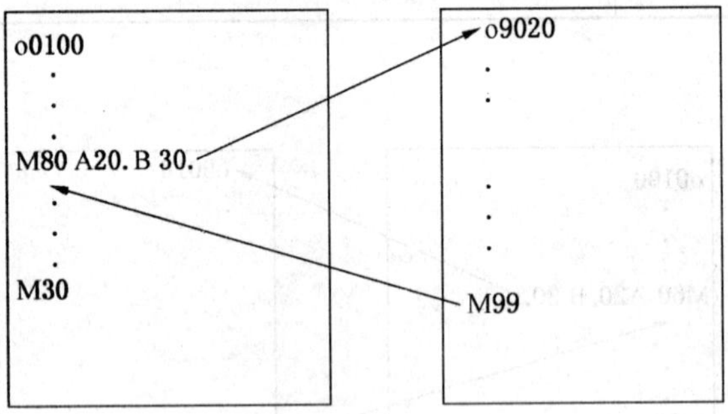

图 6 - 5　用 M 代码调用宏程序

【思考与练习】

一、填空题

FANUC 系统中自变量的赋值方法Ⅱ中只使用 A、B、C 和 I、J、K 这 6 个字母，其中 I、J、K 可以重复指定____________次。

二、选择题

1. 在变量赋值方法Ⅱ中，自变量地址 I6 对应的变量是（　　）。

A. #40　　B. #39　　C. #19　　D. #26

2. 在变量赋值方法Ⅰ中，引数（自变量）J 对应的变量是（　　）。

A. #22　　B. #5　　C. #110　　D. #25

3. 在变量赋值方法Ⅰ中，引数（自变量）C 对应的变量是（　　）。

A. #43　　B. #31　　C. #3　　D. #39

三、问答题

B 类宏程序控制指令有哪些？

任务三　SIEMENS 802D 系统 R 参数加工

【任务描述】

加工图 6－2 所示抛物线，方程为 $Z=-20/1X^2$，抛物线的原点为工件坐标原点，即工件右端面中心上。采用 SIEMENS 802D 系统 R 参数加工。

【相关知识】

一个 NC 程序不仅仅适用于特定数值下的一次加工，或者必须计算出数值，这两种情况均可以使用计算参数。可以在程序运行时由控制器计算或设定所需要的数值；也可以通过操作面板设定参数数值。如果参数已经赋值，则它们可以在程序中对由变量确定的地址进行赋值。

编程的变量参数赋值从 R0 =____到 R299 =____共 300 个。

R 参数可分成 3 类，即自由参数、加工循环传递参数和加工循环内部计算参数。

（1）R0 ~ R99 为自由参数，可以在程序中自由使用。

（2）R100 ~ R249 为加工循环传递参数。对于这部分参数，如果在程序中没有使用固定循环，则这部分参数可以自由使用。

（3）R250 ~ R299 为加工循环内部计算参数。同样，对于这部分参数，如果在程序中没有使用固定循环，则这部分参数也可以自由使用。

一、R 参数

1. 赋值

（1）可以在 ±(0.0000001 ~ 99999999) 数值范围内给计算参数赋值（8 位，带符号和小数点）。在取整数值时可以去除小数点，正号可以一并省去。

例如，R0 = 3.5678，R1 = －37.3，R2 = 2，R3 = －7，R4 = －45678.1234。

（2）用指数表示法可以赋值更大的数值范围，其数值范围为 $\pm(10^{-300} \sim 10^{+300})$。

指数值写在 EX 符号之后，最大符号数为 10（包括符号和小数点），EX 值范围为 -300 ~ +300。例如，R0 = -0.1EX-5 表示 R0 = -0.000 001，R1 = 1.874EX8 表示R1 = 187 400 000。

注释：一个程序段中可以有多个赋值语句，也可以用计算表达式赋值。

(3) 给其他地址赋值。通过给其他 NC 地址分配计算参数或参数表达式，可以增加 NC 程序的通用性。可以用数值、算术表达式或 R 参数对任意 NC 地址赋值，但对地址 N、G 和 L 例外。

赋值时在地址符之后写入符号“=”；赋值语句也可以赋值一负号；给坐标轴地址（运行指令）赋值时，要求有一独立的程序段。例如，N10　G0　X = R2 表示给 X 轴赋值。

2. 参数计算

计算参数时也要遵循通常的数学运算规则。圆括号内的运算优先进行，乘法和除法运算优先于加法和减法运算。

角度计算单位为度。

3. 编程举例

N10　R1 = R1 + 1　　由原来的 R1 加上 1 后得到新的 R1

N20　R1 = R2 + R3　R4 = R5 - R6　R7 = R8 * R9　R10 = R11/R12

N30　R13 = SIN（25.3）　　R13 等于正弦 25.3 度

N40　R14 = R1 * R2 + R3　　乘法和除法运算优先于加法和减法运算

N50　R14 = R1 *（R2 + R3）　　括号级优先计算

N60　R14 = R3 + R2 * R1　　与 N40 一样

N70　R15 = SQRT（R1 * R1 + R2 * R2）　　表示 $15 = \sqrt{R1^2 + R2^2}$

坐标轴赋值编程：

N10　G1　G91　X = R1　Z = R2　F300

N20　Z = R3

N30　X = -R4

N40　Z = -R5

二、程序跳转

1. 标记符、程序跳转目标

标记符或程序段号用于标记程序中所跳转的目标程序段，用跳转功能可以实现程序运行分支。标记符可以自由选取，但必须由 2 ~ 8 个字母或数字组成，其中开始两个符号必须是字母或下划线。跳转目标程序段中标记符后面必须为冒号，标记符位于程序段段首，如果程序段有段号，则标记符紧跟着段号，在一个程序段中，标记符不能含有其他意义。

编程举例：

N10　MARKE1：G1　X20　　MARKE1 为标记符，跳转目标程序段

TR789：G0　X10　Z20　　TR789 为标记符，跳转目标程序段没有段号

N100…　　程序段号可以是跳转目标

2. 绝对跳转

程序在运行时以写入时的顺序执行程序段，程序在运行时可以通过插入程序跳转指令改变执行顺序。跳转目标只能是有标记符的程序段，此程序段必须位于该程序之内。绝对跳转指令必须占用一个独立的程序段。

编程格式：

GOTOF Label 向前跳转

GOTOB Label 向后跳转

参数及说明见表6－15。

表6－15 绝对跳转参数及说明

参 数	说 明
GOTOF	向前跳转（向程序结束的方向跳转）
GOTOB	向后跳转（向程序开始的方向跳转）
Label	所选的字符串用于标记符或程序段号

3. 有条件跳转

用IF条件语句表示有条件跳转。如果满足跳转条件（也就是值不等于零），则进行跳转，跳转目标只能是有标记符的程序段，该程序段必须在此程序之内。

有条件跳转指令要求一个独立的程序段，在一个程序段中可以有许多个条件跳转指令，使用条件跳转后有时会使程序明显简化。

编程格式：

IF 条件 GOTOF Label 向前跳转

IF 条件 GOTOB Label 向后跳转

参数及说明见表6－16。

表6－16 有条件跳转参数及说明

参 数	说 明
GOTOF	向前跳转（向程序结束的方向跳转）
GOTOB	向后跳转（向程序开始的方向跳转）
Label	所选的字符串用于标记符或程序段号
IF	跳转条件导入符
条件	作为条件的计算参数，计算表达式

用比较运算表示跳转条件，计算表达式也可用于比较运算，比较运算各符号意义见表6－17。

表6-17　比较运算符号意义

运算符	意义	运算符	意义
= =	等于	>	小于
< >	不等	>=	大于或等于
>	大于	<=	小于或等于

比较运算的结果有两种，一种为"满足"，另一种为"不满足"。"不满足"时该运算结果值为零。

编程举例：

R1 > 1	R1 大于 1
R1 < R2 + R3	R1 小于 R2 加 R3
R6 > = SIN（R7 * R7）	R6 大于或等于 SIN（R7）2
N10　IF　R1 < > 0　GOTOF　MARKE1	R1 不等于零时，跳转到 MARKE1 程序段
N100　IF　R1 > 1　GOTOF　MARKE2	R1 大于 1 时，跳转到 MARKE2 程序段
N1000　IF　R45 = = R7 + 1　GOTOB　MARKE3	R45 等于 R7 加 1 时，跳转到 MARKE3 程序段

一个程序段中有多个条件跳转：

N20　IF　R1 = = 1　GOTOB　MA1　IF　R1 = = 2　GOTOF　MA2	第一个条件实现后就进行跳转

【任务实施】

一、加工工艺分析

零件装夹、刀具选择、加工工艺与 FANUC 加工相同，这里不再赘述。

二、程序设计

用 SIEMENS 802D 系统 R 参数加工抛物线程序见表 6-18。

表6-18　用 SIEMENS　802D 系统 R 参数加工抛物线程序

加工程序	程序说明
PWXJG. MPF	
G90　G0　X80　Z50	粗加工程序
M03　S800　T1D1	
R1 = 0	Z 轴初赋值
R3 = 30. 5	X 轴初赋值
R4 = 2	背吃刀量
R3 = R3 - R4	
AA：G0　X = 2 * R3	刀具 X 轴定位

表 6－18（续）

加工程序	程序说明
Z5	刀具 Z 轴定位
BB：R2 = SQRT（20 * R1）	计算 X 轴
G01　X = 2 *（R2 + R3）　Z = －R1　F0.3	
R1 = R1 + 0.1	
IF　R1 <= 45　GOTOB　BB	
G0　X = 2 *（R2 + R3）+5	
Z5	
IF　R3 >= 0.5　GOTOB　AA	
G0　X80　Z50	
M30	
M03　S800　T2D1	精车程序
G90　G0　X0　Z5	
R1 = 0	
CC：R2 = SQRT（20 * R1）	
G1　X = 2 * R2　Z = －R1　F0.1	
R1 = R1 + 0.1	
IF　R1 <= 45　GOTOB　CC	
G0　X80　Z50	
M30	

【任务评价】

小组名称：________________　　学生姓名：________

评价内容		分值	自我评价（30%）	小组评价（30%）	教师评价（40%）
1	外圆尺寸	20			
2	长度尺寸	10			
3	倒角尺寸	10			
4	表面粗糙度	10			
5	程序正确、完整	6			
6	程序格式规范	3			
7	工艺合理	5			
8	程序参数选择合理	5			
9	指令选用合理	5			
10	零件装夹合理	3			

（续）

评价内容		分值	自我评价（30%）	小组评价（30%）	教师评价（40%）
11	刀具选择及安装正确	3			
12	对刀及坐标系设定正确	3			
13	机床面板操作正确	4			
14	意外情况处理合理	3			
15	团结协作	5			
16	遵守纪律情况	5			
17	安全文明生产	5			
总评					

知识拓展

R 参数的格式

一、R 参数的表示方法

R 参数由地址符 R 与若干位（通常为 3 位）数字组成，如 R1、R10 和 R105 等。

二、R 参数的引用

除地址符 N、G、L 外，R 参数可以用来代替其他任何地址符后面的数值。但是使用参数编程时，地址符与参数间必须通过“=”连接，这一点与 FANUC 系统中的宏程序编写格式有所不同。

例如，G01　X = R10　Y = －R11　F = 100 － R12，当 R10 = 100、R11 = 50、R12 = 20 时，可表示为 G01　X100　Y－50　F80。

R 参数可以在主程序和子程序中进行定义（赋值），也可以与其他指令编在同一程序段中。

例如：

……

N30　R1 = 10　R2 = 20　R3 = －5　S500　M03

N40　G01　X = R1　Z = R3　F100

……

在参数赋值过程中，数值取整数时可省略小数点，正号可以省略不写。

【思考与练习】

一、选择题

1. SIEMENS 802D 系统中运算表达式 R1 = R2 + R3 * SIN(R4) －8，按运算次序首先是（　　）。

A. R2 + R3　　B. R3 * SIN（R4）　　C. SIN（R4）　　D. SIN（R4）－8

2. SIEMENS 802D 系统中 GOTOF MARKE1……MARKE1……（　　）。

A. 赋值语句　　　B. 条件跳转语句　　C. 循环语句　　　D. 无条件跳转语句

二、判断题

1. 程序在运行时可以通过插入程序跳转指令改变执行顺序。(　　)

2. 在参数赋值过程中，数值取整数时可省略小数点，正号可以省略不写。(　　)

三、问答题

SIEMENS 802D 系统中 R 参数标记符组成规则是什么？

任务四　形状相同零件的宏程序加工

【任务描述】

形状相同的零件是数控加工中典型类型之一，图 6-6 所示是阶台轴零件图。该零件体现为轴台直径与长度有变化，生产类型为单件或小批量生产。下面以该轴类零件为例，设定工件坐标系，制定加工工艺方案，分别用 FANUC 系统 B 类宏程序和 SIEMENS 802D 系统 R 参数编制加工程序并完成零件的加工。本任务只介绍宏程序加工，其他编程知识已在前面的章节讲述，这里不再赘述。

图 6-6 中，α1、α2、α3 分别为倒角 1、2、3 的角度。*A*1、*A*2、*A*3 分别为倒角 1、2、3 的长度。*D*1、*D*2、*D*3 分别为轴台 1、2、3 的直径。*D*3 为毛坯直径。*L*1、*L*2、*L*3 分别为轴台 1、2、3 的长度。*L*3 为卡爪外长度，*L*3 不用指定。*R*1 为轴台 1 与轴台 2 的连接圆角，*R*2 为轴台 2 与轴台 3 的连接圆角。

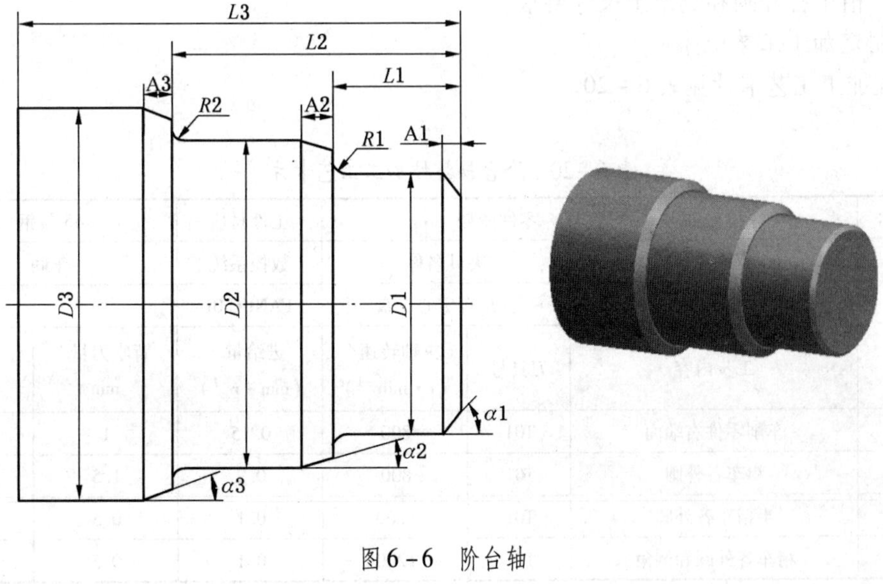

图 6-6　阶台轴

【相关知识】

宏程序与系统固定循环的区别：系统提供的循环是大多数常见的加工形状，如前面提到的椭圆或其他复杂形状，系统循环则不能解决。宏程序恰好弥补了系统循环的不足。

【任务实施】

一、加工工艺分析

1. 零件装夹

工件伸出较短，使用普通三爪自定心卡盘装夹。

2. 选择刀具

根据图样要求，可选择可转位90°外圆车刀，材质为YT15。制定刀具卡片，见表6-19。

表6-19　阶台轴数控加工刀具卡片

产品名称或代号：			零件名称：阶台轴			零件图号：
序号	刀具号	刀具规格及名称	材质	数量	加工表面	备注
1	T01	90°外圆车刀	YT15	1	粗精车外圆、端面及倒角等	R0.2
编制：			审核：			

3. 确定加工工艺

以工件右端面轴心处为零件编程坐标原点，工艺路线安排如下：

（1）车削零件右端面。

（2）粗车各外圆，留半精车余量1 mm。

（3）半精车各外圆，留精车余量0.5 mm。

（4）精车各外圆和倒角至尺寸要求。

4. 制定加工工艺卡片

数控加工工艺卡片见表6-20。

表6-20　阶台轴数控加工工艺卡片

零件名称	阶台轴	零件图号		工件材质	45号钢	
工序号	程序编号	夹具名称		数控系统	车间	
1	O1234	三爪自定心卡盘		FANUC 0i		
工步号	工步内容	刀具号	主轴转速/（r·min^{-1}）	进给量/（mm·r^{-1}）	背吃刀量/mm	备注
1	车削零件右端面	T01	800	0.15	1	自动
2	粗车各外圆	T01	800	0.2	1.5	自动
3	半精车各外圆	T01	1200	0.1	0.5	自动
4	精车各外圆和倒角	T01	1200	0.1	0.5	自动

二、程序设计

用 FANUC 系统 B 类宏程序和 SIEMENS 802D 系统 R 参数编写加工程序，见表 6－21、表 6－22。

表 6－21 用 FANUC 系统 B 类宏程序编写加工程序

加工程序	程序说明
O1234;	程序名
M03 S800 T0101;	主轴正转，转速为 800 r/min，选择 1 号刀 1 号刀补
#150 = n;	定义粗车时背吃刀量（n 为背吃刀量）
#100 = D1; #101 = D2; #103 = D3; #110 = L1; #111 = L2; #113 = A1; #114 = A2; #115 = A3; #120 = α1; #121 = α2; #122 = α3; #124 = R1; #125 = R2;	将图纸尺寸赋值加工程序
#500 = #103 + 10;	定义 X 向工件接近点
G00 X#500 Z2.0;	刀具快速接近工件
Z0;	Z 向进刀
G01 X－1.0 F0.15;	车右端面
G00 Z2.0;	Z 向退刀
X#500;	X 向退刀
#501 = #103;	初始化 X 向起刀点
#502 = #101 + #125 * 2 + 1;	计算 X 向 D2 加 R2 的半精车留量
#501 = #501 － #150;	计算第一刀需要加工至的直径
N1 IF [#501 LT#502] GOTO2;	判断当前需要加工至的直径是否小于 X 向 D2 加 R2 的半精车留量，如果小于则转移至 N2 语句，否则按顺序执行下列语句
G00 X#500 Z2.0;	将刀具移动至工件接近点
G00 X#501;	进刀至当前需要加工至的直径
G01 Z－#111 F0.2;	车外圆，长度 L2
G00 X#500 Z2.0;	将刀具退回至工件接近点

表 6 - 21（续）

加工程序	程序说明
#501 = #501 - #150；	计算接下来需要加工至的直径
GOTO1；	无条件转移至 N1 语句
N2#502 = #101 + 1；	计算 X 向 D2 的半精车留量
#503 = #111 - #125；	计算 Z 向 L2 减去 R2 的长度
N3 IF［#501 LT#502］GOTO4；	判断当前需要加工至的直径是否小于 X 向 D2 半精车留量，如果小于则转移至 N4 语句，否则按顺序执行下列语句
G00 X#500 Z2.0；	将刀具移动至工件接近点
G00 X#501；	进刀至当前需要加工至的直径
G01 Z - #503 F0.2；	车外圆，长度 L2 减去 R2
G00 X#500 Z2.0；	将刀具退回至工件接近点
#501 = #501 - #150；	计算接下来需要加工至的直径
GOTO3；	无条件转移至 N3 语句
N4#502 = #100 + #124 * 2 + 1；	计算 X 向 D1 加 R1 的半精车留量
N5 IF［#501 LT#502］GOTO6；	判断当前需要加工至的直径是否小于 X 向 D1 加 R1 的半精车留量，如果小于则转移至 N6 语句，否则按顺序执行下列语句
G00 X#500 Z2.0；	将刀具移动至工件接近点
G00 X#501；	进刀至当前需要加工至的直径
G01 Z - #110 F0.2；	车外圆，长度 L1
G00 X#500 Z2.0；	将刀具退回至工件接近点
#501 = #501 - #150；	计算接下来需要加工至的直径
GOTO5；	无条件转移至 N5 语句
N6#502 = #100 + 1；	计算 X 向 D1 的半精车留量
#503 = #110 - #124；	计算 Z 向 L1 减去 R1 的长度
N7 IF［#501 LT#502］ GOTO8；	判断当前需要加工至的直径是否小于 X 向 D1 半精车留量，如果小于则转移至 N8 语句，否则按顺序执行下列语句
G00 X#500 Z2.0；	将刀具移动至工件接近点
G00 X#501；	进刀至当前需要加工至的直径
G01 Z - #503 F0.2；	车外圆，长度 L1 减去 R1
G00 X#500 Z2.0；	将刀具退回至工件接近点
#501 = #501 - #150；	计算接下来需要加工至的直径
GOTO7；	无条件转移至 N7 语句
N8 G00 X100.0 Z100.0；	粗加工结束，车刀远离工件
#501 = #100 - TAN［#120］ * #113 * 2；	计算倒角 1 的 X 向起点直径
#502 = #100 + #124 * 2；	计算圆角 1 的 X 向终点直径

表6-21（续）

加工程序	程序说明
#503 = #101 - TAN [#121] * #114 * 2;	计算倒角2的X向起点直径
#504 = #101 + #125 * 2;	计算圆角2的X向终点直径
#505 = #103 - TAN [#122] * #115 * 2;	计算倒角3的X向起点直径
M03 S800 T0101;	开始半精加工；主轴正转，转速为800 r/min
G00 X#500 Z2.0;	将刀具移动至工件接近点
G00 X [#501 + 0.5];	X向进刀至倒角1精加工起点，留量0.5 mm
Z0.0;	Z向进刀至倒角1精加工起点
G01 X [#100 + 0.5] Z - #113 F0.15;	倒角1，留量0.5 mm
Z - [#110 - #124];	半精车D1外圆，留量0.5 mm
G03 X [#502 + 0.5] Z - #110 R#124;	倒圆角1，留量0.5 mm
G01 X [#503 + 0.5];	X向进刀至倒角2精加工起点，留量0.5 mm
X [#101 + 0.5] Z - [#110 + #114];	倒角2，留量0.5 mm
Z - [#111 - #125];	半精车D2外圆，留量0.5 mm
G03 X [#504 + 0.5] Z - #111 R#125;	倒圆角2，留量0.5 mm
G01 X [#505 + 0.5];	X向进刀至倒角3精加工起点，留量0.5 mm
X [#103 + 0.5] Z - [#111 + #115];	倒角3，留量0.5 mm
G00 X100.0 Z100.0;	车刀远离工件
M05;	主轴停止
M00;	程序暂停、测量工件
M03 S1200 T0101;	开始精加工；主轴正转，精车转速为1200 r/min
G00 X#500 Z2.0;	将刀具移动至工件接近点
G00 X#501;	X向进刀至倒角1精加工起点
Z0.0;	Z向进刀至倒角1精加工起点
G01 X#100 Z - #113 F0.1;	倒角1
Z - [#110 - #124];	精车D1外圆
G03 X#502 Z - #110 R#124;	倒圆角1
G01 X#503;	X向进刀至倒角2精加工起点
X#101 Z - [#110 + #114];	倒角2
Z - [#111 - #125];	精车D2外圆
G03 X#504 Z - #111 R#125;	倒圆角2
G01 X#505;	X向进刀至倒角3精加工起点
X#103 Z - [#111 + #115];	倒角3
G00 X100.0 Z100.0;	退刀
M05;	主轴停止
M30;	程序结束，光标返回程序开始处

表6-22 用SIEMENS 802D系统R参数编写加工程序

加工程序	程序说明
SL_SIEMENS. MPF	程序名
M03 S800 T1D1	主轴正转，转速为800 r/min，选择1号刀1号刀补
R1 = n	定义粗车时背吃刀量（n为背吃刀量）
R10 = D1 R11 = D2 R12 = D3 R15 = L1 R16 = L2 R17 = A1 R18 = A2 R19 = A3 R20 = α1 R21 = α2 R22 = α3 R25 = r1 R26 = r2	将图纸尺寸赋值加工程序（SIEMENS的加工程序允许将互不干涉的语句写在一行之中；因描述圆角半径的字母R与这里的R参数冲突，故在这里使用r代替）
R50 = R12 + 10	定义X向工件接近点
G00 X = R50 Z2	刀具快速接近工件
Z0	Z向进刀
G01 X - 1 F0. 15	车右端面
G00 Z2	Z向退刀
X = R50	X向退刀
R51 = R12	初始化X向起刀点
R52 = R11 + R26 * 2 + 1	计算X向D2加R2的半精车留量
R51 = R51 - R1	计算第一刀需要加工至的直径
SL_1：IF(R51 < R52) GOTOB SL_2	判断当前需要加工至的直径是否小于X向D2加R2的半精车留量，如果小于则向后转移至SL_2语句，否则按顺序执行下列语句
G00 X = R50 Z2	将刀具移动至工件接近点
G00 X = R51	进刀至当前需要加工至的直径
G01 Z = - R16 F0. 2	车外圆，长度L2
G00 X = R50 Z2	将刀具退回至工件接近点
R51 = R51 - R1	计算接下来需要加工至的直径
GOTOF SL_1	无条件向前转移至SL_1语句
SL_2：R52 = R11 + 1	计算X向D2的半精车留量
R53 = R16 - R26	计算Z向L2减去R2的长度
SL_3：IF(R51 < R52) GOTOF SL_4	判断当前需要加工至的直径是否小于X向D2半精车留量，如果小于则向后转移至SL_4语句，否则按顺序执行下列语句
G00 X = R50 Z2	将刀具移动至工件接近点
G00 X = R51	进刀至当前需要加工至的直径
G01 Z = - R53 F0. 2	车外圆，长度L2减去R2
G00 X = R50 Z2	将刀具退回至工件接近点
R51 = R51 - R1	计算接下来需要加工至的直径
GOTOF SL_3	无条件向前转移至SL_3语句

表 6－22（续）

加 工 程 序	程 序 说 明
SL_4：R52 = R10 + R25 * 2 + 1	计算 X 向 D1 加 R1 的半精车留量
SL_5：IF(R51 < R52) GOTOF SL_6	判断当前需要加工至的直径是否小于 X 向 D1 加 R1 的半精车留量，如果小于则转移至 SL_6 语句，否则按顺序执行下列语句
G00 X = R50 Z2	将刀具移动至工件接近点
G00 X = R51	进刀至当前需要加工至的直径
G01 Z = －R15 F0.2	车外圆，长度 L1
G00 X = R50 Z2	将刀具退回至工件接近点
R51 = R51 － R1	计算接下来需要加工至的直径
GOTOF SL_5	无条件转移至 N5 语句
SL_6：R52 = R10 + 1	计算 X 向 D1 的半精车留量
R53 = R15 － R25	计算 Z 向 L1 减去 R1 的长度
SL_7：IF(R51 < R52) GOTOF SL_8	判断当前需要加工至的直径是否小于 X 向 D1 半精车留量，如果小于则转移至 SL_8 语句，否则按顺序执行下列语句
G00 X = R50 Z2	将刀具移动至工件接近点
G00 X = R51	进刀至当前需要加工至的直径
G01 Z = －R53 F0.2	车外圆，长度 L1 减去 R1
G00 X = R50 Z2	将刀具退回至工件接近点
R51 = R51 － R1	计算接下来需要加工至的直径
GOTOF SL_7	无条件转移至 SL_7 语句
SL_8：G00 X100 Z100	粗加工结束；车刀远离工件
R51 = R10 － TAN（R20） * R17 * 2	计算倒角 1 的 X 向起点直径
R52 = R10 + R25 * 2	计算圆角 1 的 X 向终点直径
R53 = R11 － TAN（R21） * R18 * 2	计算倒角 2 的 X 向起点直径
R54 = R11 + R26 * 2	计算圆角 2 的 X 向终点直径
R55 = R12 － TAN（R22） * R19 * 2	计算倒角 3 的 X 向起点直径
M03 S800 T1D1	开始半精加工；主轴正转，转速为 800 r/min
G00 X = R50 Z2	将刀具移动至工件接近点
G00 X = (R51 + 0.5)	X 向进刀至倒角 1 精加工起点，留量 0.5 mm
Z0	Z 向进刀至倒角 1 精加工起点
G01 X = (R10 + 0.5) Z = －R17 F0.15	倒角 1，留量 0.5 mm
Z = －(R15 － R25)	半精车 D1 外圆，留量 0.5 mm
G03 X = (R52 + 0.5) Z = －R15 CR = R25	倒圆角 1，留量 0.5 mm
G01 X = (R53 + 0.5)	X 向进刀至倒角 2 精加工起点，留量 0.5 mm

表 6－22（续）

加 工 程 序	程 序 说 明
X＝(R11＋0.5)　Z＝－(R15＋R18)	倒角 2，留量 0.5 mm
Z＝－(R16－R26)	半精车 D2 外圆，留量 0.5 mm
G03　X＝(R54＋0.5)　Z＝－R16　CR＝R26	倒圆角 2，留量 0.5 mm
G01　X＝(R55＋0.5)	X 向进刀至倒角 3 精加工起点，留量 0.5 mm
X＝(R12＋0.5)　Z＝－(R16＋R19)	倒角 3，留量 0.5 mm
G00　X100　Z100	车刀远离工件
M05	主轴停止
M00	程序暂停，测量工件
M03　S1200　T1D1	开始精加工；主轴正转，精车转速为 1200 r/min
G00　X＝R50　Z2	将刀具移动至工件接近点
G00　X＝R51	X 向进刀至倒角 1 精加工起点
Z0	Z 向进刀至倒角 1 精加工起点
G01　X＝R10　Z＝－R17　F0.1	倒角 1
Z＝－(R15－R25)	精车 D1 外圆
G03　X＝R52　Z＝－R15　CR＝R25	倒圆角 1
G01　X＝R53	X 向进刀至倒角 2 精加工起点
X＝R11　Z＝－(R15＋R18)	倒角 2
Z＝－(R16－R26)	精车 D2 外圆
G03　X＝R54　Z＝－R16　CR＝R26	倒圆角 2
G01　X＝R55	X 向进刀至倒角 3 精加工起点
X＝R12　Z＝－(R16＋R19)	倒角 3
G00　X100　Z100	退刀
M05	主轴停止
M30	程序结束，光标返回程序开始处

知识拓展

使用 G65 指令调用宏程序

一、程序参数设定

使用 α1、α2、α3 分别给 I3、J3、K3 赋值，使用 A1、A2、A3 分别给 I2、J2、K2 赋值，使用 D1、D2、D3 分别给 I1、J1、K1 赋值，使用 L1、L2 分别给 I4、J4 赋值，使用 R1、R2 分别给 I5、J5 赋值。

二、将程序 O1234 中的赋值部分更改

G65 指令调用宏程序指令见表 6－23。

表6-23 G65指令调用宏程序指令

加工程序	程序说明
O1234;	程序名
M03 S800 T0101;	主轴正转，转速为800 r/min，选择1号刀1号刀补
#150 = n;	定义粗车时背吃刀量（n为背吃刀量）
#100 = #4; #101 = #5; #103 = #6; #110 = #13; #111 = #14; #113 = #7; #114 = #8; #115 = #9; #120 = #10; #121 = #11; #122 = #12; #124 = #16; #125 = #17;	将指令G65中的参数给本程序使用的变量重新赋值。也可以直接使用参数所对应的变量参与计算。 如下面的语句： #500 = #103 + 10 可以写成 #500 = #6 + 10
#500 = #103 + 10;	定义X向工件接近点
G00 X#500 Z2.0;	刀具快速接近工件
……	调用表6-21中FANUC系统B类宏程序加工编程语句Z0；G01 X-1.0 F0.15；至程序结束
G00 X100.0 Z100.0;	退刀
M05;	主轴停止
M30;	程序结束，光标返回程序开始处

上例程序的调用方法：G65 P1234 ID1 JD2 KD3 IA1 JA2 KA3 Iα1 Jα2 Kα3 IL1 JL2 IR1 JR2；D1、D2、D3、A1、A2、A3、α1、α2、α3、L1、L2、R1、R2为图纸上的实际数值。

该方法可以省去每次换图都要修改宏程序的赋值部分，在这里我们只需要使用G65调用O1234宏程序，其后按图纸填入所需数值即可。

【思考与练习】

一、填空题

1. 在程序中使用变量，通过对变量进行赋值及处理使程序具有特殊功能，这种程序叫____________。

2. #jGT#k表示____________。

二、选择题

1. (　　) 指令用于取消宏程序的模态调用。

A. G65　　B. G66　　C. G67　　D. G68

2. (　　) 变量属于公用变量。

A. #30　　B. #140　　C. #2000　　D. #5201

3. 在宏程序格式中，结尾用____________返回主程序。

A. M98　　B. M99　　C. G99　　D. G98

三、问答题

宏程序的特点是什么？

项目七　自动编程与仿真加工

【知识目标】

1. 掌握 CAXA 零件绘图方法。
2. 掌握宇龙数控仿真软件的安装方法。
3. 知道数据传输的三种常用方法。
4. 了解 RS232 接口的由来及连接方式。
5. 了解数据传输中的注意事项。

【技能目标】

1. 掌握 CAXA 数控车自动编程操作。
2. 掌握宇龙数控仿真软件的仿真操作。
3. 掌握存储卡传输和 USB 传输的方法。

【情感目标】

1. 具有安全意识、合作意识和环保意识。
2. 技能训练过程中，认真遵守安全操作规程。
3. 认真学习，严肃工作，保质保量完成任务。
4. 了解数控，热爱数控，坚定职业信念。

任务一　自动编程概述

【任务描述】

图 7－1 所示零件材料为 45 号钢，毛坯尺寸为 ϕ50 mm × 100 mm 棒料。分析图纸，提出相应工艺方案和走刀路线，利用 CAXA 数控车（2015）建立模型，设置合适的参数和退刀点，形成运动轨迹，完成自动编程操作。

【任务分析】

虽然轴类零件加工工艺在前述内容已经学过，但自动编程中，粗车外轮廓、精车外轮廓、钻孔、粗车内轮廓、精车内轮廓、切槽和车螺纹的参数设置各不相同，生成的刀具轨迹也各有特点，是本任务学习的重点与难点。

【相关知识】

一、CAXA 数控车自动编程软件介绍

20 世纪 90 年代以前，市面上销售的 CAD/CAM 软件基本上都是国外产品。20 世纪 90 年代以后，国内在 CAD/CAM 技术研究和软件开发方面进行了卓有成效的工作。北航海尔软件公司经过多年不懈努力，推出了 CAXA 数控车数控编程系统。这套系统集 CAD、CAM

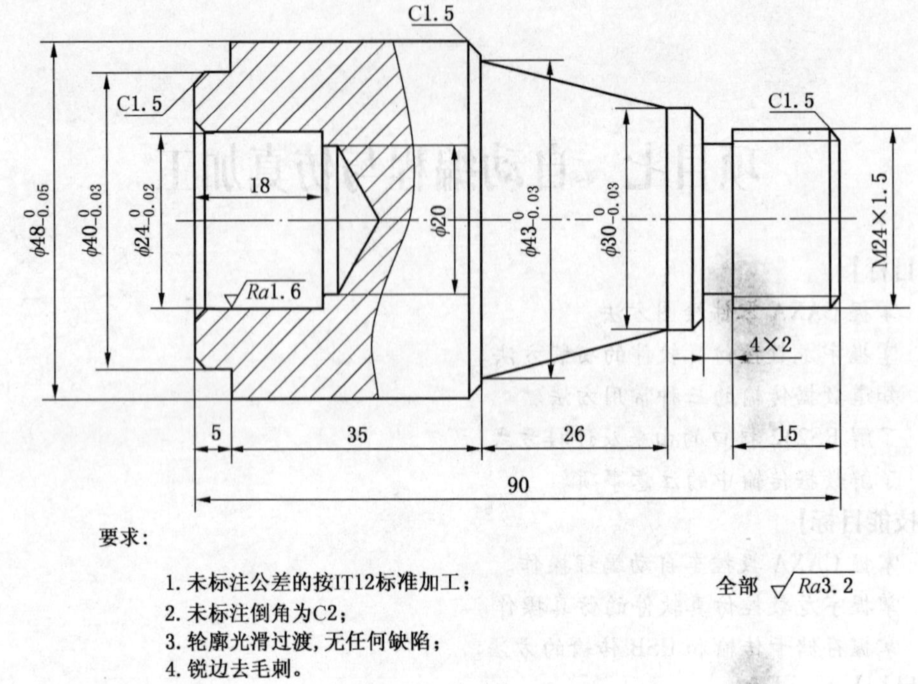

图7-1　自动编程零件图

于一体，功能强大、易学易用、工艺性好、代码质量高，现已在全国上千家企业使用，并广受好评，不但降低了生产成本，而且提高了经济效益。本书将以图7-1为例，介绍CAXA数控车的具体应用。

二、常用加工方法及参数设定

（一）刀具库管理

点击刀具库管理图标，弹出刀具库管理设置对话框。刀具库管理包括对轮廓车刀、切槽刀具、钻孔刀具、螺纹车刀四种刀具类型的管理，在刀具库管理设置对话框中，用户可按自己的需要添加或删除刀具，对已有刀具的参数进行修改，更换当前刀具等。

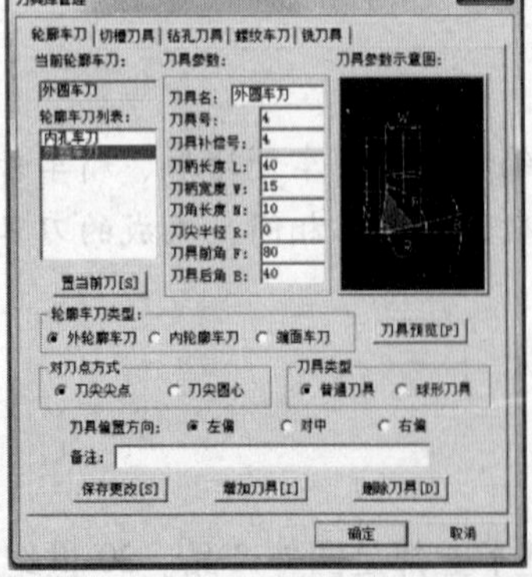

图7-2　轮廓车刀参数对话框

1. 轮廓车刀

轮廓车刀主要用来加工零件的内外轮廓面。在刀具库管理设置对话框（图7-2）中选择轮廓车刀选项，各选项意义如下：刀具名表示刀具的名称。刀具号表示机床的刀位号。刀具补偿号表示刀具补偿序列号。刀柄长度L表示刀具可夹持段的长度。刀柄宽度W表示刀具可夹持段的宽度。刀角长度N表示刀具切削刃的长度。刀尖半径 R 表示刀尖圆弧半径。刀具前角 F 表示刀具主切削刃与工件旋转轴的夹角。刀具后角 B 表示相当于车刀的副偏角。当前轮廓车刀显示当前使用刀具的刀具名。轮廓车刀列表显示刀具库中所有同类型刀具。点击“置当前刀”按钮或双击所选的刀具可更改当前刀具。轮廓车刀类型设有 3 个单选框，用户可根据加工需要选择不同的车刀类型。点击“刀具预览”可预览所选择的刀具形状。对刀点方式有 2 个单选框，一般选择“刀尖尖点”对刀方式。刀具类型有 2 个单选框，一般选择“普通刀具”。刀具偏置方向分为左偏、对中、右偏，可根据实际加工需要选择。

2. 切槽刀具

切槽刀具主要用于在零件的内外表面进行切槽加工。在刀具库管理设置对话框中选择切槽刀具选项，各选项意义如下：刀刃宽度 N 表示刀具主切削刃的宽度。刀尖半径 R 表示刀尖圆弧半径，切槽刀具有两处。刀具引角 A 表示切槽刀具的副偏角。刀具宽度 W 表示刀具夹持段（刀柄 W1）与刀头之间过渡部分的宽度。点击编程刀位下拉菜单，用户可根据加工需要选择其中的选择项。

3. 钻孔刀具

主要用于在工件的纵向（Z 向）打孔。在刀具库管理设置对话框中选择钻孔刀具选项，各选项意义如下：刀具半径 R 表示所用孔加工刀具的半径值。刀尖角度 A 表示主切削刃之间的夹角。刀刃长度 l 表示承担切削任务部分的长度。刀杆长度 L 表示刀刃长度与刀柄长度的和。注意设置钻孔刀具参数时，刀杆长度一定要大于刀刃长度。

4. 螺纹车刀

螺纹车刀主要用于加工零件的内外螺纹。在刀具库管理设置对话框中选择螺纹车刀选项，各选项意义如下：刀尖宽度 B 表示刀尖部分横刃的宽度，取决于螺纹种类和螺距大小。刀具角度 A 表示螺纹刀具的刀尖角，等于加工螺纹的牙形角。

（二）轮廓粗车

选择轮廓粗车图标，单击鼠标左键，弹出图 7－3 所示的对话框。此对话框中的参数设定主要有加工参数设定、进退刀方式设定、切削用量设定、轮廓车刀参数设定。

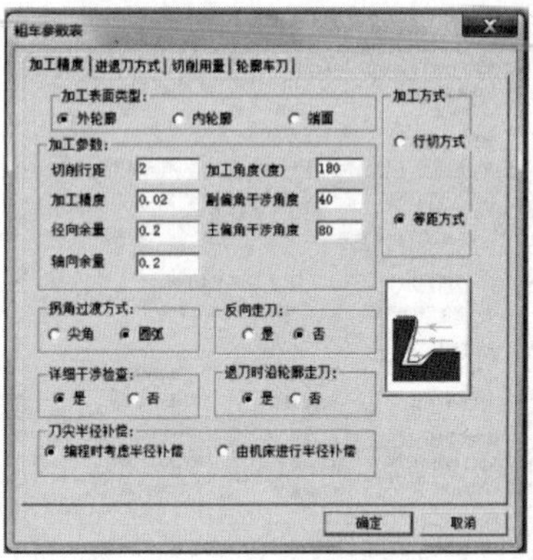

图 7－3　粗车加工参数设置对话框

1. 加工参数设定

单击轮廓粗车对话框中的“加工参数”标签，显示图 7－3 所示的设置画面，各选项意义如下：

（1）加工表面类型用于确定被加工表面的类型，包括外轮廓加工、内轮廓加工、端面加工三种类型。

（2）加工参数用于对粗加工中的工艺参数进行设置。

（3）拐角过渡方式：用户可根据零件的要求，在零件的相邻截面拐角处选择过渡方式。

（4）反向走刀用于确定刀具的走刀方向。

（5）详细干涉检查：建议选择“是”选项，否则对凹槽部分不作加工。

(6) 退刀时沿轮廓走刀：建议选择“是”选项，否则对行与行之间的轮廓不作加工。

(7) 刀尖半径补偿：一般选择“编程时考虑半径补偿”。

(8) 加工方式：用于选择行与行之间的走刀方式，对于机床一般选择行切方式。

2. 进退刀方式设定

单击轮廓粗车对话框中的“进退刀方式”标签，各选项意义如下：

(1) 每行相对毛坯进刀方式：用于对毛坯部分进行切削时的进刀方式。

(2) 每行相对加工表面进刀方式：用于对加工表面部分进行切削时的进刀方式。

3. 切削用量设定

单击轮廓粗车对话框中的“切削用量”标签，此对话框主要包含速度设定、主轴转速选项、样条拟合方式三个设定选项。

4. 轮廓车刀参数设定

单击轮廓粗车对话框中的“轮廓车刀”标签可进入轮廓车刀参数设置画面。该画面用于设置刀具参数。具体参数说明请参考“刀具管理”中的说明。

(三) 轮廓精车

选择轮廓精车图标，单击鼠标左键，弹出类似轮廓粗车设置对话框。这里只就与轮廓粗加工不同的参数设定加以说明，相同参数设定见轮廓粗车。

1. 加工参数设定

在轮廓精车参数对话框中单击“加工参数”标签。

2. 切削用量设定

在机械加工中，切削用量（切削三要素）的选择是非常重要的，切削用量选择的合理与否，将直接影响到零件的表面质量、刀具耐用度、加工效率等，甚至决定加工过程能否顺利完成。

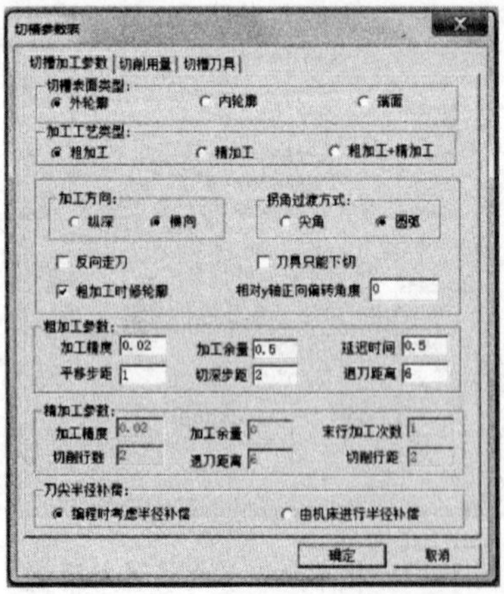

图7-4 切槽加工参数设置对话框

(四) 切槽

选择数控车工具栏上的切槽图标，单击鼠标左键，弹出图7-4所示的对话框。此对话框中的参数设定主要有切削加工参数设定、切削用量参数设定、切削刀具参数设定，这里只对切削加工参数设定选项中的部分参数进行说明。

加工工艺类型下设粗加工、精加工、粗加工+精加工供用户选择使用。加工方向下设纵向、横向供选择。

(五) 螺纹加工

选择数控车工具栏上的车螺纹图标，单击鼠标左键，按系统提示，分别拾取螺纹的起点和终点。此对话框中的参数设定主要有螺纹参数设定、螺纹加工参数设定等。这里只对与螺纹加工有关的部分参数进行说明。

1. 螺纹参数设定

螺纹类型：用户可根据零件要求选择外轮廓、内轮廓、端面三种。螺纹参数包括起点坐标、终点坐标、螺纹长度、螺纹牙高、螺纹头数、螺纹螺距选项。

2. 螺纹加工参数设定

加工工艺分为粗加工和粗加工 + 精加工两种方式。粗加工参数主要包含每行切削用量和每行切入方式。

3. 末行走刀次数

为提高加工质量，最后一个切削行有时需要重复走刀多次，此时需要指定重复走刀次数。

【任务实施】

一、CAXA 零件造型

在 CAXA 数控车（2015）中制图，画出图 7－1 所示零件图，为后续自动编程做好准备。

二、零件工艺分析

数控加工工序表见表 7－1。

表 7－1　数控加工工序表

序号	工　序　内　容	刀　具
1	下料 ϕ50 mm × 100 mm	
2	手动车 ϕ40 mm 端面并对刀	90°外圆车刀
3	钻 ϕ20 mm 内孔	ϕ20 麻花钻
4	粗车 ϕ24 mm 内孔和倒角	内孔车刀
5	精车 ϕ24 mm 内孔和倒角	
6	粗车左端外轮廓	90°外圆车刀
7	精车左端外轮廓至尺寸	
8	掉头装夹	
9	手动车 ϕ24 mm 端面至 90 mm 并对刀	
10	粗车右端外轮廓	
11	精车右端外轮廓至尺寸	
12	切槽 4 mm × 2 mm	4 mm 宽切槽刀
13	加工 M24 × 1.5 螺纹	三角螺纹车刀
14	检验	

三、生成刀具轨迹

1. 钻 ϕ20 mm 内孔

点击钻孔按钮 ，弹出钻孔对话框，填写钻孔加工参数表和钻孔刀具参数表。点击 确定，系统提示栏显示“拾取钻孔起始点”；拾取坐标系原点，生成钻孔轨迹。

注意事项：钻孔深度为钻头进入工件的深度，需要计算。确定各加工参数后，拾取钻孔的起始点，因为轨迹只能在系统的 X 轴上（机床的 Z 轴），所以把输入的点向系统的 X 轴投影，得到的投影点作为钻孔的起始点，然后生成钻孔加工轨迹。一般把工件左端与作图原点重合更容易生成需要的钻孔轨迹。

2. 粗车 ϕ24 mm 内孔和倒角

点击粗车按钮，弹出粗车对话框，填写粗车加工参数表、进退刀方式参数表、切削用量参数表和轮廓车刀参数表。点击 确定 ，系统提示栏显示“拾取被加工工件表面轮廓”，按空格键，选择“单个拾取”，依次拾取轮廓线，右击鼠标，系统提示栏显示“输入进退刀点”，左键单击设置，或者输入相应 X 和 Z 坐标，生成内孔轮廓粗车轨迹。

注意事项：拾取轮廓时，建议使用“空格键→单个拾取”，使用“链选取”时容易选错线。被加工工件表面轮廓和毛坯轮廓一定要形成封闭，否则无法行车车削轨迹。退刀点应当在中心线附近，避免撞刀。

3. 精车 ϕ24 mm 内孔和倒角

点击精车按钮，弹出精车对话框，填写精车加工参数表，所有参数同精车 ϕ24 mm 内孔和倒角，拾取被加工工件表面轮廓，设置退刀点，生成内孔精车轨迹线。

4. 粗车左端外轮廓

点击轮廓粗车按钮，填写粗加工参数表，除轮廓车刀参数表外，其他参数同粗车 ϕ24 mm 内孔，如图 7－5 所示。拾取被加工工件表面轮廓，设置退刀点，生成左端外轮廓粗车轨迹线，如图 7－6 所示。

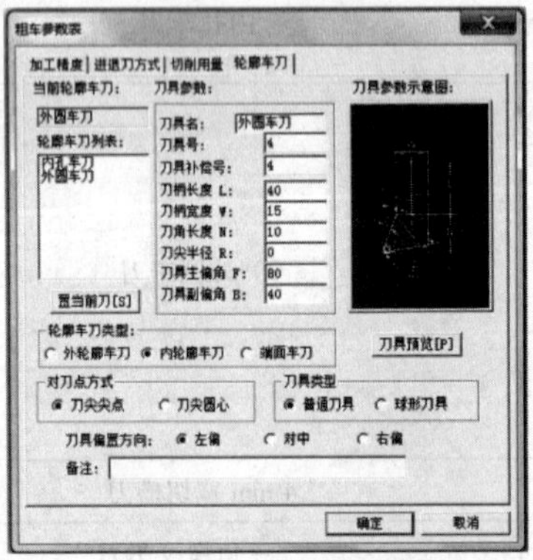

图 7－5 轮廓车刀参数表

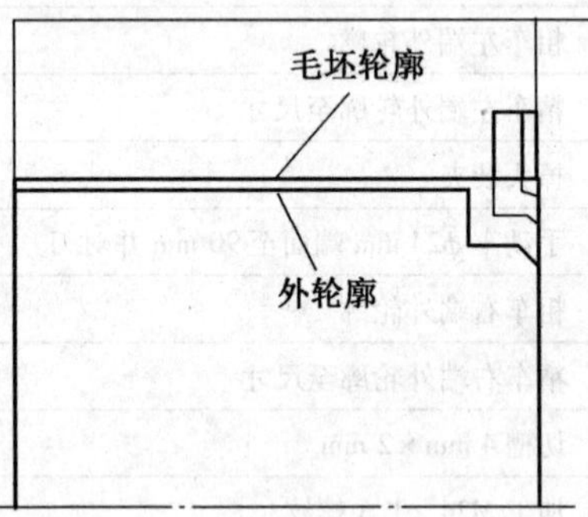

图 7－6 左端外轮廓粗车轨迹

注意事项：工件只能画上半轮廓，并生成相应的外轮廓粗加工轨迹。如果画下半轮廓，是不能生成轨迹的。左右端外轮廓过渡处的倒角，在左端外轮廓加工中不用画出，留到右端外轮廓加工中加工。

5. 精车左端外轮廓至尺寸

点击精车按钮，弹出精车对话框，填写精车加工参数表，所有参数同精车 ϕ24 mm 内孔和倒角，刀具同粗车左端外轮廓，为 90°外圆车刀。拾取被加工工件表面轮廓，设置退刀点，生成左端外轮廓精车轨迹线。

6. 粗车右端外轮廓

操作及设置同粗车左端面外轮廓，这里就不再赘述，右端外轮廓粗车轨迹如图 7－7 所示。

7. 精车右端外轮廓至尺寸

操作及设置同精车左端面外轮廓至尺寸，这里不再赘述，右端外轮廓精车轨迹如图 7－8 所示。

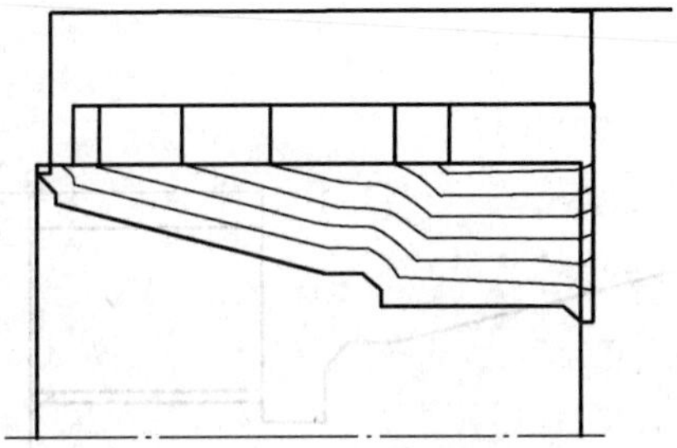

图 7－7 右端外轮廓粗车轨迹

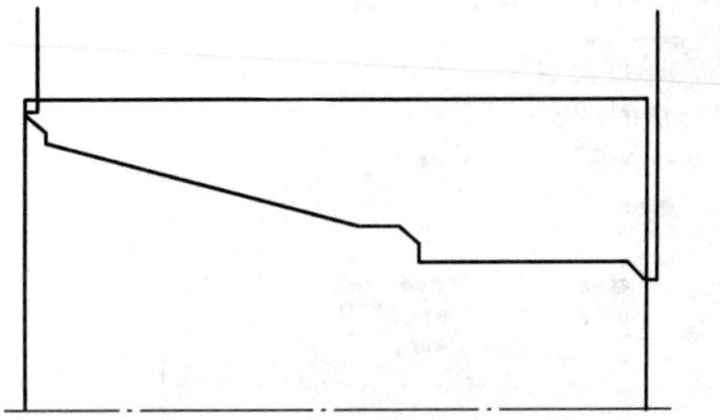

图 7－8 右端外轮廓精车轨迹

8. 切槽 4 mm × 2 mm

点击槽加工按钮，弹出槽加工对话框，填写槽加工参数表、切削用量表、切槽刀具，如图 7－9 所示。拾取被加工工件表面轮廓，设置退刀点，生成切槽刀具运动轨迹线，如图 7－10 所示。

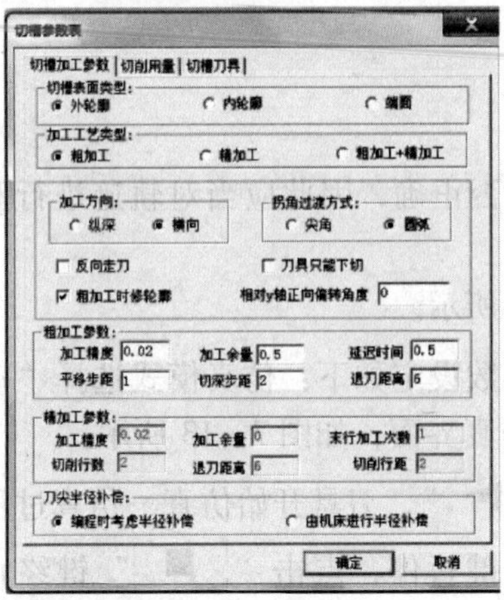

图 7－9 槽加工参数表

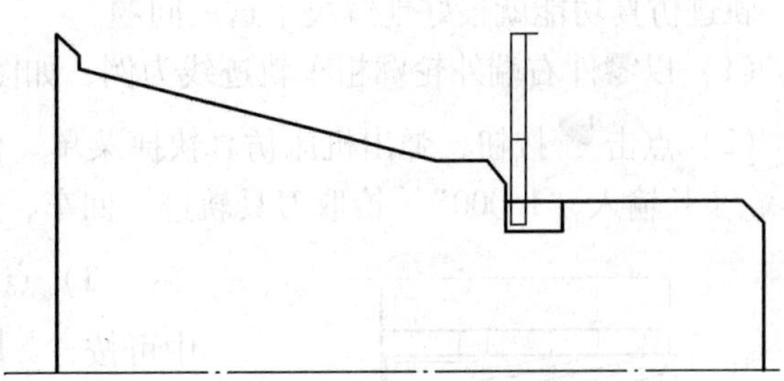

图 7－10 切槽刀具运动轨迹

注意事项：选取加工工件轮廓时，必须把左右中三个面都选中，这样才能形成正确的切槽轨迹。粗加工参数中，切深步距为粗车切槽时，刀具切到每一次纵向切槽的切入量（机床 X 向）。平移步距为粗车切槽时，刀具切到指定的切深平移量后进行下一次切削前的水平平移量（机床 Z 向）。

9. 加工 M24×1.5 螺纹

点击车螺纹按钮，要求拾取螺纹起点和螺纹终点。确定螺纹起点和终点后，系统弹出车螺纹参数表、螺纹加工参数表、切削用量表、螺纹车刀表，如图 7－11 所示。点击 确定 ，系统提示栏显示“输入进退刀点”，在图纸上点击相应的退刀点，生成车外螺纹轨迹，如图 7－12 所示。

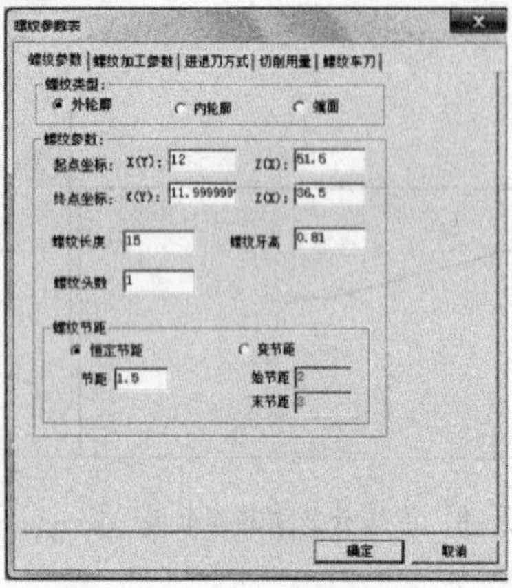

图 7－11　螺纹参数表

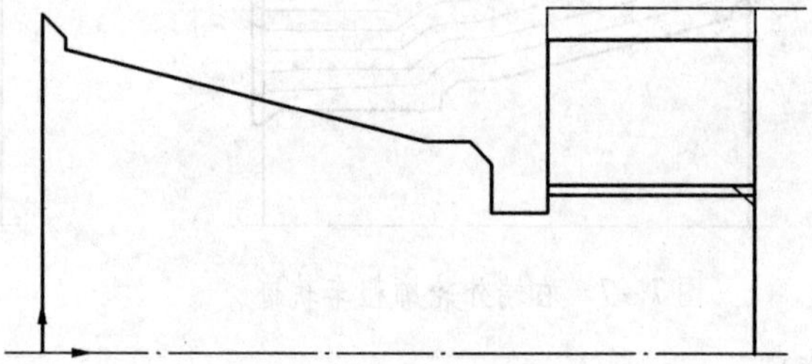

图 7－12　车外螺纹轨迹

注意事项：车螺纹与前面生成其他加工轨迹不同，要先选取螺纹加工起点和终点，才会弹出相应的车螺纹参数表。参数表中的起点和终点坐标是根据图纸原点给出的，如果与编程原点不符，最好第一时间进行修改。

四、轨迹仿真及代码生成

（一）轨迹仿真

生成的轨迹是否正确决定着最终生成的数控程序是否正确，因此应当对轨迹进行验证，轨迹仿真功能就很好地解决了这一问题。

（1）以零件右端外轮廓粗车轨迹线为例，如图 7－7 所示。

（2）点击按钮，弹出机床仿真快捷菜单。仿真参数设定如下：仿真模式选择“动态”、步长输入“1.000”，拾取刀具轨迹，回车，进入仿真界面，如图 7－13 所示。

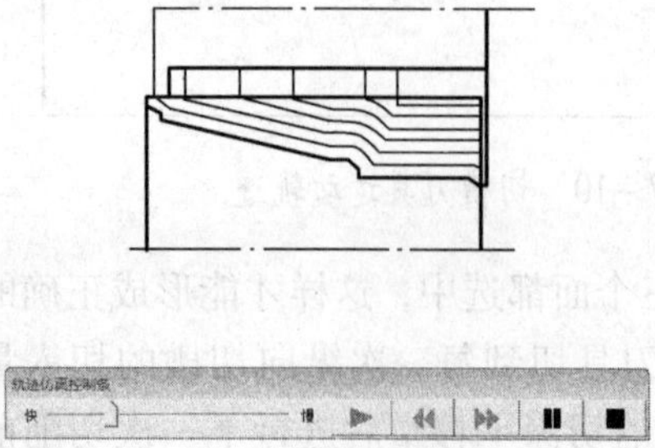

图 7－13　仿真界面

（3）点击“ ”，刀具开始仿真，仿真过程中可按“ ”键暂停，点击“ ”键终止仿真。仿真结束后，如果想重新观看仿真，点击“ ”键可再次播放。

（二）代码生成

生成代码就是按照当前机床类型的配置要求，把已经生成的加工轨迹转化生成 G 代码数据文件，即 CNC 数控程序。有了数控程序就可以直接输入机床进行数控加工。

1. FANUC 代码的生成

（1）单击 按钮或在“数控车”子菜单区中选取“生成代码”功能项，则弹出一个需要用户输入文件名的对话框，如图 7 – 14 所示。

（2）选取 FANUC 系统，输入文件名后单击“确认”按钮，系统提示拾取加工轨迹。当拾取到加工轨迹后，该加工轨迹变为被拾取颜色。单击鼠标右键结束拾取，系统即生成数控程序。拾取时可使用系统提供的拾取工具，可以同时拾取多个加工轨迹，被拾取轨迹将生成在一个文件中，生成的先后顺序与拾取的先后顺序相同，如图 7 – 15 所示。

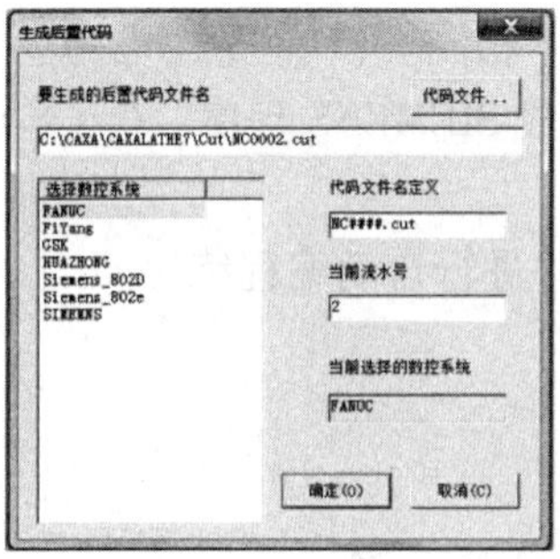

图 7 – 14　生成 FANUC 程序对话框

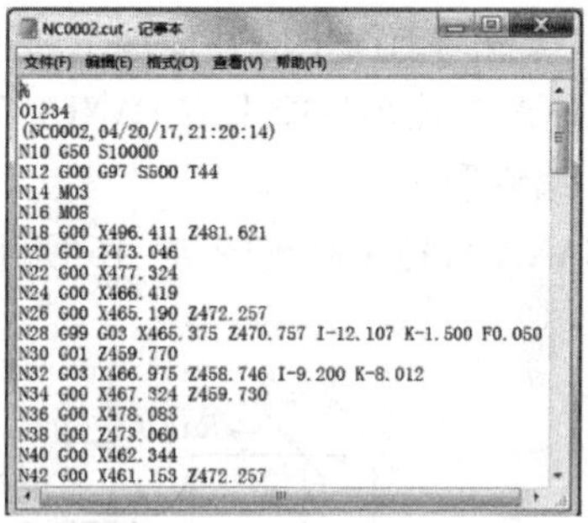

图 7 – 15　生成的 FANUC 程序

2. SIEMENS 代码

生成 SIEMENS 系统数控加工代码的操作和 FANUC 的基本相同，只是在点选数控系统时选择“SIEMENS_ 802D”。

【任务评价】

小组名称：____________　　　　学生姓名：__________

评　价　内　容		分值	自我评价（30%）	小组评价（30%）	教师评价（40%）
1	CAXA 零件绘图	15			
2	零件工艺分析	15			
3	生成外圆粗加工轨迹	15			
4	生成外圆精加工轨迹	10			
5	生成切槽加工轨迹	10			
6	生成螺纹加工轨迹	10			
7	生成代码	10			
8	团结协作	5			
9	遵守纪律情况	5			
10	安全文明生产	5			
总　评					

【思考与练习】

一、填空题

1. 刀具库管理包括对________、________、________和________四种刀具类型的管理。

2. 是________按钮，是________按钮，是________按钮，是________按钮，是________按钮。

二、判断题

1. 拾取轮廓时，建议使用“空格键→单个拾取”，使用“链选取”时容易选错线。(　　)

2. 车螺纹与前面生成其他加工轨迹生成方法基本相同。(　　)

3. CAXA 数控车只能生成 FANUC 程序，不能生成 SIEMENS 程序。(　　)

三、编程题

用 CAXA 数控车画出图 7－16 所示的零件图，并进行自动编程练习。

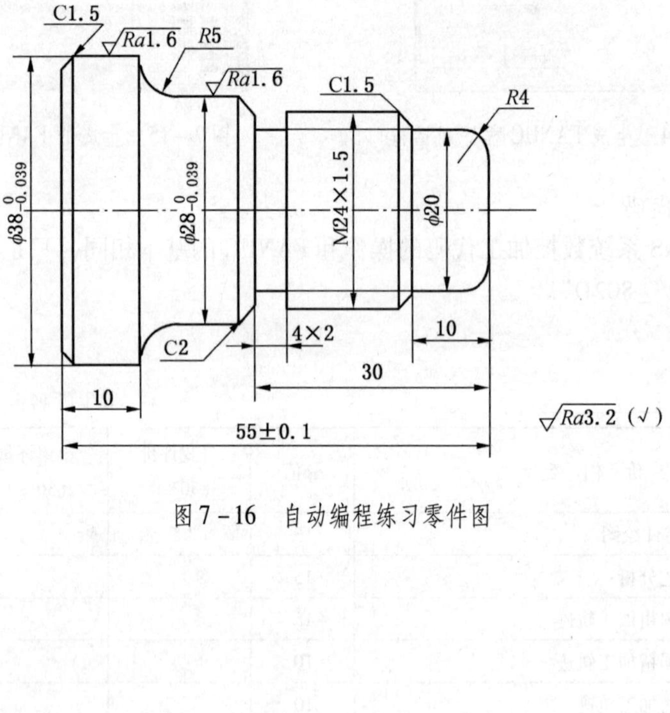

图 7－16　自动编程练习零件图

任务二　仿　真　加　工

【任务描述】

无论手动编程还是自动编程，编写完程序以后，在上机加工以前，可以在计算机上进行仿真模拟加工，发现编程的错误与不足，避免不必要的损失。尤其在学校教学中，对于刚刚接触数控加工的学生更具有积极的意义。已知图 7－17 所示轴类零件的加工工艺和相关程序，试用宇龙数控加工仿真软件对该零件进行仿真加工。

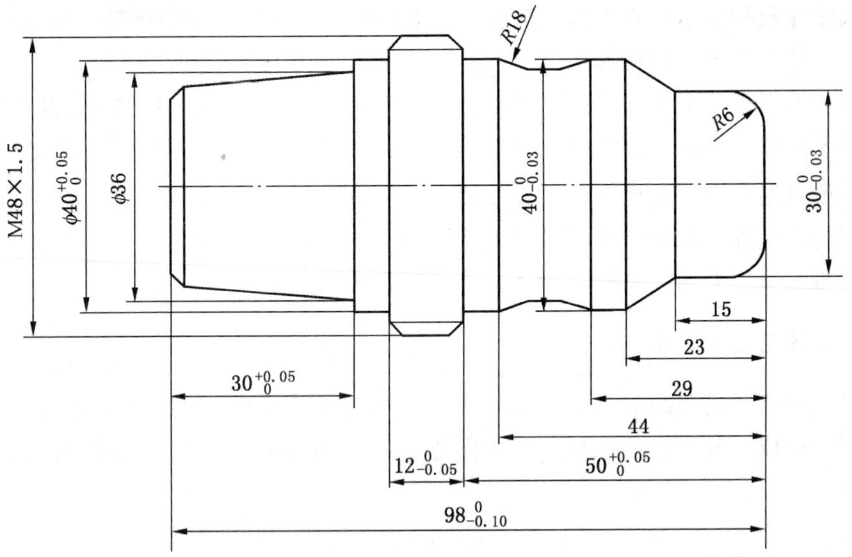

要求：

1. 未标注公差的按IT12标准加工；　　　　全部 $\sqrt{Ra3.2}$
2. 未标注倒角为C2；
3. 锐边去毛刺。

图 7－17　仿真模拟加工零件

【任务分析】

学会宇龙数控加工仿真软件的安装和使用，首先定义毛坯和刀具，导入相关程序，之后对刀，最后通过自动循环加工出相应的工件，并检验是否合格。通过使用该仿真软件，可以有效提高数控编程和操作的学习效率，方便理论联系实际，减少设备的投入与事故的发生。

【相关知识】

数控仿真软件是将数控设备、工作过程、切削加工方案、系统控制编程等，利用三维模拟技术以及大量的图表、数据、解释和习题的方式进行演示和训练。数控仿真软件广泛应用于教学和生产。目前，数控仿真软件有 CGTech VERICUT、VNUC、宇航、上海宇龙、斯沃等。

宇龙数控加工仿真软件是一个应用虚拟现实技术于数控加工操作技能培训和考核的仿真软件。采用数据库统一管理刀具材料和性能参数库，提供机床、立式铣床、卧式加工中心和立式加工中心，以及机床厂家的多种常用面板，具备对数控机床操作全过程和加工运行全环境仿真的功能。在操作过程中，具有完全自动、智能化的高精度测量功能和全面的碰撞检测功能，还可以对数控程序进行处理。本书以宇龙数控加工仿真系统 3.7 版为例，对数控仿真软件进行学习。

一、进入数控加工仿真系统

进入宇龙数控加工仿真系统3.7版要分2步启动，首先启动加密锁管理程序，然后启动数控加工仿真系统，过程如下：

鼠标左键点击“开始”按钮，找到“程序”文件夹中弹出的“数控加工仿真系统”应用程序文件夹，在接着弹出的下级子目录中点击“加密锁管理程序”。加密锁管理程序启动后，屏幕右下方工具栏中出现图表，此时重复上面的步骤，在二级子目录中点击数控加工仿真系统，系统弹出“用户登录”界面。点击“快速登录”按钮或输入用户名和密码，再点击“登录”按钮，即可进入数控加工仿真系统。

二、机床台面菜单操作

用户登录后，出现图7-18所示的界面。图示为FANUC 0i机床仿真加工系统界面，由四大部分构成，分别为：系统菜单或图标、LCD/MDI面板、机床操作面板、仿真加工工作区。

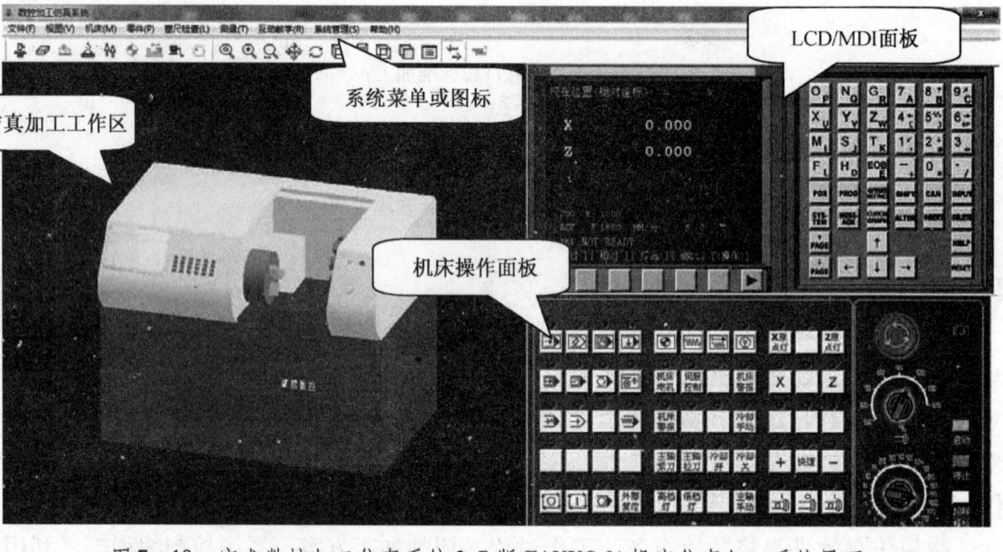

图7-18 宇龙数控加工仿真系统3.7版FANUC 0i机床仿真加工系统界面

（一）选择机床类型

打开菜单“机床/选择机床…”或单击机床图标菜单，单击弹出“选择机床”对话框，选择数控系统FANUC 0i和相应的机床。如果要打开SIEMENS 802D系统，方法基本同FANUC 0i系统。打开菜单“机床/选择机床…”或单击机床图标菜单，单击弹出“选择机床”对话框，选择数控系统SIEMENS 802D和相应的机床。

（二）工件的使用

1. 定义毛坯

打开菜单“零件/定义毛坯”或在工具条上选择，系统弹出定义毛坯的对话框，有长方形和圆形两种毛坯可供选择。

2. 导出零件模型

对于经过部分加工的工件，打开菜单“文件/导出零件模型”，系统弹出“另存为”对话框，在对话框中输入文件名，按保存按钮，就可将这个未完成加工的零件保存为零件模型，可在以后放置零件时通过导入零件模型而调用。

3. 导入零件模型

机床在加工零件时，除了可以使用原始的毛坯，还可以对经过部分加工的毛坯进行再加工。经过部分加工的毛坯称为零件模型，可以通过导入零件模型的功能调用零件模型。

4. 放置零件

打开菜单“零件/放置零件”命令，或者在工具条上选择图标，系统弹出选择零件、安装零件对话框。在列表中点击所需的零件，选中的零件信息加亮显示，按下“安装零件”按钮，系统自动关闭对话框，零件和夹具（如果已经选择了夹具）将被放到机床上。

5. 调整零件位置

零件放置安装后，可以在工作台面上移动。毛坯放置到工作台（三爪卡盘）后，系统将自动弹出一个小键盘，通过按动小键盘上的方向按钮，实现零件的平移和旋转或机床零件调头。小键盘上的“退出”按钮用于关闭小键盘。选择菜单“零件/移动零件”也可以打开小键盘。

（三）选择刀具

打开菜单“机床/选择刀具”，或者在工具条中选择图标，系统弹出刀具选择对话框。仿真系统中数控机床允许同时安装 8 把刀具，如图 7－19 所示。

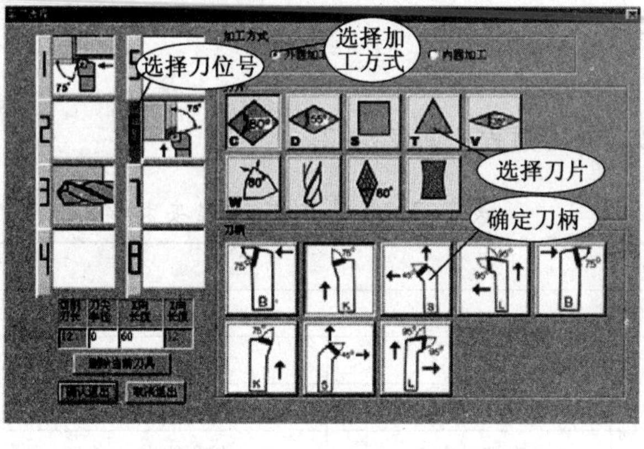

图 7－19　车刀选择对话框

（1）选择车刀：在对话框左侧排列的编号 1～8 中，选择所需的刀位号。

（2）刀尖半径：显示刀尖半径，允许操作者修改刀尖半径，刀尖半径可以是 0，单位为 mm。

（3）刀具长度：显示刀具长度，并允许修改刀具长度。刀具长度是指从刀尖开始到刀架的距离。

（4）输入钻头直径：当在刀片中选择钻头时，“钻头直径”一栏变亮，允许输入直径。

（5）删除当前刀具：可通过“删除当前刀具”键删除当前选中的刀位号中的刀具。

（6）确认选刀：选择完刀具，完成刀尖半径（钻头直径）、刀具长度修改后，按“确认退出”键完成选刀，或者按“取消退出”键退出选刀操作。

（四）视图变换的选择

工具栏中图标的含义是视图变换操作，它们分别对应主菜单“视图”下拉菜单的“复位”“局部放大”“动态缩放”“动态平移”“动态旋转”“左侧视图”“右侧视图”“俯视图”“前视图”等命令，对机床工作区进行视图变化操作。

（五）控制面板切换

在“视图”菜单或浮动菜单中选择“控制面板切换”，或在工具条中点击，即完成控制面板切换。

（六）“选项”对话框

在“视图”菜单或浮动菜单中选择“选项”或在工具条中选择，在对话框中进行设置。

【任务实施】

下面以 FANUC 0i 系统数控机床为例，已知工艺和程序，加工的零件如图 7－17 所示。通过详细讲解毛坯和刀具的定义、工件的安装、编程、对刀、自动循环加工、测量等流程，对宇龙数控加工仿真软件进行深入学习。

一、工艺与程序

1. 加工工艺

根据零件轮廓安排加工过程，见表 7－2。

表 7－2 简易工艺过程安排

程序编号：O0261							
毛坯尺寸：ϕ50 mm × 105 mm							
工序一				工序二			
加工位置		零件右端		加工位置		零件左端	
编程原点		右端面中心		编程原点		左端面中心	
装卡		工件伸出最长		装卡		调头后工件伸出最长	
工步号	刀具号	刀补号	工步内容	工步号	刀具号	刀补号	工步内容
1	T1	01	粗车轮廓	1	T1	03	调头粗车
2	T2	02	精车轮廓	2	T2	04	调头精车
				3	T3	05	车螺纹

2. 加工程序

根据加工工艺编写加工程序，由于篇幅限制，由读者自行编写。

二、仿真

（一）毛坯定义

点击工具栏上的定义毛坯按钮，设置图 7－20 所示的毛坯尺寸。

（二）刀具定义

点击工具栏上的定义毛坯按钮，将表 7－3 所列的刀具安装在对应的刀位。安装刀具时先选择刀位，再依次选择刀片、刀柄等。刀具安装结果如图 7－21 所示。

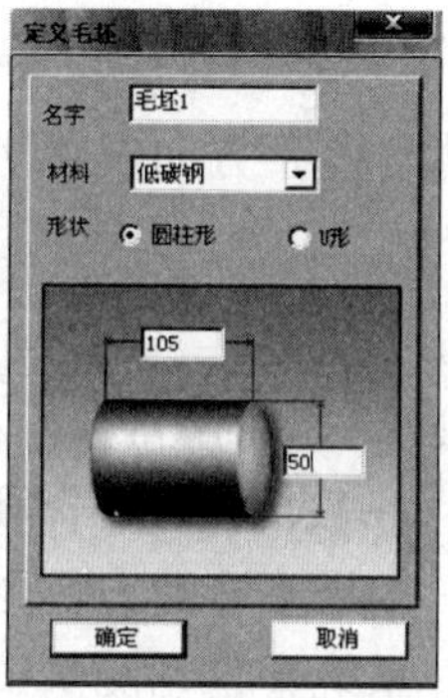

图 7－20　毛坯定义界面

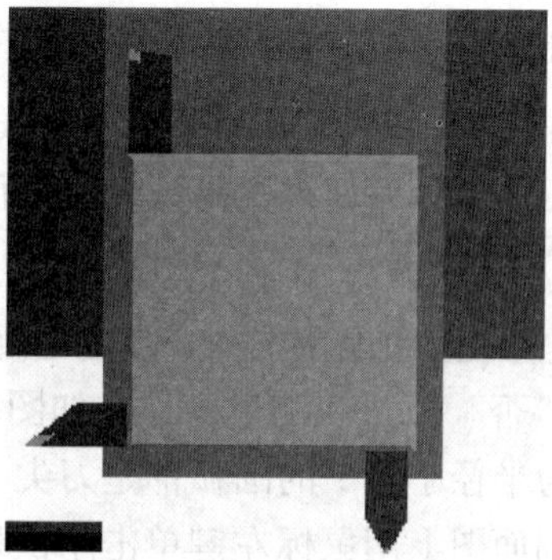

图 7－21　刀具安装结果

表 7－3　刀具选择表

刀位号	刀片类型	刀片角度/(°)	刀柄	刀尖半径/mm
1	菱形刀片	80	93°正偏手刀	0.4
2	菱形刀片	35	93°正偏手刀	0.2
3	螺纹车刀	60	螺纹车刀刀柄	

（三）安装并移动工件装卡位置

点击工具栏上的定义毛坯按钮，弹出“选择零件”窗口，选择前面定义的毛坯，点击“安装零件”按钮以确认退出“零件选择”窗口。弹出移动工件按钮，点击按钮将零件向右移动到最远的位置，每移动一次是 10 mm。

（四）编辑和导入程序

（1）如果以上加工程序需要在数控系统中直接编辑，则需要新建程序。

点击按钮机床进入编辑模式，点击 PROG 按钮进入程序管理窗口。在缓冲区输入程序编号“O0001”，点击 MAI 键盘上的 INSERT 键新建程序，在系统中直接编辑程序每一行必须以“;”字符结束一行，所以点击 EOB 输入“;”，再点击 INSERT 键插入该字符，其他程序行按此方法输入。

（2）如果用 Word、记事本等已经将程序编辑并保存在文件中，这时只需要将程序导入数控系统中。点击按钮机床进入编辑模式，点击按钮进入程序管理窗口。点击“［（操作）］”进入该命令下级菜单，点击软键翻页，执行“［READ］”命令，点击工具栏上的命令，弹出文件选择窗口，将文件目录浏览到代码保存目录然后打开，在缓冲区输入程序编号，点击“［EXEC］”，这样就将程序导入数控系统。

（五）对刀

1. 对1号刀

1）工件试切

点击按钮将机床的模式设置为手动模式。点击按钮选择机床移动方向为Z方向，按下使机床以叠加速度快速移动，按住将机床向负方向靠近工件移动；点击按钮选择机床移动方向为X方向，按住将机床向负方向移动。当刀具靠近工件时取消，点击按钮启动主轴。对X方向：手动移动刀具X方向位置使刀具吃刀量比较合适，试切工件直径后使刀具沿试切圆柱面退刀。

2）试切尺寸测量

点击“”按钮停止主轴，点击“测量”菜单执行“剖面图测量”命令后弹出提示窗口。选择“否”以进入测量窗口，如图7-22所示。一般情况下不需要测量半径小于1的圆弧，因为半径小于1的圆弧都是刀尖半径引起的，如果不清楚刀位点的概念很容易产生错误。在剖面图上用鼠标左键单击刚试切的圆柱面，系统会自动测量试切圆柱面的直径和长度，测量结果会高亮显示出来，本例试切直径结果为45.744。

3）设置刀偏

因为程序使用T指令调用工件坐标系，所以应该用T指令对刀。点击MDI键盘上的，再点击“［形状］”软键进入刀偏设置窗口，如图7-23所示。使用将光标移动到“01”刀补，在缓冲区输入“X45.744”，点击“［测量］”，系统计算出X方向刀偏。

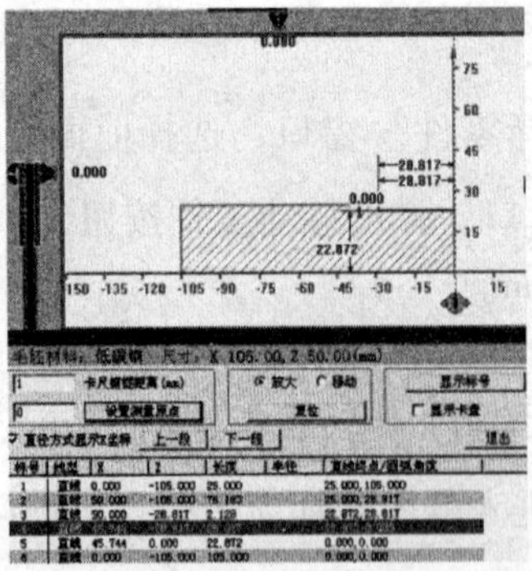

图7-22　测量界面

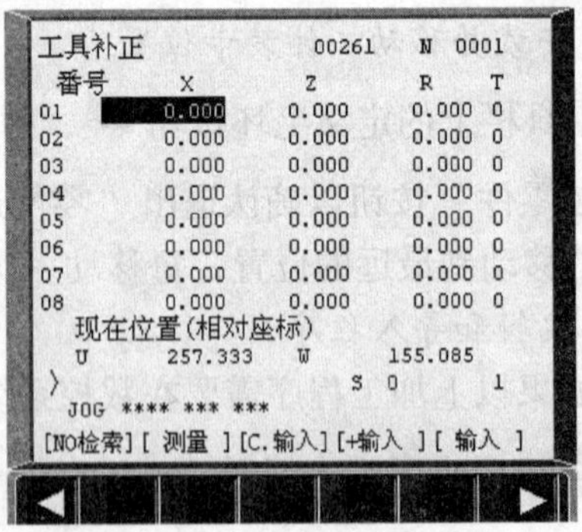

图7-23　刀补设置界面

对Z方向：点击按钮将机床的模式设置为手动模式。点击按钮启动主轴。由于工件总长为98 mm，毛坯总长为105 mm，手动移动刀具Z方向位置使刀具吃刀量为3～

4 mm 比较合适，试切工件端面后使刀具沿试切圆柱端面退刀。点击按钮停止主轴。由于是首次对刀，该试切端面选择为 Z 方向的编程原点。点击 MDI 键盘上的，再点击“[形状]”软键进入刀偏设置窗口，使用将光标移动到“01”刀补，在缓冲区输入“Z0.”，点击“［测量］”，系统计算出 Z 方向刀偏。

2. 对 2 号刀

1）MDI 换刀

根据工艺安排第一道工序还安排了 2 号精车刀，接下来对 2 号刀。点击按钮将机床模式设置为 MDI 模式，点击以显示 MDI 程序窗口，点击在程序编号“O0000”插入“;”以结束该行。将“T0200;”插入程序中，其含义为换 2 号刀，点击将使程序复位停在第一行，按换刀。

2）工件试切

X 方向对刀和对 1 号刀过程完全一致，也是先手动切外圆，再进行测量。但是 Z 方向对刀时由于不能再试切端面需要用刀具慢慢地碰工件端面。

（六）自动运行程序（加工右端轮廓）

点击操作面板上的按钮将机床设置为自动运行模式。点击工具栏上的以显示俯视图，点击 MDI 键盘软键在机床模拟窗口进行程序校验。

点击操作面板上的按钮，分别设置机床的加工模式为单段运行有效，加工中如果出现错误机床操作者也有时间反应；点击操作面板上的按钮使选择性程序停止功能有效，这样程序执行到“M01”指令自动停止，因为零件还需要调头并再次对刀。点击操作面板上的“循环启动”按钮，程序开始执行。显示的仿真模拟轨迹如图 7－24 所示。

通过模拟轨迹校验验证程序语法和加工过程，如果没有问题则再次点击 MDI 键盘软键以退出程序校验模式。点击操作面板上的“循环启动”按钮，程序开始执行。加工结果如图 7－25 所示。点击“测量”菜单执行“剖面图测量”命令后弹出测量工件窗口，测量各段加工尺寸验证加工质量，如果编程和对刀尺都是正确的，那么测量的尺寸应当在图纸上下公差要求的范围内。

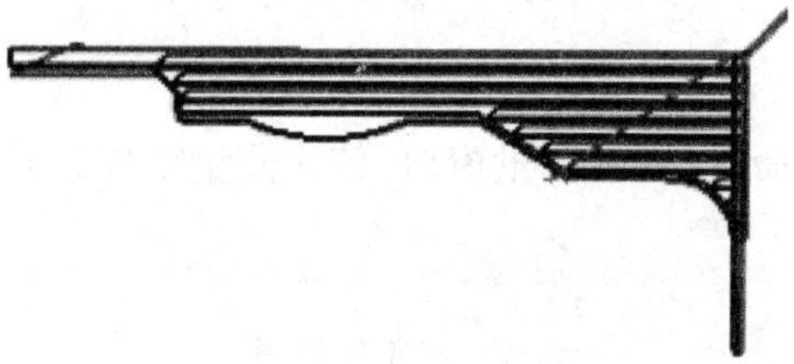

图 7－24　外圆程序校验轨迹

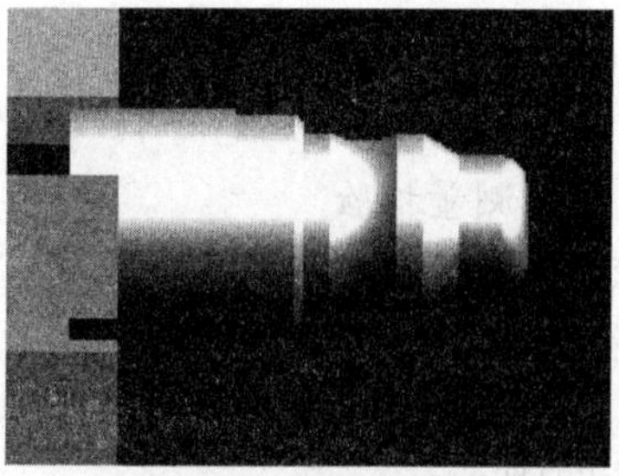

图 7－25　外圆加工结果

（七）零件调头

点击“零件”菜单执行“移动零件”命令后，弹出移动零件按钮，点击按钮将零件调头装卡，装卡的长度不需要移动。

（八）掉头对刀

掉头以后需要使用3把刀具：分别是1号粗车刀、2号精车刀和3号螺纹车刀。1号、2号刀基本与前面方法相同，这里不再赘述，只分析3号螺纹车刀的对刀。

1. MDI 换刀

点击按钮将机床模式设置为MDI模式，点击以显示MDI程序窗口，输入“T0300”，点击将使程序复位停在第一行，按换3号螺纹车刀。

2. 工件试切

点击按钮将机床模式设置为手动模式。手动移动刀具位置，调整刀具X方向吃刀量，试切圆柱面后，将刀具停在试切工件内并停止主轴。点击“测量”菜单执行“剖面图测量”命令测量刚才试切圆柱面的长度和直径。

3. 设置刀偏

点击MDI键盘上的，再点击“［形状］”软键进入刀偏设置窗口，使用← ↑ ↓ →将光标移动到“05”刀补，在缓冲区输入“Z－21.427”，点击“测量”软键；在缓冲区输入“X48.287”，点击“测量”软键。手动将刀具退出加工面。

（九）自动运行程序（加工左端轮廓和螺纹）

点击操作面板上的按钮将机床设置为自动运行模式。使用← ↑ ↓ →将光标移动到“M01”段位置。点击操作面板上的“循环启动”按钮，程序开始执行，程序校验后刀具模拟加工轨迹如图7－26所示。验证程序加工轨迹无误后将程序再次移动到“M01”段使程序从该行开始执行。加工结果如图7－27所示。

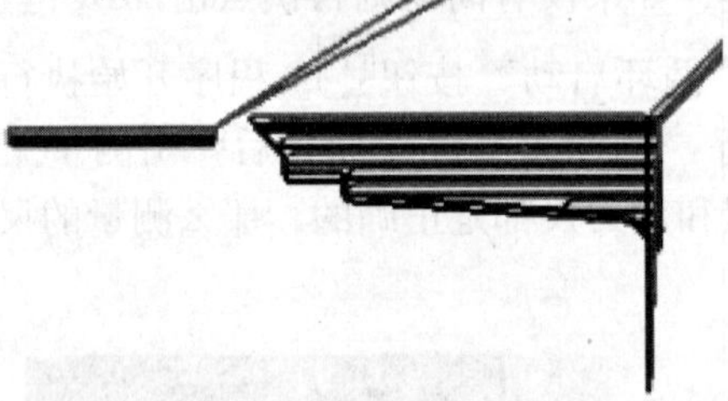

图7－26　螺纹程序校验轨迹

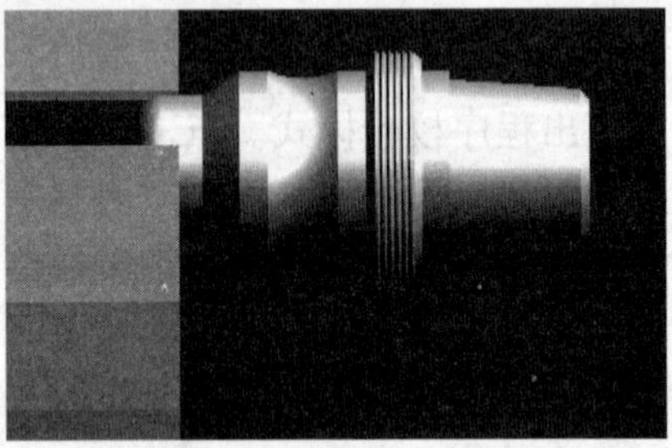

图7－27　螺纹加工结果

（十）测量检验

点击“测量”菜单执行“剖面图测量”命令，弹出测量窗口，依次测量零件各段尺寸。

【任务评价】

小组名称：____________　　　　学生姓名：__________

评价内容		分值	自我评价（30%）	小组评价（30%）	教师评价（40%）
1	宇龙仿真软件的正确安装与打开	5			
2	了解零件的工艺	10			

（续）

评　价　内　容		分值	自我评价（30%）	小组评价（30%）	教师评价（40%）
3	编写正确的加工程序	10			
4	毛坯定义	5			
5	刀具定义	10			
6	安装并移动工件	5			
7	编辑和导入程序	10			
8	对刀	10			
9	自动运行程序	10			
10	测量检验	10			
11	团结协作	5			
12	遵守纪律情况	5			
13	安全文明生产	5			
总　评					

【思考与练习】

一、填空题

1. 数控仿真软件是将____________、____________、____________、____________等，利用三维模拟技术以及大量的图表、数据、解释和习题的方式进行演示和训练。

2. 数控仿真软件广泛应用于教学和生产。目前，数控仿真软件有 CGTech VERICUT、____________、宇航、____________、____________等。

3. FANUC 0i 机床仿真加工系统界面，由四大部分构成，分别为：____________、____________、机床操作面板、____________。

二、判断题

1. 宇龙数控加工仿真软件是一个应用虚拟现实技术于数控加工操作技能培训和考核的仿真软件。(　　)

2. 进入宇龙数控加工仿真系统 3.7 版要只需要一步，直接启动数控加工仿真系统即可。(　　)

三、问答题

1. 如何导入零件类型？

2. 如何对刀？

四、编程题

用上海宇龙数控仿真软件对图 7－28 进行仿真练习。

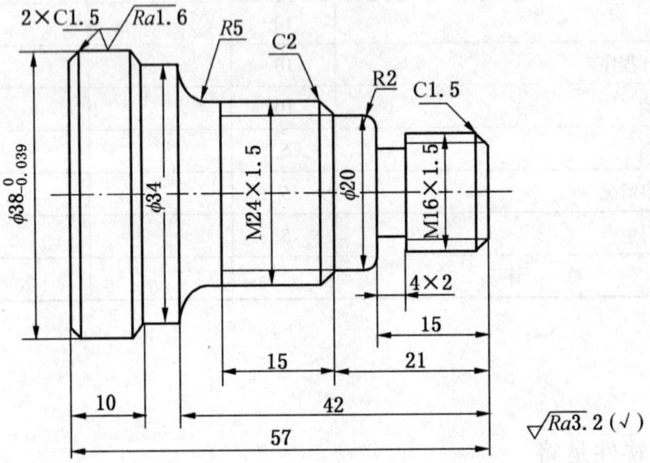

图 7－28　仿真练习零件图

任务三　数　据　传　输

【任务描述】

数控机床虽然提供了手动输入程序模式，但一句一句输入效率太过低下，还容易产生错误。特别是遇到长达几百上千句的数控程序，或者需要在计算机上自动生成的程序，就更需要实现由 PC 端直接传输程序到机床上。数控机床与 PC 间数据的传输方法有三种：RS232 传输、CF 卡传输和 USB 传输。

【任务分析】

数控系统中的加工程序、参数、螺距误差补偿、宏程序、PMC 程序、PMC 数据，在机床不使用时依靠控制单元上的电池进行保存。如果发生电池失效或其他意外，会导致数据丢失。因此，有必要做好重要数据的备份工作，一旦数据丢失，可以通过恢复数据的办法保证机床正常运行。这也是工作中经常会进行的操作，因此，数控系统与 PC 之间数据的传输就显得尤为重要。

【相关知识】

随着时代的进步以及数控系统的发展，数控系统与 PC 间数据的传输方法有三种：①使用存储卡，常用 CF 卡，进行数据传输；②通过 RS232 接口使用 PC 进行数据传输；③通过 USB 接口，即 U 盘，进行数据传输。

一、CF 卡

（1）准备一张 CF 卡，CF 转 PCMCIA CF 适配器一个，多合一读卡器一个。

（2）把 CF 卡插入读卡器，在电脑上格式化成 FAT 格式，拔出 CF 卡放入适配器中，再把带 CF 卡的适配器插入 CNC 左侧存储卡插槽。

二、RS232

RS232C 接口在数控机床上有 9 针或 25 针串口，其特点是简单，用一根 RS232C 电缆和电脑进行连接，实现在计算机和数控机床之间进行系统参数、PMC 参数、螺距补偿参数、加工程序、刀补等数据传输，完成数据备份和数据恢复，以及 DNC 加工和诊断维修。

1. 端口参数和设置

串口通信最重要的参数是波特率、数据位、停止位、奇偶校验和流控制。对于两个进行通信的端口，这些参数必须相同。

（1）波特率：这是一个衡量通信速度的参数。它表示每秒钟传送的 bit 个数。例如 300 波特表示每秒钟发送 300 个 bit。当我们提到时钟周期时，就是指波特率，例如如果协议需要 4800 波特率，那么时钟周期是 4800 Hz。

（2）数据位：这是衡量通信中实际数据位的参数。当计算机发送一个信息包时，实际的数据不会是 8 位，标准值是 5、7 和 8 位。如何设置取决于你想传送的信息。比如，标准 ASCⅡ码是 0～127（7 位），扩展的 ASCⅡ码是 0～255（8 位）。如果数据使用简单的文本（标准 ASCⅡ码），那么每个数据包使用 7 位数据。每个包是指一个字节，包括开始/停止位、数据位和奇偶校验位。

（3）停止位：用于表示单个包的最后一位。典型值为 1、1.5 和 2 位。由于数据是在传输线上定时的，并且每一个设备有其自己的时钟，很可能在通信中两台设备间出现了小小的不同步。因此停止位不仅仅表示传输结束，而且提供计算机校正时钟同步的机会。

（4）奇偶校验位：串口通信中一种简单的检错方式。有四种检错方式：偶、奇、高和低。当然没有校验位也是可以的。

（5）流控制：在进行数据通信的设备之间，以某种协议方式来告诉对方何时开始传送数据，或根据对方信号来进入数据接收状态以控制数据流的启停，它们的联络过程就叫“握手”或“流控制”。RS232 可以用硬件握手或软件握手方式来进行通信。

（6）通信端口的设置：设备双方数据必须相同，否则不能正常通信。

2. 电缆长度

RS232C 标准规定电缆长度限定在 15 m 以内，串行数据传输速率的范围为 0～20000 b/s。这一规定足以覆盖个人计算机使用的 50～9600 b/s 范围。电缆长度也能满足大多数计算机通信的要求。波特率和距离成反比。

3. PC 与数控机床相连进行传输数据或 DNC 操作时的注意事项

（1）使用双绞屏蔽电缆制作传输线，长度小于或等于 15 m。

（2）传输线金属屏蔽网应焊接在插头座金属壳上。

（3）必须在断电情况下 PC 与 CNC 连接。

（4）PC 与 CNC 的端口数据必须设置相同。

（5）通信电缆两端须装有光电隔离部件，以分别保护数控系统和外设计算机。

（6）计算机与数控机床要有同一接地点，并可靠接地。

（7）通电情况下，禁止插拔通信电缆。

（8）雷雨季节须注意打雷期间应将通信电缆拔下，尽量避免雷击，以免引起接口损坏。

三、USB 接口及 U 盘

（1）U 盘不能超过 4G，并格式化成 FAT 格式。

（2）FANUC 系统程序后缀一般为文本文档，即 TXT 格式。

（3）SIEMENS 802、810 系列不支持 U 盘，828、840 系列才支持。

（4）SIEMENS 系统程序后缀一般为 MPF（主程序）或 SPF（子程序）。

四、注意事项

（1）系统接收数据时，注意所传输文件名不要与系统中已有文件重名。

（2）不要带电插拔串口传输电缆，插拔时至少有一端要断电，否则会造成串口损坏。

（3）数据传输时若遇到系统报警请查阅系统维修说明书中相关内容。

（4）数据的传输，必须使机床处于编辑状态。

【任务实施】

一、CF 卡传输

（1）选择 MDI 状态，按 OFS/SET 键，再按软件“设定”，移动光标到图中 I/O 通道，修改数据为 4，如图 7－29 所示。

（2）按 MDI 面板 SYSTEM 键，按扩展键多次，以及“操作”软键后，进入相应界面。

（3）从 CF 卡输入程序到 CNC，按软键“F 输入”，进入图 7－30 所示操作界面。该界面上半部分显示的是 CF 卡的内容，下半部分显示的是 CNC 存储器的内容，即＊标记的部分，可以用翻页键查看下页内容。用翻页键找到要输入的程序，输入程序序号，按“F 设定”，输入程序名，若程序名与 CNC 存储区的程序名不重复，可以不写；若重复，可重新命名，按“O 设定”，按“执行”即可。

（4）若从 CNC 输入程序到 CF 卡，按软键“F 输出”，键入要输出的程序名，按“执行”即可。

SIEMENS 系统用 CF 卡传输程序与 FANUC 系统基本相同，这里不再赘述。

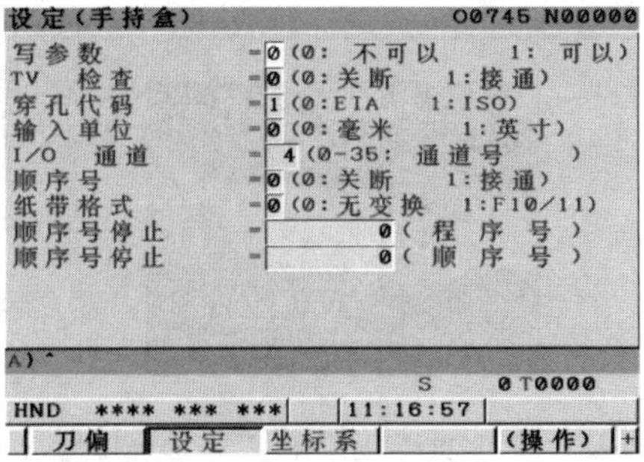

图 7－29　设定界面

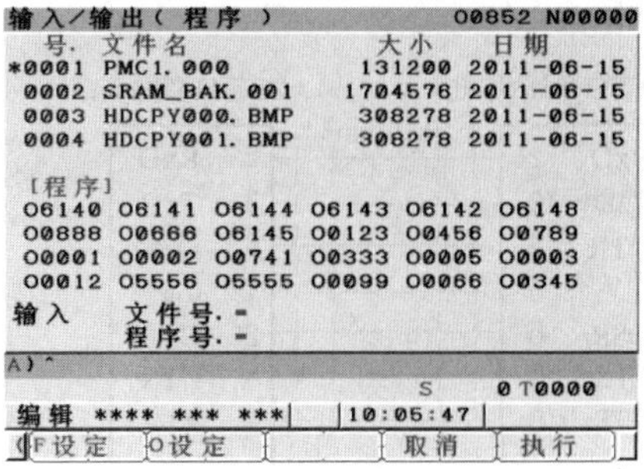

图 7－30　操作界面

二、RS232 传输

（一）FANUC 0i 与 SIEMENS 系统数控传输线的连接

FANUC 0i 系统数控传输线的连接如图 7－31 所示，SIEMENS 系统数控传输线的连接如图 7－32 所示。

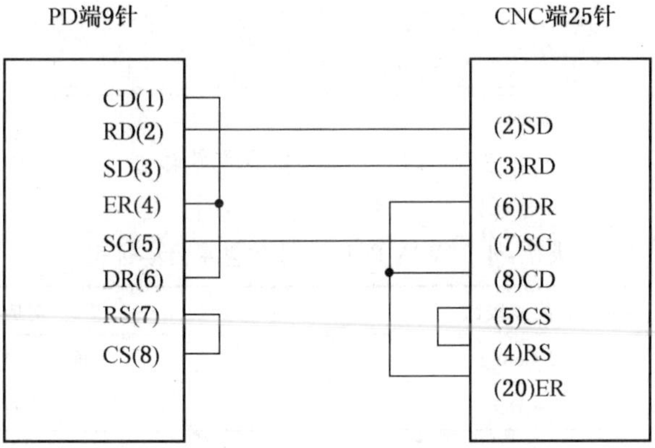

图 7－31　FANUC 0i 系统数控传输线的连接

（二）数控程序的传输

虽然用于数控传输的软件很多，如常见的 NC sentry、PCIN、WIN PCIN、KND 串口通信软件，但其基本参数设定大同小异。现以 SIEMENS 系统随机光盘中自带的“WIN PCIN”软件为例来说明传输方法。

1. 传输软件参数的设定

（1）在电脑上打开 SIEMENS 系统传输软件“WIN PCIN”，出现图 7－33 所示的操作主界面。其对应按钮见表 7－4。

（2）单击“RS232 Config”按钮进入图 7－34 所示的传输参数设置界面。

（3）根据机床中设置的参数，在程序中设置传输参数（表 7－5）并保存。

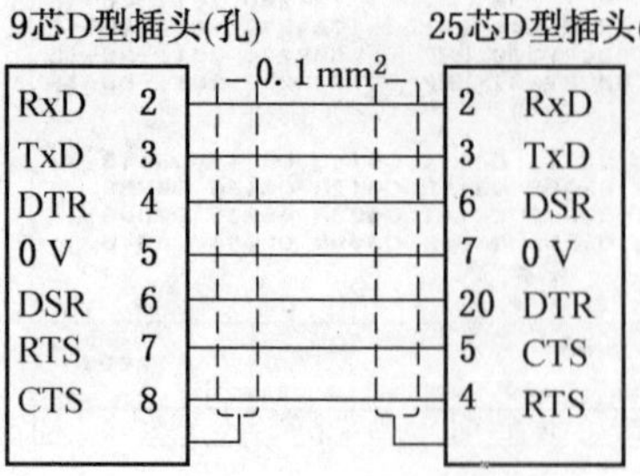

图7-32 SIEMENS系统数控传输线的连接

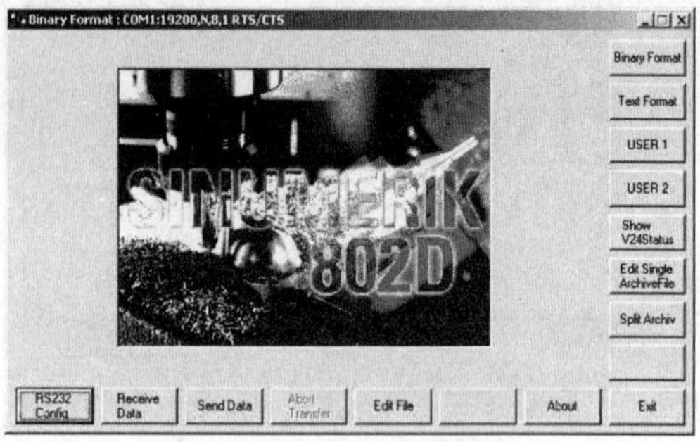

图7-33 “WIN PCIN”操作主界面

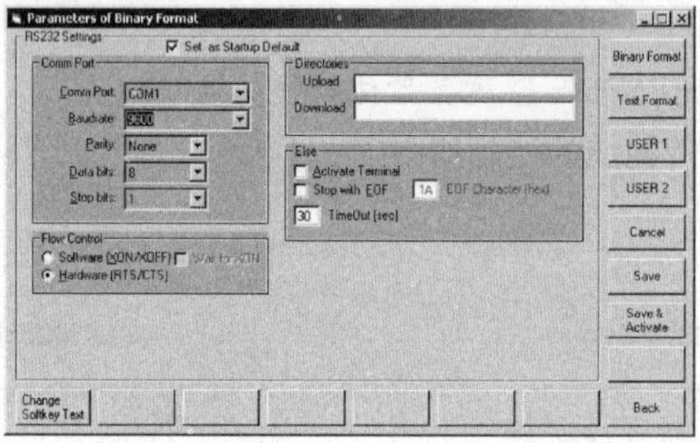

图7-34 传输参数设置界面

表7-4 “WIN PCIN”操作主界面按钮表

序号	主界面英文按钮	对应中文
1	RS232 Config	通信接口参数设定
2	Receive Date	接收数据
3	Send Date	发送数据
4	Edit File	编辑文本
5	Binary Format	选择二进制传送模式
6	Text Format	选择文本传送模式

表7-5 传输参数表

序号	英文参数	对应中文	参数值
1	Comm Port	传输端口	根据连接接口选择COM1或COM2
2	Baudrate	波特率	9600或4800
3	Date bits	数据位	7
4	Stop bits	停止位	2
5	Parity	奇偶校验	EVEN

FANUC 系统，其通道参数设置采用修改相应参数号的参数值的方式进行，没有 SIEMENS 系统简便、直观，具体依照机床配置并参照参数手册进行设置。例如对于 FANUC 0i Mate – MB 系统，若计算机端口通道为 1，波特率为 9600，奇偶校验 None，停止位 2。那么，系统参数 20（I/O CHANNEL 指定）设定值应为 0；参数 24（通信端口设定）设为 1；参数 101（停止位设定）设为 1；参数 103（波特率）设为 11。

2. 程序的输入

在程序传输的过程中，一般是哪一侧要输入则哪一侧先操作，具体操作过程如下：

（1）单击机床操作面板的“EDIT”按钮，再单击 MDI 功能按钮 PROG。

（2）输入地址“O”及赋值给程序的程序号，再单击显示屏软键 OPRT。

（3）单击屏幕软键 READ 和 EXEC，程序被输入。

（4）在计算机传输软件主界面上单击“Send Date”按钮进入发送界面，找到要传输的文件并打开，即开始传输程序。

（5）传输完成后，注意比较一下计算机和机床两端的数据，如果数据大小一致，则表明传输成功。

3. 程序的输出

程序的输出操作与输入操作相似，操作过程略。

三、USB 传输

（1）FANUC 系统 C 系列不支持 U 盘，D 系列及以后版本支持 U 盘，通过观察面板上系统参数以及是否有 USB 插口即可看出。

（2）一般 USB 插口在 CF 卡接口下方，其打开方式同 CF 卡接口。

（3）USB 传输与 CF 卡传输最大的不同在于 20 号参数设置，即 I/O 通道设置，CF 卡为 4，而 USB 为 17，如图 7 – 35 所示。

（4）I/O 处会多出 USBMEMORY 选项（图 7 – 36），插上 U 盘，在“程序”—“设备”中会发现对应的软键 USBMEM。

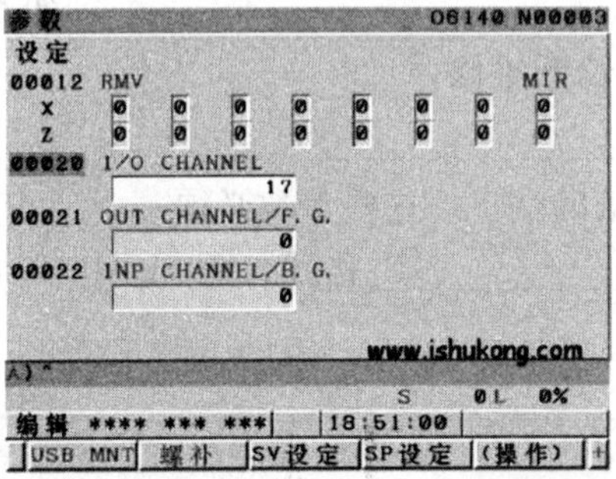

图 7 – 35　USB 传输 I/O 通道参数设置

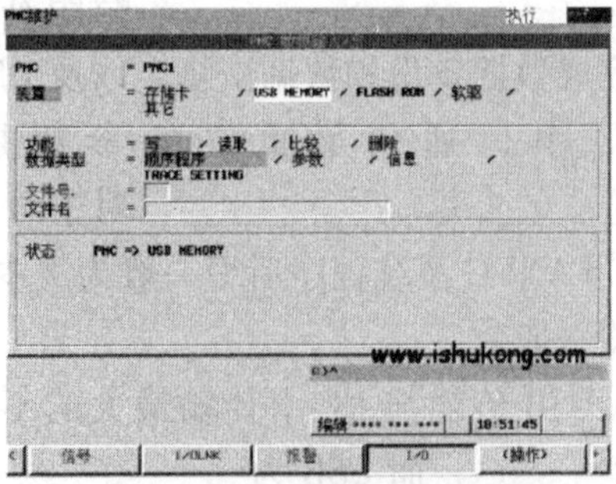

图 7 – 36　参数修改后出现 USBMEMORY 选项

（5）点击进入就会看到 U 盘的内容，之后的操作同 CF 卡传输基本一致。

【任务评价】

小组名称：__________　　　　　　学生姓名：__________

评价内容		分值	自我评价（30%）	小组评价（30%）	教师评价（40%）
1	把与系统相对应的程序写入 CF 卡	10			
2	能从 CF 卡输入程序至 CNC	10			
3	能从 CNC 输出程序至 CF 卡	10			
4	正确连接 RS232 接口两端	10			
5	能从 PC 输入程序至 CNC	10			
6	能从 CNC 输出程序至 PC	5			
7	把与系统相对应的程序写入 U 盘	10			
8	能从 U 盘输入程序至 CNC	10			
9	能从 CNC 输出程序至 U 盘	10			
10	团结协作	5			
11	遵守纪律情况	5			
12	安全文明生产	5			
总评					

【思考与练习】

一、填空题

1. 用一根 RS232C 电缆和电脑进行连接，实现在计算机和数控机床之间进行__________、__________、螺距补偿参数、__________、__________等数据传输，完成数据备份和数据恢复，以及 DNC 加工和诊断维修。

2. 串口通信最重要的参数是__________、__________、__________和__________。对于两个进行通信的端口，这些参数必须__________。

3. FANUC 系统程序后缀一般为文本文档，即__________格式；而 SIEMENS 系统程序后缀一般为__________。

4. USB 传输与 CF 卡传输最大的不同在于__________，即__________，CF 卡为__________，而 USB 为__________。

二、判断题

1. RS232C 接口在数控机床上有 9 针和 25 针串口两种。（　　）

2. CF 卡传输时，应当将 20 号参数设置，即 I/O 通道设置进行修改，修改参数为 17。（　　）

三、问答题

1. 数控系统与 PC 间数据的传输方法有哪几种？

2. 数据传输的注意事项有哪些？

项目八 零件综合加工

【知识目标】

1. 了解安全教育的重要性。
2. 了解数控机床操作规程。
3. 掌握数控机床日常维护内容。
4. 熟悉机床操作面板，熟练掌握手动操作部分按键功能。
5. 了解刀具磨损的原因，掌握切削热和切削温度对工件尺寸的影响以及不同材料的热膨胀系数。
6. 学习常见轴类零件、套类零件工艺安排。
7. 掌握参数编程理论和软件加工步骤。

【技能目标】

1. 通过安全教育了解数控机床常见安全注意事项。
2. 掌握加工过程中一些被加工材料的有毒有害、易燃因素如何避免。
3. 会维护、保养数控机床，熟练掌握机床系统面板操作按键。
4. 掌握和总结被加工母材与刀具综合加工性能，如何减小加工应力和温度，得到良好的加工质量。
5. 加深对刀具的理解，针对实际情况选用和刃磨刀具。
6. 树立安全第一、严谨编程的观念，深入研究参数编程和软件编程以及绘图技巧。

【情感目标】

1. 具有安全意识、合作意识和环保意识。
2. 技能训练过程中，认真遵守安全操作规程。
3. 认真学习，严肃工作，保质保量完成任务。

任务一 技能训练基础

【任务描述】

通过给学员对面板的讲解和示范对刀方法进行手动切削。学生利用步进开关进刀、倍率开关控制速度，手动车削外圆和端面，反复车削，观察刀具磨损情况以及工件表面粗糙度变化，体会温度对刀具的影响。利用千分尺测量工件尺寸，反复测量工件高温和冷却后的尺寸差距，体会温度对工件尺寸的影响。

【相关知识】

一、切削热和切削温度

车削时，形成切屑所消耗的功和刀具与工件、切屑间的摩擦都会产生热量，此热量即为切削热，并由切屑、刀具、工件和周围介质传出。传入工件上的热会使工件温度升高而产生热变形，影响加工精度；传入刀具上的热量会使刀具温度升高，造成刀具磨损。

工件材料、车刀角度和切削用量等都会影响切削温度。因此，合理选用刀具角度和切削用量对控制切削温度是非常重要的。

二、刀具磨损的原因

刀具磨损与一般机械零件磨损不同，一方面由于前刀面所接触的切屑和后刀面所接触的工件都是新生表面，这个表面不存在氧化层和其他污染。另一方面又由于刀具的摩擦区（前刀面、后刀面）是在高压（大于工件材料的屈服应力）、高温（700～1200 ℃）作用下进行的，所以刀具的磨损原因极其复杂，按性质大体可分为机械作用和热－化学作用两类原因。

（一）机械作用的磨损

两相接触物体表面，具有相对运动时，硬物体使软物体摩擦面上材料减少的现象，称为机械磨损。刀具材料虽比工件材料硬，但从微观上看，在工件材料中包含有氧化物（SiO_2、Al_2O_3）、碳化物（Fe_3C、SiC）等硬质点。这些硬质点的硬度很高，它们像切削刃一样，在刀面上划出痕迹，使刀具磨损。此外，积屑瘤脱落的碎片黏结在切屑或工件上，也会使刀具磨损。

机械磨损是低速时形成刀具磨损的主要原因。这时，切削温度较低，其他磨损都不显著。由机械磨损产生的磨损量与刀具和工件同相，与滑动距离或切削路程成正比。

（二）热－化学作用的磨损

由于高温，使接触面间产生某些化学作用，形成化学反应而引起刀具磨损。这种磨损有以下几种。

1. 黏结磨损

黏结是分子间的吸引力导致金属相互吸附的结果。切削时，在一定温度与压力下，使刀具与切屑和工件间产生黏结（如积屑瘤的产生中所述）。两摩擦面间的黏结点因相对运动，使刀具一方的晶粒或晶粒群受剪切或拉力而被对方带走，造成磨损。此外，当积屑瘤脱落时，带走刀具材料也会形成黏结磨损。

黏结磨损不仅与切削温度有关，而且与刀具材料和工件材料两者的化学成分有关。例如，切削铁素体时，使用 YT 类刀具比 YG 类刀具黏结磨损小。这是由于含有 TiC 的硬质合金，在高温下会形成 TiO，可减少黏结。而切削镍铬钛合金时，YT 类硬质合金却比 YG 类的黏结磨损大。这是因为刀具和工件材料中 Ti 元素亲和作用的结果；而 YG 类刀具材料中无 Ti 元素，因而黏结磨损小。

2. 扩散磨损

切削时，由于高温，刀面始终与切屑或工件的新生表面相接触在接触面间。分子活动能量很大，使两摩擦面间的化学元素相互扩散到对方去，造成两摩擦面的化学成分发生变化，降低刀具材料的性能，加速刀具磨损。例如，用硬质合金刀具切削钢时，由 800 ℃开始，硬质合金中的 Co、C、W 等元素会扩散到切屑中去；而切屑中的 Fe 元素又可能扩散到硬质合金中来，使硬质合金形成新的低硬度、高脆性的复合碳化物。又由于 Co 的扩散造成 WC、TiC 等与基体的结合强度降低，从而加速刀具磨损。

扩散磨损的速度，一方面决定于刀具和工件材料间是否容易起化学反应。不同材料间有不同的化学亲和力。有些材料在一定高温条件下会发生强烈的化学反应，如碳化钨与碳钢之间。在相同条件下，有的则不发生反应，如三氧化二铝和碳钢之间。有的会发生轻微反应，如碳化钛与碳钢之间。因而在切削钢材时，广泛采用 YT、TW 类或表面涂有 TiC、TiN、Al_2O_3 的涂层硬质合金，可减少和防止扩散磨损。另一方面扩散磨损的速度又决定于接触面的温度。扩散规律表明，对一定材料，随温度的升高，扩散量先是较缓慢地增大，而后则越来越迅猛地增大。例如钨向铁中的扩散速度在 1280 ℃时为 1，在 1330 ℃时则为 5.56。用硬质合金刀具切削钢时，前刀面最高温度在离切削刃一小段距离处，与磨损时形成月牙洼最大处基本重合，说明黏结磨损与扩散磨损是产生月牙洼的主要原因。用高速钢刀具切削钢和铸铁时在前刀面上由于扩散形成一层厚度为 2 ~ 3 μm 的白色带状中间层，其中 C 和 Cr 含量增加，而 Fe 含量减少。白色层随时被切屑带走，使刀具磨损。由于高速钢刀具在常用的切削速度范围内加工温度较低（不超过 600 ℃），因而扩散磨损很轻。

3. 氧化磨损或化学磨损

在一定的温度条件下（通常为 700 ~ 800 ℃），刀具材料（如硬质合金）与空气中的氧、极压润滑液中的添加剂硫和氯等起化学作用，生成一些疏松、脆弱的氧化物，被切屑带走从而加速刀具磨损；或因刀具材料的某种介质被腐蚀造成刀具磨损。例如，用 YT14 刀具材料切削不锈钢（含 18% Cr，9% Ni）时使用硫、氯化切削液，由于硫和氯的腐蚀作用，刀具寿命反而比不用切削液降低。

用硬质合金刀具进行切削，在低温时以机械磨损为主；温度升高，黏结磨损加快；温度再高，黏结磨损减少而扩散磨损与氧化磨损加快。

4. 相变磨损

当刀具的最高温度超过相变温度时，刀具表面金相组织发生变化，使马氏体组织转化为托氏体或索氏体，硬度急剧下降，刀具磨损加快。高速钢的相变温度为 550 ~ 600 ℃。

用高速钢刀具进行切削，低温时以机械磨损为主，温度升高，黏结磨损加快。温度达到相变时即形成相变磨损，刀具很快失去工作能力。

由上述可知，温度对刀具磨损起决定性作用，温度愈高，刀具磨损愈快。

知识拓展

一、刀具耐用度

车削过程中，前刀面与切屑不断摩擦，后刀面与被加工材料不断摩擦，使前、后面产生不同程度的磨损，通常以后面平均磨损量表示刀具磨损。刀具车削初期，后刀面磨损较快，当磨损量达到 0.05 ~ 0.1 mm 后，磨损就较慢，称为刀具的正常磨损阶段。此阶段车刀磨损量与车削时间近似成正比例增加。当后刀面磨损达到某一极限值后，继续切削则会出现噪声，产生振动，加工表面变坏直至刀具损坏，此阶段称为急剧磨损阶段。

在急剧磨损阶段之前应及时磨刀或换刀。此磨损的极限值称为磨钝标准，见表8－1。在实际生产中，不可能经常停机去测量车刀后刀面上的磨损值以确定是否达到磨钝标准，常采用零件的加工数或切削时间作为衡量标准，此标准即为耐用度。生产中常用刀具刃磨后开始切削，直到后刀面磨损量达到磨钝标准所经过的总切削时间作为刀具耐用度。

表8－1 车刀磨钝标准

	车刀类型	刀具材料	加工材料	加工性质	后刀面最大磨损限度/mm
磨钝标准	外圆车刀、端面车刀、镗刀	高速钢	碳钢、合金钢、铸钢、有色金属	粗车	1.5～2.0
				精车	1.0
			灰铸铁、可锻铸铁	粗车	2.0～3.0
				半精车	1.5～2.0
			耐热钢、不锈钢	粗车、精车	1.0
		硬质合金	碳钢、合金钢	粗车	1.0～1.4
				精车	0.4～0.6
			铸铁	粗车	0.8～1.0
				精车	0.6～0.8
			耐热钢、不锈钢	粗车、精车	0.8～1.0
			钛合金	精车、半精车	0.4～0.5
			淬硬钢	精车	0.8～1.0
	切槽及切槽刀	高速钢	钢、铸钢	—	0.8～1.0
			灰铸铁		1.5～2.0
		硬质合金	钢、铸钢		0.4～0.6
			灰铸铁		0.6～0.8
	成形车刀	高速钢	碳钢	—	0.4～0.5

二、切削用量和切削液的选择

切削用量的大小对切削力、切削功率、刀具磨损、加工质量和加工成本均有显著影响。选择切削用量时，在保证加工质量和刀具耐用度的前提下，充分发挥机床性能和刀具切削性能，使切削效率最高，加工成本最低。

（一）切削用量选择原则

（1）粗加工时切削用量的选择原则：首先选取尽可能大的背吃刀量，其次要根据机床动力和刚性的限制条件等，选取尽可能大的进给量，最后根据刀具耐用度确定最佳的切削速度。

（2）精加工时切削用量的选择原则：首先根据粗加工后的余量确定背吃刀量，其次根据已加工表面粗糙度要求选取较小的进给量，最后在保证刀具耐用度的前提下尽可能选用较高的切削速度。

（二）切削用量选择方法

1. 背吃刀量的选择

根据加工余量确定。粗加工（$Ra=10\sim80\ \mu m$）时，一次进给应尽可能切除全部余量。在中等功率机床上，背吃刀量可达 8 ~ 10 mm。半精加工（$Ra=1.2\sim10\ \mu m$）时，背吃刀量取 0.5 ~ 2 mm。精加工（$Ra=0.32\sim1.25\ \mu m$）时，背吃刀量取 0.1 ~ 0.4 rnrn。在工艺系统刚性不足、毛坯余量很大或余量不均匀时，粗加工要分几次进给，并且应当把第一、二次进给的背吃刀量尽量取得大一些。

2. 进给量的选择

粗加工时，由于对工件表面质量没有太高的要求，这时主要考虑机床进给机构的强度和刚性及刀杆的强度和刚性等限制因素。根据加工材料、刀杆尺寸、工件直径及已确定的背吃刀量来选择进给量。

在半精加工和精加工时，则按表面粗糙度要求根据工件材料、刀尖圆弧半径、切削速度来选择进给量。

3. 切削速度的选择

根据已经选定的背吃刀量、进给量及刀具耐用度选择切削速度。可用经验公式计算，也可根据生产实践经验在机床说明书允许的切削速度范围内查表选取。

车削速度 v_c 确定后，可以算出机床转速 n（对有级变速的机床，须按机床说明书选择与所算转速相近的转速）。

在选择切削速度时，还应考虑以下几点：

（1）应尽量避开积屑瘤产生的区域。

（2）断续切削时，为减小冲击和热应力，要适当降低切削速度。

（3）在易发生震动的情况下，切削速度应避开自激振动的临界速度。

（4）加工大件、细长件和薄壁工件时，应选用较低的切削速度。

（5）加工带外皮的工件时，应适当降低切削速度。

4. 机床功率的校核

切削功率 P_c 可用下式校核。机床有效功率 P'_E 为

$$P'_E=P_E\eta$$

式中 P'_E——机床有效功率；

P_E——机床电动机功率；

η——机床传动效率。

如 $P_c<P'_E$，则选择的切削用量可在指定的机床上使用。如 $P_c\leqslant P'_E$，则机床功率没有得到充分发挥，这时可以规定较低的刀具耐用度，或采用切削性能更好的刀具材料，以提高切削速度的办法使切削功率增大，以期充分利用机床功率，达到提高生产率的目的。

如 $P_c>P'_E$，则选择的切削用量不能在指定的机床上使用，这时可调换功率较大的机床，或根据所限定的机床功率降低切削用量（主要是降低切削速度）。这时虽然机床功率得到充分利用，但刀具的性能却未能充分发挥。

（三）切削液的选择

在金属切削过程中，合理选择切削液可以改善工件与刀具间的摩擦状况，降低切削力和切削温度，减轻刀具磨损，减小工件的热变形，从而可以提高刀具耐用度，提高加工效率和加工质量。

1. 切削液的作用

冷却作用、润滑作用、清洗作用、防锈作用。

2. 切削液的种类

常用的切削液分为三大类，即水溶液、乳化液和切削油。

3. 切削液的选用

(1) 粗加工时，加工余量大，所用切削用量大，产生大量的切削热。硬质合金刀具必须连续、充分地浇注，以免处于高温状态的硬质合金刀片产生巨大的内应力而出现裂纹。

(2) 精加工时，一般选用润滑性能较好的切削液，如高浓度的乳化液或含极压添加剂的切削油。

(3) 切削铸铁、黄铜等脆性材料时，一般使用煤油。

(4) 加工高强度钢、高温合金等难加工材料时应选用含极压添加剂的切削液。

(5) 切削镁合金时，不能用水溶液，以免燃烧。

【思考与练习】

一、填空题

车削过程中，前刀面与切屑不断摩擦，后刀面与被加工材料不断摩擦，使____________面产生____________，通常以后面平均磨损量表示刀具磨损。刀具车削初期，后刀面磨损较快，当磨损量达到____________后，磨损就较慢，称为刀具的____________。

二、判断题

1. 用高速钢刀具进行切削，低温时以机械磨损为主，温度升高，黏结磨损加快。(　　)

2. 温度达到相变时即形成相变磨损，刀具很快失去工作能力。(　　)

3. 温度对刀具磨损起决定性的作用，温度愈高，刀具磨损愈快。(　　)

三、简答题

1. 刀具磨损的原因有哪些?

2. 刀具磨损的形式有几种?

3. 如何延长刀具耐用度？

4. 常见切削液有哪几种？如何选择？

任务二　零件综合加工——二次装夹掉头加工螺纹轴

轴类零件是机械加工中比较常见工件，图 8－1 所示工件较有代表性，包括端面、阶台、圆弧、螺纹、切槽等加工内容。根据图纸可得车刀运行轨迹为直线、圆弧组合连接。材料为 45 号钢，无热处理、硬度要求。评分要求见表 8－2。

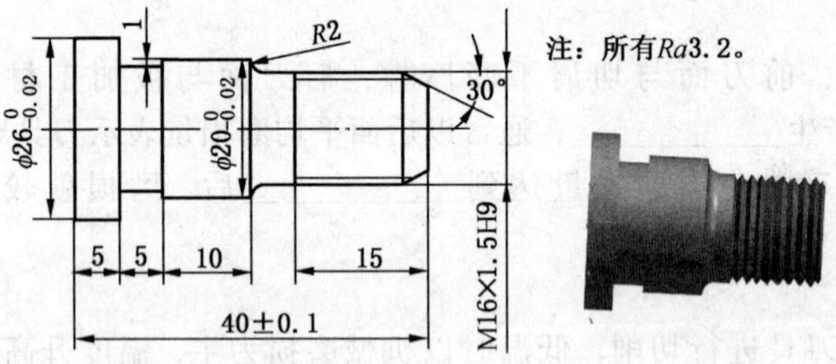

图 8－1　螺纹轴

表 8－2　螺纹轴评分要求

项目	序号	技术要求	配分	备注
工件评分	1	$\phi26_{-0.02}^{0}$	12	
	2	$\phi20_{-0.02}^{0}$	12	
	3	M16 × 1.5H9	12	
	4	40 ± 0.03	12	
	5	5	8	
	6	3 × C1	6	
	7	*R*2	8	
	8	30°	10	
	9	*Ra*3.2	2 × 8	
	10	工件其他尺寸	2 × 2	

表 8-2（续）

项目	序号	技术要求	配分	备注
工件缺陷	11	工件外观明显缺陷倒扣 10～30 分		
安全文明生产	12	是否按安全文明生产要求进行		
作业用时	13	每提前 10 分钟视情况加 3～5 分		
总分 300 分，工时单件 60 分钟，三件 80 分钟（工装制作时间除外），270 分以下视为不及格				

【任务实施】

一、工艺分析与加工准备

1. 读图、确定装卡方式与工步顺序

毛坯直径为 $\phi 32$ mm，对工件总长要求较严格，应考虑掉头加工时如何选择合适的测量基准以保证工件总长尺寸。螺纹无退刀槽结构，注意与普通机床的区别，合适的螺纹轴向退刀长度会使螺纹终止过渡更加自然。

2. 刀具选择

（1）采用 90°外圆车刀，刀号、刀补均为 1 号。

（2）采用切槽刀，宽为 3 mm，刀号、刀补均为 2 号。

（3）采用 60°螺纹车刀车螺纹，刀号、刀补均为 3 号。

以工件右端面的圆心作为工件的原点，建立工件坐标系进行编程。

3. 装刀与对刀

根据刀具卡片把各刀具装在相应刀位，保证刀尖中心高、刀具伸出长度适中，并装正刀具。对刀时，采用试切对刀法。

注意：完成对刀后，应通过手动或自动方式将刀架移动到安全位置或程序开头加远离工件语句，确保程序运行时的加工安全。

数控加工工艺卡见表 8-3。

表 8-3　螺纹小轴数控加工工艺卡

工步号	工步内容	刀具号	转速/（r·min⁻¹）	进给速度/（mm·min⁻¹）	背吃刀量/mm	刀尖圆弧半径/mm
1	粗车（90°偏刀）	T0101	500～700	160～230	1～0.3	0.4
2	精车（90°偏刀）	T0202	800～1200	130～200	1～0.1	0.2
3	切槽、切断	T0303	200～300	40	0.06～0.1	0.4
4	车螺纹	T0404	700～1200		0.6/0.3/0.075	0.2

4. 工件分析与编程加工注意事项

根据被加工零件材料 45 号钢材料特性与工件批量，选择刀具材料为 YT 类涂层硬质合金刀具和连续浇注冷却加工方式，切槽和车螺纹安排在粗车工序之后（防止切槽和车螺纹时径向力过大工件变形、工件转动与基准不重合，造成工件跳动或摆动保证不了后续加工精度，或破坏整体加工精度）再精车，保证各部尺寸与精度。

常用螺纹切削的进给次数与背吃刀量参照项目五表5－1。

5. 切槽与切断编程注意事项

（1）为避免刀具与零件碰撞，刀具切完槽后退刀时应先沿 X 方向退到安全位置，然后再回换刀点换刀加工。

（2）切槽时，刀刃宽度、主轴转速 n 和进给速度 f 都不宜过大；否则刀具所受切削力过大，影响刀具寿命。

（3）因切槽刀有两个刀尖，必须明确 Z 向基准为左刀尖还是右刀尖，以免编程时发生 Z 向尺寸错误。

6. 槽加工的注意事项

（1）外槽加工刀具安装时，刀尖应与轴线等高或略高 $0.01d$（d 为工件加工槽的直径），并且主切削刃与轴线平行。

（2）内槽加工面临切屑排出困难的情况下，选择的刀具刀杆应尽可能得粗，以保证刀具刚度。

（3）一般对于宽度不大、要求加工精度不高的槽，可选用等宽的槽刀进行加工。

（4）较长槽先进行径向切削，最后沿槽轮廓进行精加工。

（5）槽加工编程应保证轨迹短、效率高，并需要注意刀具不能与工件或夹具发生碰撞。

7. 螺纹加工准备与注意事项

螺纹车刀装夹时一定要利用标准样板在工件已加工表面上对正装夹，以保证螺纹切削后牙型半角正确。

8. 螺纹加工过程中刀具意外损坏处理方法

在螺纹加工过程中无论使用一体刀具还是组合刀具应尽量少拉快跑，要经常检查刀具磨损情况，避免扎刀、崩刀、顶动工件或刀杆由于震动而松动致使刀具损坏。如果发生特殊情况，更换刀具之前先检视工件损坏程度，校正工件同轴度 0.02 mm 之内、平面度 0.05 mm 之内。空刀架执行螺纹加工程序到工件螺纹任意点，安装刀具使螺纹刀具刀尖放入螺纹中使部分刀刃与已加工螺纹表面充分结合，然后微压紧，手动退出刀架机械力压紧，径向对刀修改地址数据，再用块规压住工件右端，开动刀架使螺纹刀尖寻找块规与工件结合面对正，录入 Z 向数据，执行程序即可。

9. 掉头装夹工装（加工程序略，图8－2）

工艺安排：先车左端保证尺寸 ϕ30 mm、ϕ24 mm、ϕ15 mm、ϕ20 mm（深 15 mm），切断（保证尺寸 3 mm，留量 0.5 mm），各部尖棱倒钝。

装夹左端车右端面保证右端面与轴线垂直，各部尖棱倒钝，注意 ϕ20 mm 与右端面相接处倒角一定大于 1 mm，刀具一定要锋利，否则倒角过程挤起棱将影响工件加工精度。

利用锯弓双锯条或无齿锯和线切割开口，去刺。

将工件右端（按工件图纸主视图）自工装右端（按工装主视图）插入，然后把工装左端（按工装主视图）带工件放入机床夹盘夹紧，砸实。

注意：工装 3 mm 阶台与工件 5 mm 阶台以及夹盘爪一定要接实。

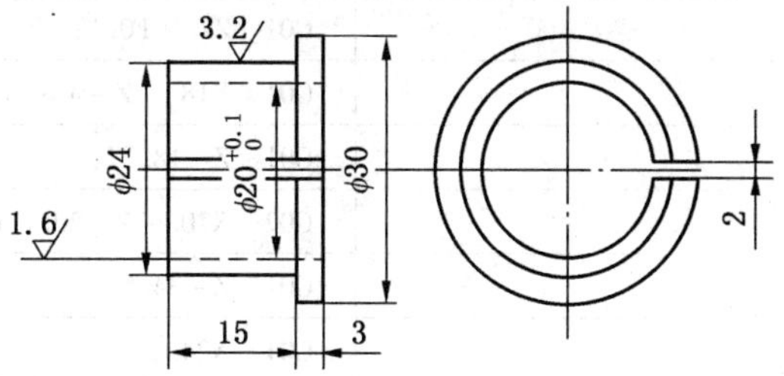

图 8-2 掉头装夹工件

10. 加工全过程

审图→确定装夹方法→确定加工路径→确定刀具材料→列程序单→检查审读以上各个步序内容→输入程序模拟观察刀具路径是否正确→设定假设对刀点空运行检查刀具路径→安装工件、对刀录入数据→单段执行（精加工不可单段执行，否则影响工件表面加工质量)→测量工件尺寸→修改刀具补正→修改程序中可提高加工效率语句→进入实际生产程序连续执行→批量完成→上工装工件旋转 180°加工→批量完成。

注意：实际生产中加工前两件产品时正是刀具急剧磨损期，尺寸变化较大，要及时测量和修改刀补。

二、参考程序

参考程序见表 8-4。

表 8-4 参考程序 (1)

SIEMENS 802D 加工程序	FANUC 加工程序
CU. MPF 粗车	O0001；粗车
G90 G97 G99 S700 M3 T1D1	T0101；(90°刀，刀尖圆弧 0.4 mm)
M08 G0 X32. Z5.	M08 G97 G99 S700 M3；
CYCLE95 ("AA", 2, 0.1, 0.5,, 0.2,,, 1,,, 2)	G00 X32. Z5.；
G0 X45.	G1 Z0 F1.；
Z100.	X-0.5 F0.1；
M09 M30	Z5. F1.；
	G0 X32.；
AA. SPF	G71 U1. R1.；
N1 G0 X12.23	G71 P1 Q2 U0.5 W0.1 F0.2；
Z3.	N1 G0 X12.23；
G01 Z2. F0.1	Z3.；

表 8-4（续）

SIEMENS 802D 加工程序	FANUC 加工程序
G01　X18. Z-3.	G01　Z2.　F0.1；
G01　Z-18.27	G01　X18.　Z-3.；
G02　X20. Z-20. CR=2.	G01　Z-18.27；
G01　Z-34.5	G02　X20.　Z-20.　R2.；
G01　X24.	G01　Z-34.5；
X26. Z-35.5	G01　X24.；
G01　Z-42.	X26.　Z-35.5；
N2　G01　X30.	G01　Z-42.；
M2	N2　G01　X30.；
	G0　X45.；
CAO. MPF（切槽）	Z100.　M09；
G97　G99　S600　M3	M30；
T2D1（切刀 4 mm，刀尖圆弧 0.4 mm）	
M08	O0002；（切槽）；
G0　X28.	G97　G99　S600　M3　M08；
Z-34.5	T0202；（切刀 4 mm，刀尖圆弧 0.4 mm）
G1　X18. F0.1	G0　X28.；
X28. F3.	Z-34.5；
Z-35.	G1　X18.　F0.1；
X18. F0.1	X28.　F3.；
Z-34.7	Z-35.；
X28. F2.	X18.　F0.1；
Z-33.	Z-34.7；
G1　X21.	X28.　F2.；
Z19. Z-34.	Z-33.；
X18.	G1　X21.；
Z-34.7	Z19.　Z-34.；
G0　X30.	X18.；
Z200.	Z-34.7；
M9	G0　X30.；
M30	Z200.；
	M9；
JINGLUOWENWAIYUAN. MPF（精螺纹外圆）	M30；
S1200　M3	
T4D1（90°精车刀，刀尖圆弧 0.4 mm）	

表 8-4（续）

SIEMENS 802D 加工程序	FANUC 加工程序
S1200　M3	
G0　X30.　Z5.　M8	
X12. 23	
G1　Z2.　F0. 3	
X18.　Z13.	
Z-18. 27	
G2　X20.　Z-20.　R2.	
G1　X22.	
G0　X30.　M9	
Z200.	
M30	
LUOWEN. MPF　车螺纹	
G00　G97　G99　S800　M3　T3D1	
G0　X22.	
Z5.	
G0　X17. 2	
G33　Z-15.　F1. 5	
G0　X22	
Z5	
X16. 6	
G33　Z-15.　F1. 5	
G0　X22	
Z5	
X16. 2	O0003；（精螺纹外圆）
G33　Z-15.　F1. 5	S1200　M3；
G0　X22	T0404；（90°精车刀，刀尖圆弧 0. 4 mm）
Z5	S1200　M3；
X16. 04	G0　X30.　Z5.　M8；
G33　Z-15.　F1. 5	X12. 23；
G0　X22.	G1　Z2.　F0. 3；
Z200.	X18.　Z13. ；
X18.　Z13.	Z-18. 27；
Z-18. 27	G2　X20.　Z-20.　R2. ；
G2　X20.　Z-20.　R2.	G1　X22. ；
G1　X22.	G0　X30.　M9；

表 8-4（续）

SIEMENS 802D 加工程序	FANUC 加工程序
G0 X30. M9	Z200.;
Z200.	M30;
M30	
	螺纹：O0004;
JING. MPF（精外轮廓）	G00 G97 G99 S800 M3 T0303;
S1200 M3 T4D1（90°精车刀，刀尖圆弧 0.4 mm）	G0 X22. M8;
G0 X20. M8	Z5.;
Z-18.	G92 X17.2 Z-15. F1.5;
G01 Z-34.5 F0.08	X16.6;
G01 X24.	X16.2;
X26. Z-35.5	X16.04;
G01 Z-42.	G0 X22.;
G01 X32.	Z200. M9;
G0 X50. Z200. M9	M30;
M30	
	O0005（精外轮廓）;
	S1200 M3 T0404;（90°精车刀，刀尖弧 .4 mm）
	S1200 M3;
	G0 X20. M8;
	Z-18.;
	G01 Z-34.5 F0.08;
	G01 X24.;
	X26. Z-35.5;
	G01 Z-42.;
	G01 X32.;
	G0 X50. Z200. M9;
	M30;

【任务评价】

小组名称：__________　　　　学生姓名：__________

评价内容		分值	自我评价（30%）	小组评价（30%）	教师评价（40%）
1	外圆尺寸	20			
2	长度尺寸	10			

（续）

评价内容		分值	自我评价（30%）	小组评价（30%）	教师评价（40%）
3	倒角尺寸	10			
4	表面粗糙度	10			
5	程序正确、完整	6			
6	程序格式规范	3			
7	工艺合理	5			
8	程序参数选择合理	5			
9	指令选用合理	5			
10	零件装夹合理	3			
11	刀具选择及安装正确	3			
12	对刀及坐标系设定正确	3			
13	机床面板操作正确	4			
14	意外情况处理合理	3			
15	团结协作	5			
16	遵守纪律情况	5			
17	安全文明生产	5			
总评					

知识拓展

螺纹切削编程注意事项

（1）螺纹切削应注意在两端设置足够的升速进刀段(切入量)和降速退刀段(切出量)。

（2）如果螺纹为左旋螺纹，刀具必须从左向右走刀切削，编程时应将下刀点设置在左边，并注意刀具不要碰及工件。

（3）多线螺纹车削时，加工时需要分头车削，车完一个头后，在 Z 轴上移动一个螺距，再车第二个头，直至把所有的头车完；在车各条螺旋槽时，车刀切入深度应相等。

（4）车削精度要求较高的螺纹时，应把各条螺旋槽都粗车完毕，再开始精车。

（5）加工普通螺纹时需增加 1 次精走刀；加工梯形螺纹时需增加 1 次精走刀（当螺距≤8 mm）或 2 次精走刀（当螺距＞8 mm）；在切削内螺纹时，粗加工需增加走刀次数 20% ~25%；在切削多头螺纹时，每一头增加 1 ~2 次精走刀。

【思考与练习】

一、填空题

1. 车削精度要求较高的螺纹时，应把____________都粗车完毕，再开始精车。

2. 加工普通螺纹时需增加＿＿＿＿＿次精走刀；加工梯形螺纹时需增加＿＿＿＿＿次精走刀（当螺距≤8 mm）或2次精走刀（当螺距＞8 mm）；在切削内螺纹时，粗加工需增加走刀次数＿＿＿＿＿；在切削多头螺纹时，每一头增加＿＿＿＿＿次精走刀。

二、判断题

1. 螺纹切削不用在两端设置升速进刀段（切入量）和降速退刀段（切出量）。（　　）

2. 如果螺纹为左旋螺纹，刀具必须从左向右走刀切削，编程时应将下刀点设置在左边，并注意刀具不要碰及工件。（　　）

3. 多线螺纹车削时，加工时需要分头车削，车完一个头后，在 Z 轴上移动一个螺距，再车第二个头，直至把所有的头车完；在车各条螺旋槽时，车刀切入深度不相等。（　　）

三、简答题

1. 总结轴类零件工艺分析方法，整理加工过程。

2. 复习基轴制特性，考虑零件装配精度和零件实用性，深刻理解轴类零件加工技术。

任务三　零件综合加工——顶尖

轴类零件中除阶台、螺纹、切槽加工外，锥面加工也比较常见。比如：伞齿轮或伞齿轮轴。本任务主要是训练锥面和连续圆弧连接的加工方法，以及刀具选择注意事项。顶尖及评分要求见图8－3和表8－5。

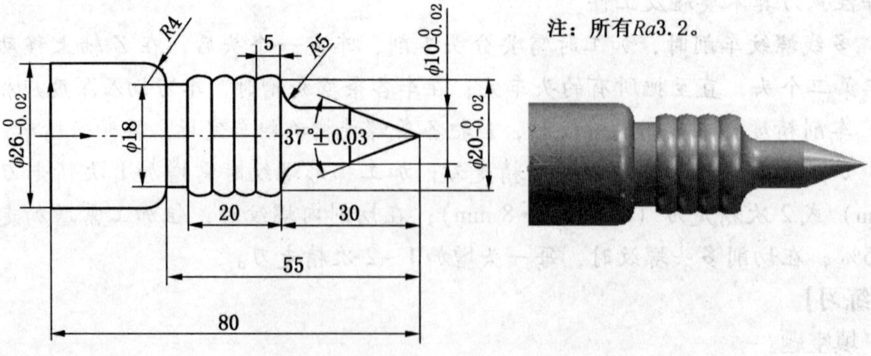

图8－3　顶尖

表8-5　顶尖评分要求

项　目	序号	技术要求	配分	备　注
工件评分	1	$\phi26_{-0.02}^{0}$	12	
	2	$\phi18_{-0.02}^{0}$	10	
	3	$\phi10_{-0.02}^{0}$	12	
	4	37° ±2′	10	
	5	80	10	
	6	*R*4	6	
	7	4×*R*5	4×6	
	8	*R*5	6	
	9	*Ra*3.2	6	
	10	工件其他尺寸	1×4	
工件缺陷	11	工件外观明显缺陷倒扣10~30分		
安全文明生产	12	是否按安全文明生产要求进行		
作业用时	13	每提前10分钟视情况加3~5分		
总分300分，工时单件60分钟，三件80分钟（工装制作时间除外），270分以下视为不及格				

【任务实施】

一、工艺分析与加工准备

本课题主要训练目的是：合理选择刀具，使用恒线速度功能加工，使工件获得理想表面粗糙度。

1. 读图、确定装卡方式与工步顺序

自定心卡盘装夹，在一次装夹中完成工件右端粗精加工。先粗车外圆，再切槽，然后粗车锥面，最后精加工、切断。严格保证各部尺寸，注意顶尖形状一定要完整。

2. 刀具选择

（1）采用90°外圆车刀，刀号、刀补均为1号。

（2）采用切槽刀，宽为3 mm，刀号、刀补均为2号。

（3）采用90°尖刀，刀号、刀补均为3号。

（4）以工件右端面的圆心作为工件原点，建立工件坐标系进行编程。

3. 装刀与对刀

根据刀具卡片把各刀具装在相应刀位，保证刀尖中心高、刀具伸出长度适中，并装正刀具。对刀时，采用试切对刀法。

注意：完成对刀后，应通过手动或自动方式将刀架移动到安全位置或程序开头加远离工件语句，确保程序运行时的加工安全。

4. 刀具选择注意事项

用数控机床加工圆锥面时，使用的刀具一般与车削外圆和端面时的刀具相同，也可采用尖形刀具。车削倒锥时，要注意选用副偏角较大的刀具，使刀具副切削刃不与锥面相碰。

5. 加工路线的确定

在车床上车外圆锥时，有两种加工方法：平行法车锥、终点法车锥。数控机床加工圆锥面时，其锥度（圆锥半角）一般由刀具进给起点和终点的坐标决定。粗加工时直接形成锥体轮廓，并留有精加工余量。

6. 加工全过程

审图→确定装夹方法→确定加工路径→确定刀具材料→列程序单→检查审读以上各个步序内容→输入程序模拟观察刀具路径是否正确→设定假设对刀点空运行检查刀具路径→安装工件、对刀录入数据→单段执行（精加工不可单段执行，否则影响工件表面加工质量)→测量工件尺寸→修改刀具补正→修改程序中可提高加工效率语句→进入实际生产程序连续执行。

注意：实际生产中加工前两件产品时正是刀具急剧磨损期，尺寸变化较大，要及时测量和修改刀补。车螺纹时，中途不得更换转速，否则会乱牙。

二、参考程序

参考程序见表8－6。

表8－6 参考程序（2）

SIEMENS 802D 加工程序	FANUC 加工程序
CU. MPF 粗车	O0001；粗车
G90 G97 S700 M3 M08	T0101；(90°刀，刀尖圆弧0.4 mm)
T1D1（90°刀，刀尖圆弧0.4 mm）	G97 G99 S800 M3 G0 X32. Z5. M8；
G0 X32. Z5.	G71 U1 R1；
CYCLE95（"AA"，2，0.1，0.5，，0.2，，，1，，，2）	G71 P1 Q2 U0.5 W0.1 F0.2；
G0 X45.	N1 G0 X－0.5；
Z100.	Z3 F0.1；
M09	G1 Z0 F0.1；
M30	X0.；
AA. SPF	X10. Z－14.943；
G0 X－0.5	Z－25.；
Z3. F0.1	G2 X20. Z－30. R5；
G1 Z0 F0.1	G1 X21.6；
X0.	Z－55.37；
X10. Z－14.943	G3 X26. Z－59. R4.；
Z－25.	Z－80.；
G2 X20. Z－30. CR＝5.	N2 X30.；

表8-6（续）

SIEMENS 802D 加工程序	FANUC 加工程序
G1　X21.6	G0　X35.；
Z-55.37	Z200.　M9；
G3　X26.　Z-59.　CR=4.	M30；
Z-80.	
X30.	O0002；切槽
M2	T0202；（切刀4 mm，刀尖圆弧0.4 mm）
	S600　M3；
CAO. MPF	G0　X32.　M8；
T2D1（切刀4 mm，刀尖圆弧0.4 mm）	Z-54.5；
S600　M3　G0　X32.　M8	G1　X18.　F0.08；
Z-54.5	G0　X28.；
G1　X18.　F0.08	Z-59.；
G0　X28.	G1　X26.　F0.08；
Z-59.	G2　X18.　Z-55.　R4.；
G1　X26.　F0.08	G1　Z-54.7；
G2　X18.　Z-55.　CR=4.	G0　X28.；
G1　Z-54.7	Z-54.；
G0　X28.	G1　X18.　F0.08；
Z-54.	Z-54.7；
G1　X18.　F0.08	G0　X30.　M9；
Z-54.7	Z200.；
G0　X30.　M9	M30；
Z200.	
M30	
JING. MPF	
T3D1（55°的尖刀，刀尖圆弧0.4 mm）	
S1200　M3	
G0　G42　X-0.5	
Z5.　M8	
G1　Z0　X0	O0003；精车（55°刀，刀尖圆弧0.4 mm）
X10.　Z-14.943	T0303　S1200　M3　G0　G42　X-0.5；
Z-25.	Z5.；
G2　X20.　Z-30.　CR=5.	G1　Z0　X0；
G3　X20.　Z-35.　CR=5.	X10.　Z-14.943；
Z-40.　CR=5.	Z-25.；

表 8-6（续）

SIEMENS 802D 加工程序	FANUC 加工程序
Z-45.　CR=5.	G2　X20.　Z-30.　R5.；
Z-50.　CR=5.	G3　X20.　Z-35.　R5.；
Z-55.	Z-40.　R5.；
X26.	Z-45.　R5.；
Z-80.	Z-50.　R5.；
X32.	Z-55.；
G0　X35.　M9	X26.；
G40　X36.	Z-80.；
Z200.	X32.；
M30	G0　X35.　M9；
	G40　X36.　Z200.；
	M30；

【任务评价】

小组名称：________________　　　　学生姓名：________

评价内容		分值	自我评价（30%）	小组评价（30%）	教师评价（40%）
1	外圆尺寸	20			
2	长度尺寸	10			
3	倒角尺寸	10			
4	表面粗糙度	10			
5	程序正确、完整	6			
6	程序格式规范	3			
7	工艺合理	5			
8	程序参数选择合理	5			
9	指令选用合理	5			
10	零件装夹合理	3			
11	刀具选择及安装正确	3			
12	对刀及坐标系设定正确	3			
13	机床面板操作正确	4			
14	意外情况处理合理	3			
15	团结协作	5			
16	遵守纪律情况	5			
17	安全文明生产	5			
总评					

【思考与练习】

一、填空题

用数控机床加工圆锥面时，使用的刀具一般与车削＿＿＿＿＿＿和＿＿＿＿＿＿时的刀具相同，也可采用＿＿＿＿＿＿刀具。车削倒锥时，要注意选用＿＿＿＿＿＿较大的刀具，使刀具＿＿＿＿＿＿不与锥面相碰。

二、判断题

1. 在机床上车外圆锥时，有两种加工方法：平行法车锥、终点法车锥。(　　)

2. 数控机床加工圆锥面时，其锥度（圆锥半角）一般由刀具坐标决定。(　　)

3. 粗加工时直接形成锥体轮廓，并留有精加工余量。(　　)

三、简答题

选择刀具和切削液的原则有哪些？

任务四　零件综合加工——套类零件

套类零件是指带有孔的零件，在各类机械中广泛应用。套类零件的加工工艺根据其功用、结构形状、材料和热处理以及尺寸大小的不同而异。就其结构形状来划分，大体可以分为短套筒和长套筒两大类。图 8－4 所示为短套筒零件，其评分要求见表 8－7。

图 8－4　短套筒零件

表8-7 短套筒零件评分要求

项目	序号	技术要求	配分	备注
工件评分	1	$\phi50^{\ 0}_{-0.02}$	12	
	2	$\phi40^{+0.02}_{\ 0}$	12	
	3	$\phi30^{+0.02}_{\ 0}$	12	
	4	$\phi20^{+0.02}_{\ 0}$	12	
	5	45	10	
	6	20	10	
	7	10	10	
	8	5	10	
	9	*Ra*3.2	10	
	10	工件其他尺寸	0.4×5	
工件缺陷	11	工件外观明显缺陷倒扣10~30分		
安全文明生产	12	是否按安全文明生产要求进行		
作业用时	13	每提前10分钟视情况加3~5分		
总分300分，工时单件180分钟，三件300分钟（工装制作时间除外），270分以下视为不及格				

【任务描述】

图8-4所示为常见典型套类零件，毛坯直径为$\phi52$ mm，主要训练学生利用工艺知识合理编排套类零件加工工艺，掌握套类零件加工方法。

【任务分析】

零件的结构由外圆柱面、内圆柱面、内圆锥面、台阶组成。图中没有明确垂直度、同轴度、圆度、平行度以及圆跳动要求。但是根据工件内外径尺寸和表面粗糙度要求分析，工件内外均要装配，隐性要求就变成了硬性要求。所以加工过程中一定要考虑其实用性，确保工件装配通过，避免产生废品。

【任务实施】

一、工艺分析与加工准备

1. 工艺顺序

车端面→钻中心孔、钻孔、扩孔→粗车内外圆→半精车内外圆及台阶和锥面→精车内外圆及台阶和锥面、右端面→切断→工件旋转180°加工，保证长短尺寸。

注意事项：加工过程中会产生大量切削热，所以加工全程都要浇注流动性好的切削液，及时为工件降温，在半精车和精车之前一定要测试温度、冷却工件，否则工件精车后到常温时就会发扁或圆度超标，产生废品。

2. 刀具选择

（1）选用中心钻、$\phi18$ mm麻花钻、$\phi28$ mm平钻、$\phi38$ mm平钻或$\phi28$ mm、$\phi38$ mm划钻扩孔。

（2）采用93°机夹式外圆车刀，35°菱形刀片，刀尖为R0.2 mm。
（3）镗孔刀杆尽量粗，小于被加工孔直径即可。
（4）切槽刀尽量窄一些可以减小震动，如刀宽3 mm切槽刀。
加工工艺卡见表8－8。

表8－8 加工工艺卡

工步号	工步内容	刀具号	主轴转速/（r·min^{-1}）	进给速度/（mm·min^{-1}）	背吃刀量/mm
1	钻中心孔	—	800～1000	—	—
2	钻扩直径为20 mm、30 mm、40 mm，底孔为18 mm、28 mm、38 mm	—	200～350	—	—
3	粗车内外圆	T0101 T0202	500～700	150～200	0.3
4	半精车、精车工件外圆、端面、内孔、各台阶	T0101 T0202	800～1200	80～120	0.1
5	切断旋转180°加工	T0303 T0101	200～300	45～75	0.08～0.12

二、参考程序

略，此简单程序由学生探索编写。

【任务评价】

小组名称：________________ 学生姓名：__________

评价内容		分值	自我评价（30%）	小组评价（30%）	教师评价（40%）
1	外圆尺寸	20			
2	长度尺寸	10			
3	倒角尺寸	10			
4	表面粗糙度	10			
5	程序正确、完整	6			
6	程序格式规范	3			
7	工艺合理	5			
8	程序参数选择合理	5			
9	指令选用合理	5			
10	零件装夹合理	3			
11	刀具选择及安装正确	3			
12	对刀及坐标系设定正确	3			

（续）

评价内容		分值	自我评价（30%）	小组评价（30%）	教师评价（40%）
13	机床面板操作正确	4			
14	意外情况处理合理	3			
15	团结协作	5			
16	遵守纪律情况	5			
17	安全文明生产	5			
总评					

【思考与练习】

一、填空题

套类零件是指＿＿＿＿＿＿的零件，在各类机械中广泛应用。就其结构形状来划分，大体可以分为＿＿＿＿＿＿和＿＿＿＿＿＿两大类。

二、判断题

零件图中没有明确垂直度、同轴度、圆度、平行度以及圆跳动要求。但是工件内外均要装配，隐性要求就变成了硬性要求。所以生产过程中垂直度、同轴度、圆度、平行度以及圆跳动指标一定要满足内外均装配的零件精度要求。（　　）

三、简答题

1. 套类零件达不到精度要求失去装配意义，主要是什么原因造成的？

2. 薄壁套生产中，切削液起到了什么作用？常用切削液有哪几种？

任务五　零件综合加工——宏程序应用

宏程序其实就是利用公式来加工零件，比如说椭圆，如果没有宏的话我们就要逐点计算曲线上的点，然后慢慢用直线逼近。如果是表面粗糙度要求很高的工件，那么逼近点计算起来将是一个很大的工程。如果应用了宏，由数控系统计算加工，势必大大提高效率。说白了就是利用公式，通过变量、自变量和判断语的编辑让数控系统自行计算实现机床加工。下面学习一个宏程序应用的入门加工实例（图8－5、表8－9）。

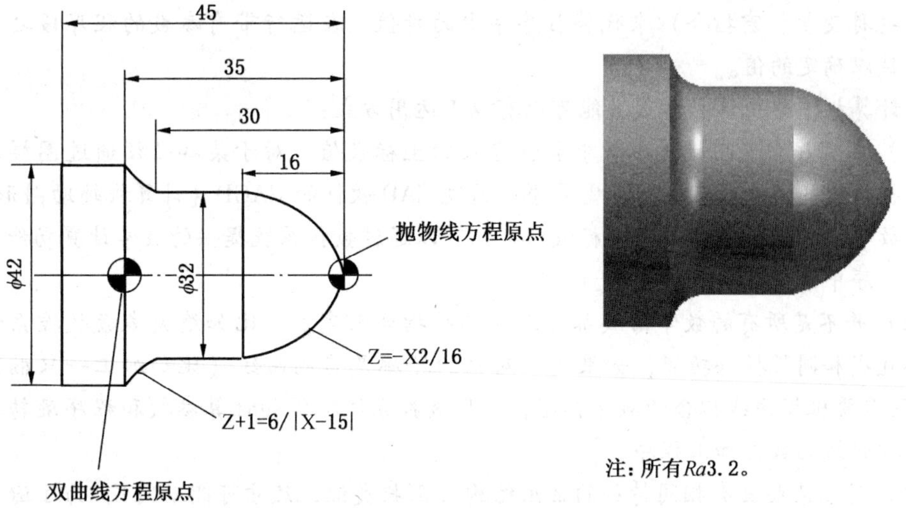

图8-5 宏程序应用实例

表8-9 评 分 要 求

项 目	序号	技术要求	配分	备 注
工件评分	1	$\phi42$	12	
	2	$\phi32$	12	
	3	$Z=X^2/16$ 曲面	12	
	4	$Z=6/(X-15)-1$ 曲面	12	
	5	45	10	
	6	35	10	
	7	30	10	
	8	16	10	
	9	*Ra*3.2	10	
	10	工件其他尺寸	0.4×5	
工件缺陷	11	工件外观明显缺陷倒扣10～30分		
安全文明生产	12	是否按安全文明生产要求进行		
作业用时	13	每提前10分钟视情况加3～5分		
总分300分，工时单件180分钟，三件240分钟（工装制作时间除外），270分以下视为不及格				

【任务描述】

该零件轮廓由抛物面、圆柱面、双曲面组成。这类数量不多但形状相近，轮廓以各类公式曲线为主的工件适合用宏程序加工，即变量编程或参数编程。

【任务分析】

数控加工程序中的程序字一般是由字母和两位数字组成，在程序中必须给每个程序字的数值部分赋以确定的值才能完全确定程序的功能及刀具的动作路径。我们可以使用计算参数（也称变量、宏指令）来代替程序字中的数值。在运行带有参数的程序段之前必须给参数赋以确定的值。

在计算机中使用计算参数功能可以有以下运用方式：

(1) 在程序中使用计算参数求取特定点的坐标数值。对于某些必须通过图样已标注尺寸间接求出的尺寸数值，往往需要事先通过 CAD 软件的 CAGD（计算机辅助图形设计）功能或数学方式求出这些点的坐标数值。也可以通过数控系统提供的数学计算功能和计算参数在程序中求得这些点的坐标。

(2) 并不是所有的数学曲线都可以由插补指令来完成，比如绝大多数数控系统仅仅提供了直线和圆弧插补功能，如果加工对象的轮廓是其他曲线（比如加工一只椭圆的手柄），则需要根据曲线拟合的数学模型，使用数控系统提供的计算参数和程序跳转指令编制出各种曲线的数控加工程序。

(3) 对于某些具有相同特征的常用结构（形状类似，尺寸可能不同），为了避免编程重复，我们可以将加工此类结构的程序段编制在子程序中，其中描述此结构的尺寸变量通过计算参数来编制在实际加工中遇到此类结构时，即可以给计算参数赋值后直接调用该子程序。

(4) 使用计算参数或宏指令功能定制指令。通过多种数控系统的学习，不难发现某些系统的复合循环指令非常有用，但在另一些系统却没有此功能。这时就需要使用数控系统强大的宏功能来定制出通用的复合循环指令，这实际上也是对数控系统的控制软件的二次开发。

由于 CAD/CAM 软件的普及，实际使用中已不用在程序中运算求出特征值。但作为一个专业的数控技术运用人才，懂得各种计算参数功能的应用仍是十分必要的。

【任务实施】

该零件轮廓由抛物面、圆柱面、双曲面组成。本例仅编制零件的精加工程序，实际加工时，可以先去除粗切毛坯。采取 X 向等距离散的方式，根据精度要求，将图中抛物面和双曲面的 X 轴的步距均设定为 0.05 mm。通过选择 X 轴的步距，将抛物面、双曲面分为若干线段后，利用其数学方程式分别计算轮廓上各点的 Z 坐标，直到 $Z=-16$（对抛物面）或 $Z=-35$（对双曲面）时，结束相应轮廓的拟合加工。参考程序见表 8－10 和表 8－11。

表 8－10 SIEMENS 802D 系统参考程序

SIEMENS 802D 加工程序	程序说明（学生填写）
EX01，MPF	程序名
T1 Dl	外圆精车刀
G0 X0 Z1 S800 M3	
G1 Z0 F100 M8	
R8 =0 R9 =0	X 轴条件变量 R8、Z 轴计算变量 R9 分别赋值
MA1：G1 X =2 * R8 Z = R9	抛物线加工循环

表 8-10（续）

SIEMENS 802D 加工程序	程序说明（学生填写）
R8 = R8 + 0.05	
R9 = - R8 * R8/16	X 向半径变化时抛物线 Z 坐标计算方程
IF　R8 <= 16　COTOB　MA1	抛物线加工条件跳转
Z - 30	
R8 = 16　R9 = 5	双曲线起点坐标参数赋值
MA2：G1　X = 2 * R8　Z = R9 - 35　F100	
R8 = R8 + 0.05	
R9 = 6/(R8 - 15) - 1	X 向半径变化时双曲线 Z 坐标计算方程
IF　R8 <= 21　GOTOB　MA2	双曲线加工条件跳转
G1　X42　Z - 45	
G74　X0　Z0　M9	
M2	

表 8-11　FANUC 0i 系统参考程序

FANUC 加工程序	程序说明
O1；	程序名
T0101；	外圆精车刀
G0　X0　Z1　S800　M3；	
G1　Z0　F100　M8；	
#1 = 0　#2 = 0；	X 轴条件变量、Z 轴计算变量分别赋值
N1　G1　X = 2 * #1　Z = #2；	抛物线加工循环
#1 = # + 0.05；	
#2 = - #1 * #1/16；	X 向半径变化时抛物线 Z 坐标计算方程
IF [#1　LE　16]　GOTO1；	抛物线加工条件跳转
Z - 30；	
#1 = 16　#2 = 5；	双曲线起点坐标参数赋值
N2　G1　X = 2 * #1　Z = #2 - 35　F100；	
#1 = #1 + 0.05；	
#2 = 6/(#1 - 15) - 1；	X 向半径变化时双曲线 Z 坐标计算方程
IF [#1　LE　21]　GOTO2	双曲线加工条件跳转
G1　X42　Z - 45；	
G0　X100；	
Z100；	
M2；	

【任务评价】

小组名称：________________　　　　学生姓名：____________

评价内容		分值	自我评价（30%）	小组评价（30%）	教师评价（40%）
1	外圆尺寸	20			
2	长度尺寸	10			
3	倒角尺寸	10			
4	表面粗糙度	10			
5	程序正确、完整	6			
6	程序格式规范	3			
7	工艺合理	5			
8	程序参数选择合理	5			
9	指令选用合理	5			
10	零件装夹合理	3			
11	刀具选择及安装正确	3			
12	对刀及坐标系设定正确	3			
13	机床面板操作正确	4			
14	意外情况处理合理	3			
15	团结协作	5			
16	遵守纪律情况	5			
17	安全文明生产	5			
总评					

【思考与练习】

一、填空题

在程序中使用计算参数求取特定点的坐标数值。对于某些必须通过图样已标注尺寸间接求出的尺寸数值，往往需要事先通过____________软件的____________（计算机辅助图形设计）功能或是数学方式求出这些点的坐标数值。也可以通过数控系统提供的____________和____________来在程序中求得这些点的坐标。

二、判断题

1. 数控加工程序中的程序字一般是由字母和两位数字组成。(　　)

2. 在程序中必须给每个程序字的数值部分赋以确定的值才能完全确定程序的功能及刀具的动作路径。(　　)

3. 我们可以使用计算参数（也称变量、宏指令）来代替程序字中的数值。在运行带有参数的程序段之前必须给参数赋以确定的值。(　　)

三、简答题

1. 跳转与有条件跳转各适用于什么情况？

2. 计算参数编制非圆数学曲线是什么原理？

项目九　数控技能大赛试题

任务一　第七届全国数控技能大赛河北赛区选拔赛数控车项目

【任务描述】

赛件如图9－1所示，材料为硬铝合金材料，毛坯尺寸为ϕ80 mm×120 mm，加工时间为5 h。赛件有较高的尺寸精度和表面粗糙度要求，另外赛件有两处形位公差要求。在精加工过程中应采用软卡爪装夹，调头装夹过程中应用百分表找正ϕ76 mm外圆、端面。

【任务实施】

参考程序见表9－1和表9－2。

表9－1　FANUC 0i 系统参考程序（1）

1. 粗车右端外圆	
O0011； M03　S1000　T0101； G00　X85.0　Z0.5； G01　X35.0　F0.3； G00　Z1.0； X75.0； G01　Z－45.5； X78.0； Z－56.7； X77.0　Z－71.5； Z－98.0； G00　X80.0　Z－96.5； Z1.0； X71.0； G01　Z－45.5； G00　X75.0　Z－43.5； X67.0； G01　Z－45.5； G00　X71.0　Z－43.5； X100.0　Z50.0 M30；	T0101；80°外圆正偏刀 粗车右端（端面留量0.5mm，外圆留量1mm）

表9-1（续）

<table>
<tr><td colspan="2">2. 粗车右端外圆槽</td></tr>
<tr><td>O0012;
M03　S800　T0202;
G00　X80.0　Z-45.5;
G01　X57.0　F0.3;
G00　X70.0;
Z-42.0;
G01　X57.0;
G00　X70.0;
Z-38.5;
G01　X57.0;
G00　X70.0;
Z-35.0;
G01　X45.0;
G00　X70.0;
Z-31.5;
G01　X67.0;
G03　X59.0　Z-35.5　R4.0;
G00　X70.0;
Z-29.5;
G01　X67.0;
G03　X59.0　Z-33.5　R4.0;
G01　X45.0;
G00　X60.0;
Z-37.5;
G01　X45.0;
G00　X80.0;
Z-50.5;
G01　X78.0
G02　X73.789　Z-47.493　R3.2;
G01　X62.838　Z-45.5;
X57.0;
G00　X80.0;
Z-68.0;
G01　X59.0;
G00　X80.0;
Z-64.5;
G01　X59.0;
G00　X80.0;
Z-61.198;
G01　X59.0;
G00　X80.0;</td><td>T0202；切刀宽4 mm</td></tr>
</table>

表9-1（续）

Z-55.5； G01　X78.0； G03　X73.789　Z-58.507　R3.2； G01　X59.0　Z-61.198； G00　X80.0； Z-71.5； G01　X65.0； G03　X59.0　Z-68.5　R3.0； G00　X80.0； Z-85.0； G01　X55.0； G00　X80.0； Z-86.5； G01　X57.0； X55.0　Z-85.5； G00　X80.0； Z-83.5； G01　X57.0； X55.0　Z-84.5； G00　X100.0； Z100.0 M30；	
3. 粗车右端孔	
O0013； M03　S1000　T0303； G00　X25.0　Z5.0； G01　Z-32.5　F0.3； G00　X23.0　Z-31.5； Z5.0； X29.0； G01　Z-32.5； G00　X27.0　Z-31.5； Z5.0； X34.0； G01　Z-14.5； G00　X32.0　Z-13.5； Z5.0； X39.0； G01　Z-14.5；	T0303；80°内孔车刀 手动钻孔 ϕ20 mm，深36.5 mm

表9-1（续）

G00　X37.0　Z-13.5; G00　Z100.0; X100.0; M30;	
4. 粗车左端	
O0014; M03　S1000　T0101; G00　X85.0　Z0.5; G01　X-1.0　F0.3; G00　X2.0　Z1.0; X75.0; G01　Z-17.5; G00　X80.0　Z1.0; X70.0; G01　Z-17.5; G00　X75.0　Z1.0; X65.0; G01　Z-17.5; G00　X70.0　Z1.0; X60.0; G01　Z-17.5; G00　X65.0　Z1.0; X55.0; G01　Z-17.5; G00　X60.0　Z1.0; X50.0; G01　Z-17.5; G00　X55.0　Z1.0; X45.0; G01　Z-17.5; G00　X50.0　Z1.0; X40.0; G01　Z-17.5; G00　X45.0　Z1.0; X35.0; G01　Z-17.5; G00　X40.0　Z1.0; X31.0; G01　Z-17.5;	**T0101；80°外圆正偏刀** **端面留量0.5 mm，外圆留量1 mm**

表9-1（续）

X69.0; G03　X77.0　Z-21.5　R4.0; G00　X100.0; Z100.0; M30;	
5. 精车右端	
O0001; M03　S2000　T0404; G42　G00　X70.0　Z0.0; G01　X35.0　F0.1; G00　Z1.0; X62.0; G01　X66.0　Z-1.0; Z-29.0; X55.995　Z-37.0; Z-46.0; X61.838; X72.789　Z-47.993; G03　X77.0　Z-51.0　R3.2; Z-55.0; X75.995　Z-71.0; Z-98.0; G00　X80.0　Z-95.0; G40　X100.0　Z50.0 M30;	T0404；55°外圆正偏刀
6. 精车右端外圆槽	
O0002; M03　S1500　T0202; G00　Z-40.0; X58.0; G01　X54.0　Z-38.0　F0.1; X44.01; G00　X46.0　Z-37.0; X68.0; Z-32.99; G01　X66.0; G03　X58.0　Z-36.99　R4.0;	T0202；切刀宽4 mm

表9-1（续）

G01　X44.01; Z-38.0; G00　X46.0　Z-37.0; X78.0; Z-74.0; G01　X74.0　Z-72.0; X63.985; G03　X57.985　Z-69.0　R3.0; G00　X78.0; Z-55.0; G01　X77.0; G03　X72.789　Z-58.007　R3.2; G01　X57.985　Z-60.689; Z-69.0; G00　X78.0; Z-89.0; G01　X74.0　Z-87.0; X55.99; X53.99　Z-86.0; G00　X78.0; Z-80.99; G01　X74.0　Z-82.99; X55.99; X53.99　Z-83.99; Z-86.0; G00　X100.0; Z100.0 M30;	
7. 精车右端孔	
O0003; M03　S2000　T0303; G00　X44.01; Z1.0; G01　X40.01　Z-1.0　F0.1; Z-15.0; X32.01; X30.01　Z-16.0; Z-33.0; X18.0;	T0303；刀尖角80°内孔车刀

表 9-1（续）

G00 Z100.0; X100.0; M30;	
8. 精车左端	
O0004; M03 S2000 T0101; G42 G00 Z0.0; X32.0; G01 X-1.0 F0.1; G00 X2.0 Z1.0; X24.9; G01 X29.9 Z-1.5; Z-12.5; X26.9 Z-14.0; Z-17.99; X67.995; G03 X75.995 Z-21.99 R4.0; G00 X100.0; G40 Z100.0; M30;	T0101；35°外圆正偏刀
9. 车螺纹	
O0005; M03 S800 T0404; G00 X28.8; Z5.0; G32 Z-15.0 F1.5; G00 X35.0; Z5.0; X28.6; G32 Z-15.0 F1.5; G00 X35.0; Z5.0; X28.5; G32 Z-15.0 F1.5; G00 X100.0; Z100.0; M30;	T0404；60°螺纹车刀

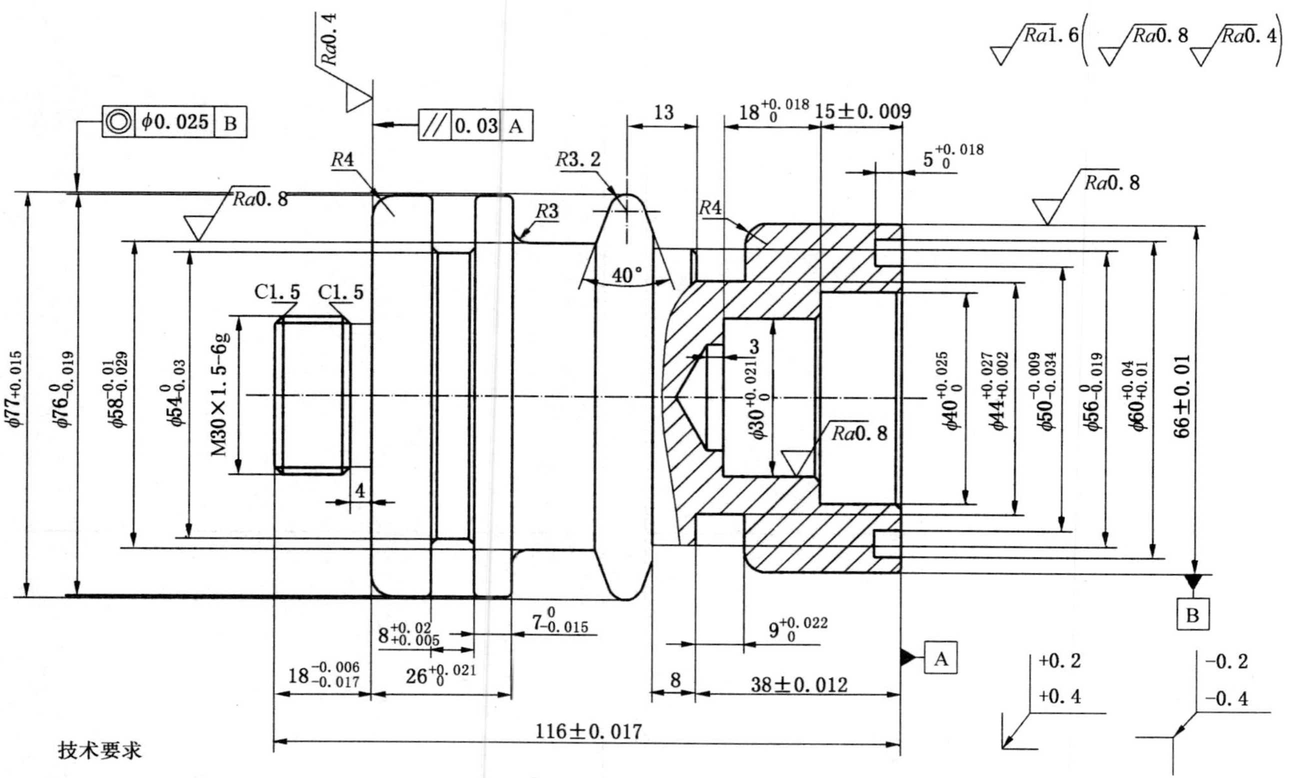

技术要求

1. 锐边倒钝并去毛刺；
2. 未注倒角处按1×45°；
3. 未注公差按±0.1mm；
4. 未注圆弧处 $R1$。

图9-1　第七届全国数控技能大赛河北赛区选拔赛数控车项目

表9-2 SIEMENS 802D系统参考程序（粗加工程序参考FANUC系统程序）(1)

1. 精车右端外圆	
SL_1. MPF M03 S2000 T1D1 G42 G00 X70 Z0 G01 X35 F0. 1 G00 Z1 X62 G01 X66 Z-1 Z-29 X55. 995 Z-37 Z-46 X61. 838 X72. 789 Z-47. 993 G03 X77 Z-51 CR=3. 2 Z-55 X75. 995 Z-71 Z-98 G00 X80 Z-95 G40 X100 Z50 M30	精车右端
2. 精车右端外圆槽	
SL_2. MPF M03 S1500 T2D1 G00 Z-40 X58 G01 X54 Z-38 F0. 1 X44. 01 G00 X46 Z-37 X68 Z-32. 99 G01 X66 G03 X58 Z-36. 99 CR=4 G01 X44. 01 Z-38 G00 X46 Z-37 X78 Z-74 G01 X74 Z-72 X63. 985 G03 X57. 985 Z-69 CR=3	

表 9-2（续）

G00　X78 Z-55 G01　X77 G03　X72.789　Z-58.007　CR=3.2 G01　X57.985　Z-60.689 Z-69 G00　X78 Z-89 G01　X74　Z-87 X55.99 X53.99　Z-86 G00　X78 Z-80.99 G01　X74　Z-82.99 X55.99 X53.99　Z-83.99 Z-86 G00　X100 Z100 M30	
3. 精车右端孔	
SL_3.MPF M03　S2000　T3D1 G00　X44.01 Z1 G01　X40.01　Z-1　F0.1 Z-15 X32.01 X30.01　Z-16 Z-33 X18 G00　Z100 X100 M30	
4. 精车左端	
SL_4.MPF M03　S2000　T1D2 G42　G00　Z0	

表 9-2（续）

X32 G01　X-1　F0.1 G00　X2　Z1 X24.9 G01　X29.9　Z-1.5 Z-12.5 X26.9　Z-14 Z-17.99 X67.995 G03　X75.995　Z-21.99　CR=4 G00　X100 G40　Z100 M30	
5. 车螺纹	
SL_5.MPF M03　S800　T4D1 G00　X28.8 Z5 G32　Z-15　F1.5 G00　X35 Z5 X28.6 G32　Z-15　F1.5 G00　X35 Z5 X28.5 G32　Z-15　F1.5 G00　X100 Z100 M30	

任务二　第六届全国数控技能大赛河北赛区选拔赛数控车工实际操作试题（学生组 1）

【任务描述】

赛件如图 9-2 所示，材料为硬铝合金材料，毛坯尺寸为 ϕ80 mm×100 mm，加工时间为 5 h。赛件有较高的尺寸精度和表面粗糙度要求。加工前应用仿真软件检查程序，加工过程中应特别注意刀具干涉现象。

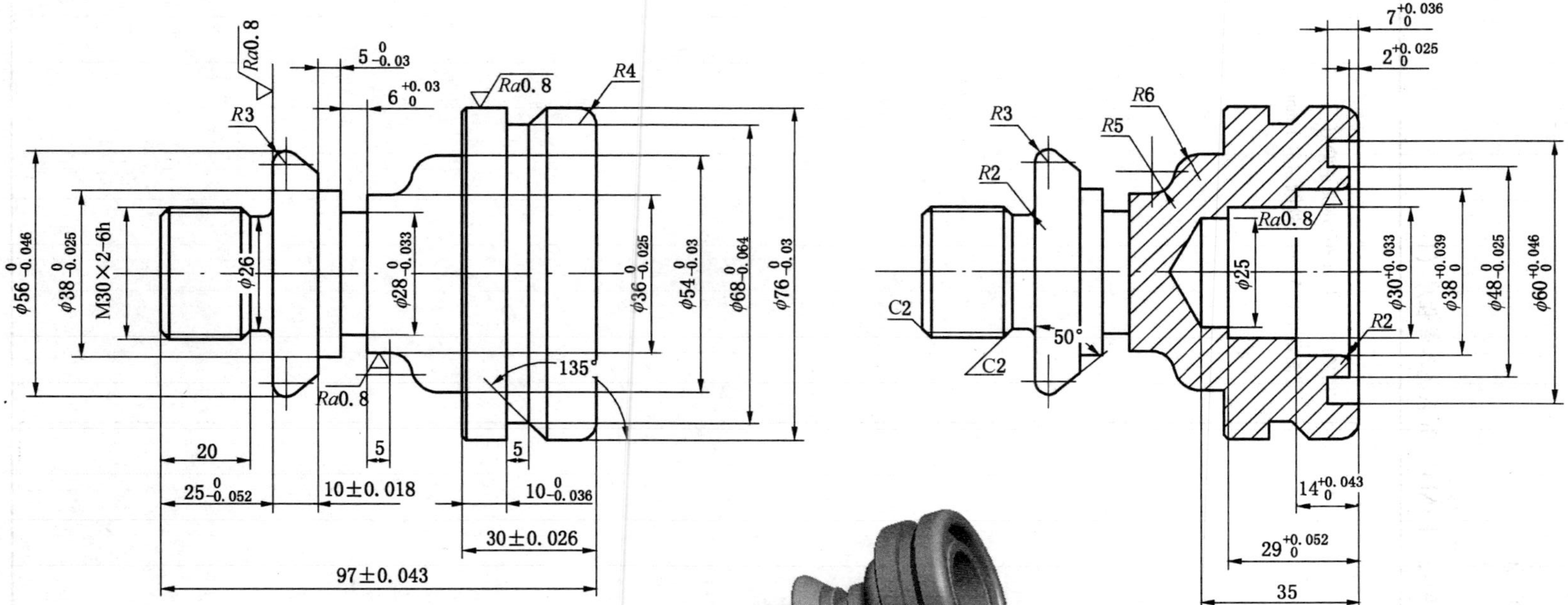

技术要求

1. 未注公差尺寸按GB/T 1804-m加工；
2. 不准用砂布、锉刀等修饰表面；
3. 未注倒角C1，锐边倒钝。

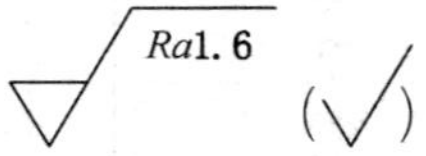

图 9－2　第六届全国数控技能大赛河北赛区选拔赛数控车工实际操作试题(学生组 1)

【任务实施】

参考程序见表9－3和表9－4。

表9－3 FANUC 0i系统参考程序（1）

1. 粗车左端	
O0011; M03 S1000 T0101; G00 X85.0 Z0.5; G01 X－1.0 F0.3; G00 X2.0 Z1.0; X75.0; G01 Z－66.5; G00 X80.0 Z1.0; X70.0; G01 Z－66.5; G00 X75.0 Z1.0; X65.0; G01 Z－66.5; G00 X70.0 Z1.0; X60.0; G01 Z－66.5; G00 X65.0 Z1.0; X55.0; G01 Z－24.5; G00 X60.0 Z1.0; X50.0; G01 Z－24.5; G00 X55.0 Z1.0; X45.0; G01 Z－24.5; G00 X50.0 Z1.0; X40.0; G01 Z－24.5; G00 X45.0 Z1.0; X35.0; G01 Z－24.5; G00 X40.0 Z1.0; X31.0; G01 Z－24.5; X51.0; G03 X57.0 Z－27.5 R3.0; G01 Z－66.5; G00 X100.0;	T0101；刀尖角80°外圆正偏刀 端面留量0.5 mm，外圆留量1 mm

表9-3（续）

Z100.0; M30;	
2. 粗车外圆槽	
O0012; M03　S800　T0202; G00　X85.0　Z-45.5; X60.0; G01　X29.0; G00　X60.0; Z-42.0; G01　X39.0; Z-44.5; X29.0; G00　X60.0; Z-38.5; G01　X48.0; G00　X60.0; Z-35.0; G01　X54.0; G00　X60.0; Z-31.5; G01　X57.0; X48.0　Z-39.5; X39.0; G00　X100.0; Z100.0; M30;	T0202；切刀宽 4 mm
3. 粗车左端外圆	
O0013; M03　S1000　T0303; G00　X85.0; Z-44.0; X53.0; G01　Z-58.7　F0.3; G00　X57.0　Z-44.0; X49.0; G01　Z-56.2; G00　X53.0　Z-44.0; X45.0; G01　Z-55.3; G00　X49.0　Z-44.0;	T0303；刀尖角 35°外圆反偏刀

表 9-3（续）

X41.0； G01　Z-54.6； G00　X45.0　Z-44.0； X37.0； G01　Z-50.5； G02　X45.18　Z-55.42　R5.0； G03　X55.0　Z-61.32　R6.0； G01　Z-66.5； G00　X59.0　Z-64.5； X100.0； Z100.0； M30；	
4. 粗车右端	
O0014； M03　S1000　T0101； G00　X85.0； Z0.5； G01　X55.0　F0.3； G00　Z1.0； X69.0； G01　Z0.5； G03　X77.0　Z-3.5　R4.0； G01　Z-32.0； G00　X100.0； Z100.0； M30；	T0101；刀尖角 80°外圆正偏刀 端面留量 0.5 mm，外圆留量 1 mm
5. 粗车外圆槽	
O0015； M03　S800　T0202； G00　X80.0； Z-19.5； G01　X69.0　F0.3； G00　X80.0； Z-15.5； G01　X77.0； X69.0　Z-19.5； G00　X100.0； Z100.0； M30；	T0202；切刀宽 4 mm
6. 粗车右端孔	
O0016； M03　S1000　T0404；	T0404；刀尖角 80°内孔车刀 手动钻孔 $\phi25$ mm，深 35.5 mm

表 9-3（续）

G00　X20.0； Z-0.5； G01　X59.0　F0.3； G00　X20.0　Z0.5； Z-1.5； G01　X59.0； G00　X29.0　Z0.0； G01　Z-28.5； G00　X25.0　Z0.0； X34.0； G01　Z-13.5； G00　X30.0　Z0.0； X41.0； G01　Z-1.5； G02　X37.0　Z-3.5　R2.0； G01　Z-13.5； G00　X34.0　Z-11.5； Z100.0； M30；	
7. 精车右端	
O0001； M03　S2000　T0301； G42　G00　X80.0； Z0.0； G01　X55.0　F0.1； G00　Z1.0； X67.99； G01　Z0.0； G03　X75.99　Z-4.0　R4.0； G01　Z-11.0； X67.98　Z-15.0； Z-20.02； X75.99； Z-29.0； X71.99　Z-31.0； G00　X100.0； G40　Z100.0； M30；	T0301；刀尖角 35°外圆正偏刀
8. 精车右端面槽	
O0002； M03　S1000　T0303；	T0303；刀宽 4 mm

表9-3（续）

G00　X60.02； Z1.0； G01　Z-7.02　F0.1； G00　X59.0　Z-6.5； Z1.0； X55.99； G01　Z-7.02； X60.02； G00　X59.0　Z-6.5； Z100.0； M30；	
9. 精车右端孔	
O0003； M03　S2000　T0303； G41　G00　X35.0； Z-2.01； G01　X52.0　F0.1； G00　Z-1.0； X42.02； G01　Z-2.01； G02　X38.02　Z-4.01　R2.0； G01　Z-14.02； X30.02； Z-29.03； X22.0； G00　Z100.0； G40　X100.0； M30；	T0303；刀尖角80°内孔车刀
10. 精车左端	
O0004； M03　S2000　T0301； G42　G00　X35.0； Z0.0； G01　X-1.0　F0.1； G00　Z1.0； X23.9； G01　X29.9　Z-2.0； Z-18.0； X25.9　Z-20.0； Z-22.98； G02　X29.9　Z-24.98　R2.0；	T0301；刀尖角35°外圆正偏刀

表 9-3（续）

G01　X49.98； G03　X54.576　Z-29.908　R3.0； G01　X44.44　Z-35.98； Z-44.0； X35.99； Z-51.0； G02　X44.172　Z-55.917　R5.0； G03　X53.99　Z-61.817　R6.0； G01　Z-67.0； X76.0； G00　X100.0； G40　Z100.0； M30；	
11. 精车外圆槽	
O0005； M03　S1500　T0202； G00　Z-45.98； X40.0； G01　X27.99　F0.1； G00　X28.99　Z-45.48； X50.0； Z-38.98； G01　X37.99； Z-43.97； X27.99； Z-45.98； G00　X28.99　Z-45.48； X100.0； Z100.0； M30；	T0202；刀宽 4 mm
12. 车螺纹	
O0006； M03　S800　T0404； G00　X28.5； Z5.0； G32　Z-20.0　F2.0； G00　X35.0； Z5.0； X28.2； G32　Z-20.0　F2.0； G00　X35.0；	T0404；刀尖角 60°螺纹车刀

表 9-3（续）

Z5.0; X28.0; G32 Z-20.0 F2.0; G00 X100.0; Z100.0; M30;	

表 9-4 SIEMENS 802D 系统参考程序（粗加工程序参考 FANUC 系统程序）(2)

1. 精车右端	
SL_1.MPF M03 S2000 T1D1 G42 G00 X80 Z0 G01 X55 F0.1 G00 Z1 X67.99 G01 Z0 G03 X75.99 Z-4 CR=4 G01 Z-11 X67.98 Z-15 Z-20.02 X75.99 Z-29 X71.99 Z-31 G00 X100 G40 Z100 M30	T1D1；外圆精车刀
2. 精车右端面槽	
SL_2.MPF M03 S1000 T3D1 G00 X60.02 Z1 G01 Z-7.02 F0.1 G00 X59 Z-6.5 Z1 X55.99 G01 Z-7.02 X60.02 G00 X59 Z-6.5 Z100 M30	T3D1；切槽刀刀宽 4 mm

表9-4（续）

3. 精车右端孔	
SL_3. MPF M03　S2000　T3D2 G41　G00　X35 Z-2.01 G01　X52.0　F0.1 G00　Z-1 X42.02 G01　Z-2.01 G02　X38.02　Z-4.01　CR=2 G01　Z-14.02 X30.02 Z-29.03 X22 G00　Z100 G40　X100 M30	T3D2；刀尖角80°内孔车刀
4. 精车左端	
SL_4. MPF M03　S2000　T1D1 G42　G00　X35 Z0 G01　X-1.0　F0.1 G00　Z1 X23.9 G01　X29.9　Z-2 Z-18 X-25.9　Z-20 Z-22.98 G02　X29.9　Z-24.98　CR=2 G01　X49.98 G03　X54.576　Z-29.908　CR=3 G01　X44.44　Z-35.98 Z-44 X35.99 Z-51 G02　X44.172　Z-55.917　CR=5 G03　X53.99　Z-61.817　CR=6 G01　Z-67 X76 G00　X100 G40　Z100 M30	T1D1；刀尖角35°外圆正偏刀

表9-4（续）

5. 精车外圆槽	
SL_5. MPF M03　S1500　T2D1 G00　Z-45.98 X40 G01　X27.99　F0.1 G00　X28.99　Z-45.48 X50 Z-38.98 G01　X37.99 Z-43.97 X27.99 Z-45.98 G00　X28.99　Z-45.48 X100 Z100 M30	T2D1；切槽刀刀宽4 mm
6. 车螺纹	
SL_6. MPF M03　S800　T4D1 G00　X28.5 Z5 G32　Z-20　F2 G00　X35 Z5 X28.2 G32　Z-20　F2 G00　X35 Z5 X28 G32　Z-20　F2 G00　X100 Z100 M30	T4D1；刀尖角60°螺纹车刀

任务三　第六届全国数控技能大赛河北赛区选拔赛 数控车工实际操作试题（学生组2）

【任务描述】

赛件如图9-3所示，材料为45钢，毛坯尺寸为ϕ80 mm×100 mm，加工时间为5 h。赛件有较高的尺寸精度和表面粗糙度要求。加工过程中应注意刀具角度的选择,避免干涉现象发生。

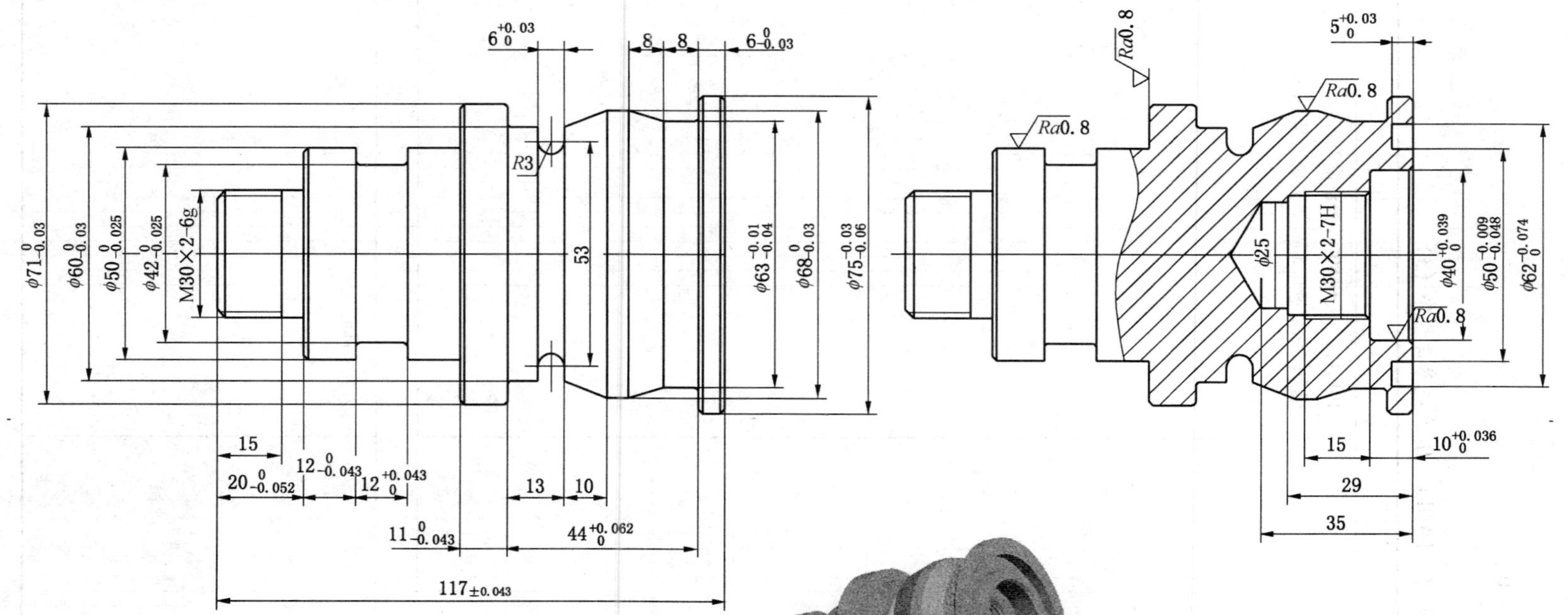

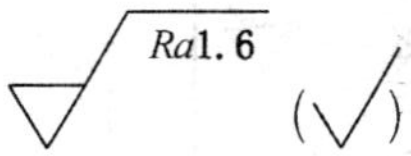

技术要求

1. 未注公差尺寸按GB/T 1804-m加工；
2. 不准用砂布、锉刀等修饰表面；
3. 未注倒角$C1$，未注圆弧$R1$，锐边倒钝。

图9－3　第六届全国数控技能大赛河北赛区选拔赛数控车工实际操作试题(学生组2)

【任务实施】

参考程序见表 9－5 和表 9－6。

表 9－5 FANUC 0i 系统参考程序 (3)

1. 车左端	
O0011; M03 S1000 T0101; G00 X85.0; Z0.5; G01 X－1.0 F0.3; G00 X72.0 Z1.0; G01 Z－68.0; G00 X75.0 Z1.0; X64.0; G01 Z－55.5; G00 X70.0 Z1.0; X56.0; G01 Z－55.5; G00 X60.0 Z1.0; X48.0; G01 Z－19.5; G00 X50.0 Z1.0; X40.0; G01 Z－19.5; G00 X45.0 Z1.0; X31.0; G01 Z－19.5; X51.0; Z－55.5; X75.0; G00 X100.0 Z100.0; M30;	T0101；刀尖角 80°外圆正偏刀 粗车端面留量 0.5 mm，外圆留量 1 mm
2. 粗车外圆槽	
O0012; M03 S800 T0202; G00 X85.0 Z－42.5; X55.0; G01 X43.0 F0.3; G00 X55.0; Z－39.0; G01 X43.0; G00 X55.0; Z－37.5;	刀宽 4 mm

表 9-5（续）

G01 X43.0; G00 X100.0; Z100.0; M30;	
3. 精车左端外圆	
O0001; M03 S2000 T0102; G00 X35.0; Z0.0; G01 X-1.0 F0.1; G00 Z1.0; X23.9; G01 X29.9 Z-2.0; Z-19.98; X47.99; X49.99 Z-20.98; Z-56.01; X68.99; X70.99 Z-57.01; Z-68.0; G00 X100.0; Z100.0; M30;	T0102；刀尖角 80°外圆正偏刀
4. 车螺纹	
O0002; M03 S800 T0404; G00 X28.5; Z5.0; G32 Z-15.0 F2.0; G00 X35.0; Z5.0; X28.2; G32 Z-15.0 F2.0; G00 X35.0; Z5.0; X28.0; G32 Z-15.0 F2.0; G00 X100.0; Z100.0; M30;	T0404；刀尖角 60°螺纹车刀

表9-5（续）

5. 精车外圆槽	
O0003； M03　S1500　T0202； G00　Z-44.98； X55.0； G01　X43.99　F0.1； G03　X41.99　Z-43.98　R1.0； G00　X55.0； Z-35.96； G01　X43.99； G02　X41.99　Z-36.96　R1.0； G01　Z-43.98； G00　X100.0； Z100.0； M30；	T0202；切槽刀刀宽4 mm
6. 车右端	
O0013； M03　S1000　T0101 G00　X85.0　Z0.5； G01　X30.0　F0.3； G00　X76.0　Z1.0； G01　Z-7.0； X72.0　Z-9.0； Z-43.5； G00　X76.0　Z-10.0； G01　X72.0； X69.0　Z-11.5； Z-27.5； X64.0　Z-37.5； Z-43.5； X75.0； G00　X100.0； Z100.0；	粗车右端外圆 T0101；刀尖角35°外圆正偏刀 粗车端面留量0.5 mm，外圆留量1 mm
T0202； G00　X85.0； Z-21.5； X70.0； G01　X69.0； X64.0　Z-13.5； Z-6.5； X80.0； G00　X100.0；	T0202；刀尖角35°外圆反偏刀

表 9－5（续）

Z100.0; M30;	
7. 精车右端外圆	
O0004; M03　S2000　T0101; G42　G00　X80.0; Z0.0; G01　X35.0　F0.1; G00　Z1.0; X70.96; G01　X74.96　Z－1.0; Z－5.0; X70.96　Z－7.0; X69.0　Z－22.0; X68.0　Z－27.0; X59.99　Z－37.0; Z－50.02; X69.0; G03　X71.0　Z－51.02　R1.0; G00　X100.0; G40　Z100.0; T0202; G00　Z－30.0; X67.99; G01　Z－22.0; X62.98　Z－14.0; Z－5.99; X76.0; G00　X100.0; Z100.0; M30;	T0101；刀尖角 35°外圆正偏刀 T0202；刀尖角 35°外圆反偏刀
8. 精车外圆槽	
O0005; M03　S1500　T0202; G00　Z－34.0; X70.0; G01　X53.0　F0.1; G00　X100.0; Z100.0; M30;	T0202；刀宽 6 mm，半径 3 mm 圆弧切刀，以圆弧中心对刀

表 9-5（续）

9. 精车右端面槽	
O0006; M03 S1000 T0303; G00 X62.03; Z1.0; G01 Z-5.02 F0.1; G00 X61.0 Z-4.5; Z1.0; X57.98; G01 Z-5.02; X62.03; G00 X61.0 Z-4.5; Z100.0; M30;	T0303；切槽刀刀宽 4 mm
10. 粗车右端孔	
O0014; M03 S1000 T0303; G00 X32.0; Z5.0; G01 Z-9.5 F0.3; G00 X30.0 Z5.0; X39.0; G01 Z-9.5; X27.0; Z-28.5; G00 X25.0 Z-27.5; Z100.0 M30;	T0303；刀尖角 80°内孔车刀 手动钻孔 ϕ25 mm，深 35.5 mm
11. 精车右端孔	
O0007; M03 S2000 T0303; G41 G00 X44.02; Z1.0; G01 X40.02 Z-1.0 F0.1; Z-9.02; G03 X38.02 Z-10.02 R1.0; G01 X30.1; X28.1 Z-11.02; Z-29.0; X24.0; G00 Z100.0; G40 X100.0; M30;	T0303；刀尖角 80°内孔车刀

表 9－5（续）

12. 车内螺纹	
O0008; M03　S800　T0404; G00　X29.5; Z－5.0; G32　Z－25.0　F2.0; G00　X27.0; Z－5.0; X29.8; G32　Z－25.0　F2.0; G00　X27.0; Z－5.0; X30.0; G32　Z－25.0　F2.0; G00　X27.0; Z100.0; M30;	T0404；刀尖角 60°内螺纹车刀

表 9－6　SIEMENS 802D 系统参考程序（粗加工程序参考 FANUC 系统程序）（3）

1. 精车左端	
SL_1.MPF M03　S2000　T1D1 G00　X35 Z0 G01　X－1　F0.1 G00　Z1 X23.9 G01　X29.9　Z－2 Z－19.98 X47.99 X49.99　Z－20.98 Z－56.01 X68.99 X70.99　Z－57.01 Z－68 G00　X100 Z100 M30	T1D1；刀尖角 80°外圆正偏刀
2. 车螺纹	
SL_2.MPF M03　S800　T4D1 G00　X28.5	T4D1；刀尖角 60°螺纹车刀

表 9-6（续）

Z5 G32　Z-15　F2 G00　X35 Z5 X28.2 G32　Z-15　F2 G00　X35 Z5 X28 G32　Z-15　F2 G00　X100 Z100 M30	
3. 精车外圆槽	
SL_3. MPF M03　S1500　T2D1 G00　Z-44.98 X55 G01　X43.99　F0.1 G03　X41.99　Z-43.98　CR=1 G00　X55 Z-35.96 G01　X43.99 G02　X41.99　Z-36.96　CR=1 G01　Z-43.98 G00　X100 Z100 M30	T2D1；切槽刀刀宽 4 mm
4. 精车右端	
SL_4. MPF M03　S2000　T1D1 G42　G00　X80 Z0 G01　X35　F0.1 G00　Z1 X70.96 G01　X74.96　Z-1 Z-5 X70.96　Z-7 X69　Z-22 X68　Z-27	T1D1；刀尖角 35°外圆正偏刀

表 9-6（续）

X59.99　Z-37 Z-50.02 X69 G03　X71　Z-51.02　CR=1 G00　X100 G40　Z100 T2D1 G00　Z-30 X67.99 G01　Z-22 X62.98　Z-14 Z-5.99 X76 G00　X100 Z100 M30	T2D1；93°反偏刀
5. 精车外圆槽	
SL_5.MPF M03　S1500　T2D1 G00　Z-34 X70 G01　X53　F0.1 G00　X100 Z100 M30	T2D1；刀宽 6 mm，半径 3 mm 圆弧切刀，以圆弧中心对刀
6. 精车右端面槽	
SL_6.MPF M03　S1000　T3D1 G00　X62.03 Z1 G01　Z-5.02　F0.1 G00　X61　Z-4.5 Z1 X57.98 G01　Z-5.02 X62.03 G00　X61　Z-4.5 Z100 M30	T3D1；端面槽车刀（刀宽 4 mm）

表9-6（续）

7. 精车右端孔	
SL_7. MPF M03 S2000 T3D2 G41 G00 X44.02 Z1 G01 X40.02 Z-1 F0.1 Z-9.02 G03 X38.02 Z-10.02 CR=1 G01 X30.1 X28.1 Z-11.02 Z-29 X24 G00 Z100 G40 X100 M30	T3D2；刀尖角80°内孔车刀
8. 车内螺纹	
SL_8. MPF M03 S800 T4D1 G00 X29.5 Z-5 G32 Z-25 F2 G00 X27 Z-5 X29.8 G32 Z-25 F2 G00 X27 Z-5 X30 G32 Z-25 F2 G00 X27 Z100 M30	T4D1；刀尖角60°内螺纹车刀